Heinrich Becker
Hermann Walter

Formale Sprachen

uni—text

Heinrich Becker
Hermann Walter

Formale Sprachen

Eine Einführung

Skriptum für
Hörer aller Fachrichtungen
ab 3. Semester

Vieweg

Dr. rer. nat. *Heinrich Becker* ist wissenschaftlicher Mitarbeiter des Fachbereichs Informatik der Technischen Hochschule Darmstadt

Dr. rer. nat. *Hermann Walter* ist Professor des Fachbereichs Informatik der Technischen Hochschule Darmstadt

Verlagsredaktion: *Alfred Schubert*

1977

ISBN-13: 978-3-528-03323-1 e-ISBN-13: 978-3-322-85620-3
DOI: 10.1007/978-3-322-85620-3

VORWORT

Der Inhalt dieses Buches gehört zum mittlerweile festen Repertoire des theoretischen Teils der Informatik. Den Schwerpunkt der angestellten Untersuchungen bilden die kontextfreien Sprachen, deren Anwendungen bei weitem die interessantesten sind. Die Theorie wird in "klassischen Bahnen" entwickelt, um eine breite Darstellung der spezifischen Beweismethoden zu ermöglichen, da diese ja häufig auch schon Lösungsalgorithmen für die zentralen Problemstellungen implizieren. Dadurch ist der Charakter einer Einführung weitgehend gewahrt. Wir hoffen, daß so einerseits dem theoretisch Interessierten ein Zugang zu den formalen Sprachen eröffnet und somit auch der Einstieg in die neuere Theorie auf diesem Gebiet ermöglicht wird, daß andererseits derjenige, der formale Sprachen weitgehend für verschiedene Probleme der Programmierung, insbesondere für den Übersetzerbau verwendet, einen Überblick über die sprachtheoretischen Hilfsmittel gewinnt.

Dieser Zielsetzung dienen auch die im Anschluß an die einzelnen Kapitel aufgeführten Aufgaben. Unter diesen befinden sich daher solche, die weiterführenden Problemstellungen gewidmet sind, wie auch solche, die die innerhalb des Textes vermittelten Gedankengänge vertiefen sollen. Die Angabe von Lösungen soll nach unserer Vorstellung den Leser in die Lage versetzen, sein Verständnis des Textes selbst zu kontrollieren. Wir glauben, daß einführende Bücher stets diese Möglichkeit offenhalten sollten.

Auf ein umfangreiches Literaturverzeichnis haben wir verzichtet, da über die zitierten Bücher leicht der Anschluß an neuere Entwicklungen in der Theorie der formalen Sprachen hergestellt werden kann.

Bei der Lösung der Aufgaben haben wir große Unterstützung seitens Frau Dr. B. Schinzel, Dipl.-Math. W. Kern, Dipl.-Math. R. Linder, Dipl.-Math. P. Ochsenschläger, Dipl.-Math. J. Pflüger und Dr. H.-G. Stork gefunden. Den Herren Kern und Linder, die die Hauptlast des Korrekturlesens getragen haben, ist es außerdem zu verdanken, daß an vielen Stellen Fehler vermieden werden konnten. Für verbleibende Fehler sind die Autoren indes allein verantwortlich. Zu Dank verpflichtet sind wir ferner Frl. K. Becker, die das Manuskript sehr sorgfältig erstellt hat. Schließlich gilt unser Dank auch dem Vieweg-Verlag, der stets Verständnis für unsere Probleme beim Schreiben des Buches gezeigt hat.

Darmstadt, September 1976 H. Walter H. Becker

Inhaltsverzeichnis

I. EINFÜHRUNG IN DIE THEORIE DER FORMALEN SPRACHEN

Das Interesse an formalen Sprachen rührt historisch gesehen zunächst aus folgenden zwei Gebieten her:

- Linguistik natürlicher Sprachen
- Programmiersprachen und syntaxorientierte Übersetzung von Programmiersprachen.

In neuerer Zeit sind hierzu Untersuchungen über

- Berechnungen anhand von Programmen

hinzugekommen. In diesem Zusammenhang ist anzumerken, daß es ein eigenes, methodisch bedingtes Interesse der Automatentheorie an den formalen Sprachen gibt.

Für die Zielsetzung und Thematik dieses Buches sind jedoch vorherrschend diejenigen Fragestellungen von Bedeutung, die in natürlicher Weise im Zusammenhang mit der Beschreibung, der syntaktischen Analyse und der Übersetzung von Programmiersprachen auftreten.

Innerhalb dieses einführenden Kapitels sollen die angesprochenen Motivationen genauer ausgeführt und durch begleitende Aussagen und Beispiele gerechtfertigt werden.

Abgesehen von den grundlegenden Definitionen wird jedoch für die im Anschluß zu entwickelnde Theorie hierauf nicht mehr zurückgegriffen werden.

I.1 Natürliche Sprachen

Eine natürliche Sprache ist uns zunächst gegeben durch die Kollektion der vorhandenen gültigen Texte (Sätze). Diese Menge ist i.allg. nicht vollständig bekannt, da es eine Reihe von Texten gibt, die zwar derzeit weder geschrieben noch gesprochen werden, die aber als potentiell korrekte Texte anzusehen sind. Diese Situation ist ähnlich, wenn nicht gar identisch mit dem Problem, das demjenigen gestellt ist, der eine Sprache erlernen will. Zur Überwindung dieser Schwierigkeit benutzt man in der Linguistik, in Anlehnung an die lateinische Sprache, einen zweistufigen Prozeß:

1. Angabe eines Vokabulars (semantische Ebene)
2. Angabe einer Grammatik (syntaktische Ebene).

Beide Ebenen sind i.allg. keineswegs sauber getrennt; insbesondere enthält die syntaktische Ebene weitgehend semantische Elemente. Mehr noch: Es kann von der Semantik her die syntaktische Ebene als ein die Definition der Semantik unterstützendes Element betrachtet werden. Dies geschieht in der Weise, daß über die Syntax bereits aus allen denkbaren Laut- bzw. Buchstabenfolgen potentiell semantisch sinnvolle Texte ausgesondert werden. Interessanterweise finden wir im Problemfeld der automatisierten Übersetzung einer natürlichen Sprache in eine andere die umgekehrte Betrachtungsweise, da für diese Fragestellung letztlich eine völlig syntaktische Beschreibung der Semantik notwendig ist.

Der Aufbau einer Grammatik geschieht nun zunächst so, daß Begriffe gebildet werden, die die Elemente des Vokabulars klassifizieren (Substantiv, Verb, Objekt etc.). Die Klassifikation erfolgt in der Weise, daß zwei Wörter aus derselben Klasse in jedem (Kon-)Text in ihrer Funktion austauschbar sind. In einer vereinfachten Betrachtungsweise sieht man dies beispielsweise daran, daß alle Substantive der lateinischen Sprache als Subjekte in korrekten Sätzen auftreten können. Da das gleiche für Pronomen gilt, stellt also der Begriff "Subjekt" eine gröbere Klassifikation dar als der Begriff "Substantiv". Wir erhalten also gleichzeitig eine Hierarchie der Begriffe, wobei jeweils ein Begriff gröber als ein anderer ist. Diese Klassifikation ist zunächst in dem Sinn konsistent, daß die "feinsten" Begriffe gerade die Elemente des Vokabulars sind. Der "gröbste" Begriff ist offenbar der Begriff "Text" bzw. "Satz".

Die Idee von N. Chomsky bestand nun darin, diesen Klassifikationsprozeß generativ aufzufassen: Es werden "Metatexte" gebildet, die Folgen von Vokabeln und Begriffen sind. Ausgehend von dem Metatext <Text> lassen sich nun alle gültigen Metatexte dadurch erzeugen, daß man auf einen gültigen Metatext eine Verfeinerungsregel anwendet, die beispielsweise besagt, daß ein bestimmter gröberer Begriff durch einen feineren ersetzt wird. Dabei sind Bindungen zwischen den Begriffen von der Art "Jeder <Satz> enthält gleichzeitig mindestens ein <Subjekt> und ein <Prädikat>." vonnöten. In der Satzstruktur können Vorschriften über mögliche Reihenfolgen des Typs "In einem <Satz> steht das <Subjekt> immer vor dem <Prädikat>." vorgesehen sein. Weiter sind in diesem Zusammenhang Kontextbedingungen anzuführen, die besagen, daß eine Verfeinerungsregel nur bei bestimmtem Kontext angewendet werden darf. So setzen etwa semantisch korrekte Sätze häufig voraus, daß Kontextbedingungen über semantischen Kategorien auftreten. Eine typische solche Kontextbedingung ist beispielsweise in der folgenden Vorschrift eingefangen: Haben wir den Metatext <Subjekt> <Prädikat> vorliegen und verfeinern wir <Subjekt> zu <Substantiv, belebt> (d.h. semantische Kategorie belebt), so können wir das <Prädikat> nur durch ein <Verb> ersetzen, welches ein Subjekt mit der Kategorie belebt zuläßt.

Die Menge der auf diese Weise entstehenden Metatexte, die nur aus Vokabeln bestehen, ist dann die Gesamtheit der syntaktisch richtigen Texte.

Wir explizieren die Vorgehensweise an einigen Beispielen.

Beispiel I.1.1:

Wir geben eine einfache Grammatik zur Erzeugung korrekt gebildeter (deutscher) Sätze an.

Sei V ein fest vorgegebenes (deutsches) Vokabular, etwa gegeben durch ein Wörterbuch (Duden). Dann betrachten wir folgende Begriffe:

<Text> <Substantiv>
<Satz> <Personalpronomen>
<Subjekt> <Verbalform>
<Prädikat> <Interpunktionszeichen>
<Objekt>

Außerdem stehen {Substantiv}, {Verbalform}, {Personalpronomen} stellvertretend für konkrete Begriffe, Elemente des Vokabulars also, wie z.B.: Mutter, Vater, leben etc.

Als konkrete Interpunktionszeichen treten ".", ";" und "," auf.

Eine einfache Grammatik ist dann gegeben durch folgende Ersetzungsregeln (Verfeinerungsregeln):

<Text>	→	<Satz> .
<Satz>	→	<Satz><Interpunktionszeichen><Satz>| <Subjekt><Prädikat>
<Subjekt>	→	<Substantiv>|<Personalpronomen>
<Prädikat>	→	<Verbalform><Objekt>|<Verbalform>
<Objekt>	→	<Substantiv>|<Personalpronomen>
<Substantiv>	→	{Substantiv}
<Personalpronomen>	→	{Personalpronomen}
<Interpunktionszeichen>	→	.|,|;
<Verbalform>	→	{Verbalform}

Diese Regeln lesen wir in folgender Weise: "Ein <Text> besteht aus einem <Satz>, auf den ein "." folgt, wobei die Reihenfolge von links nach rechts vorgeschrieben ist". Das Zeichen "|" auf der rechten Seite einer Regel bezeichnet das logische "oder" und faßt alle Möglichkeiten der Verfeinerung eines gegebenen Begriffs zusammen.

In etwas anderer Sprechweise lesen wir eine Regel auch:"<Subjekt> kann in jedem Metatext an jeder Stelle, wo es auftritt, durch <Substantiv> oder durch <Personalpronomen> ersetzt werden.".

Die Vorgehensweise nach N. Chomsky besteht nun darin, den Verfeinerungs- bzw. Ersetzungsprozeß solange zu betreiben, bis ein Text entstanden ist, der keine Begriffe mehr enthält, der also nur aus Vokabeln zusammengesetzt ist. Diesen Prozeß nennen wir "ableiten". Die Anwendung einer Regel kennzeichnen wir durch das Symbol "$\vdash$:".

So leiten wir mittels der angegebenen Grammatik beispielsweise ab:

<Text> ⊢: <Satz>.

⊢: <Satz> <Interpunktionszeichen> <Satz>.

⊢: <Satz> <Interpunktionszeichen> <Satz> <Interpunktionszeichen> <Satz>.

⊢: <Satz>, <Satz> <Interpunktionszeichen> <Satz>.

⊢: <Satz>, <Satz>; <Satz>.

⊢: <Subjekt> <Prädikat>, <Satz>; <Satz>.

⊢: <Substantiv> <Prädikat>, <Satz>; <Satz>.

⊢: {Substantiv} <Prädikat>, <Satz>; <Satz>.

⊢: {Substantiv} <Verbalform> <Objekt>, <Satz>; <Satz>.

⊢: {Substantiv} {Verbalform} <Objekt>, <Satz>; <Satz>.

⊢: {Substantiv} {Verbalform} {Substantiv}, <Satz>; <Satz>.

⊢: {Substantiv} {Verbalform} {Substantiv}, <Subjekt> <Prädikat>; <Satz>.

⊢: {Substantiv} {Verbalform} {Substantiv}, <Personalpronomen> <Prädikat>; <Satz>.

⊢: {Substantiv} {Verbalform} {Substantiv}, <Personalpronomen> <Verbalform> <Objekt>; <Satz>.

⊢: {Substantiv} {Verbalform} {Substantiv}, {Personalpronomen} <Verbalform> <Objekt>; <Satz>.

⊢: {Substantiv} {Verbalform} {Substantiv}, {Personalpronomen} {Verbalform} <Objekt>; <Satz>.

⊢: {Substantiv} {Verbalform} {Substantiv}, {Personalpronomen} {Verbalform} <Personalpronomen>; <Satz>.

⊢: {Substantiv} {Verbalform} {Substantiv}, {Personalpronomen} {Verbalform} {Personalpronomen}; <Satz>.

⊢: {Substantiv} {Verbalform} {Substantiv}, {Personalpronomen} {Verbalform} {Personalpronomen}; <Subjekt> <Prädikat>.

⊢: {Substantiv} {Verbalform} {Substantiv}, {Personalpronomen} {Verbalform} {Personalpronomen}; <Substantiv> <Prädikat>.

⊢: {Substantiv} {Verbalform} {Substantiv}, {Personalpronomen} {Verbalform} {Personalpronomen}; {Substantiv} <Prädikat>.

⊢: {Substantiv} {Verbalform} {Substantiv}, {Personalpronomen} {Verbalform} {Personalpronomen}; {Substantiv} <Verbalform>.

⊢: {Substantiv} {Verbalform} {Substantiv}, {Personalpronomen} {Verbalform} {Personalpronomen}; {Substantiv} {Verbalform}.

An dieser Stelle endet der Ableitungsprozeß notwendig, da keine Begriffe mehr vorhanden sind, die wir noch weiter verfeinern könnten. Wir haben einen syntaktisch korrekten Text erhalten. Dabei beziehen wir die syntaktische Korrektheit auf unsere grammatikalischen Regeln, die allerdings sicherlich nur eine unvollständige Beschreibung, selbst der einfachsten Regeln der deutschen Sprache darstellen.

Dem aufmerksamen Leser werden zwei Dinge auffallen:

1. Der Ableitungsprozeß besitzt triviale Mehrdeutigkeiten, die aus möglichen Parallelisierungen von Ableitungsprozessen herrühren. So ist es zum Beispiel in dem Metatext

   $\langle\text{Satz}\rangle_1$, $\langle\text{Satz}\rangle_2$; $\langle\text{Satz}\rangle_3$.

   gleichgültig, welcher der Sätze 1-3 als erster generiert wird, da die Bildung der einzelnen Sätze nach unseren Regeln unabhängig voneinander ist.

2. Es gibt nichttriviale Mehrdeutigkeiten. So ist beispielsweise der Metatext

   <Satz> <Interpunktionszeichen> <Satz> <Interpunktionszeichen> <Satz>.

   auf folgende zwei wesentlich verschiedene Weisen ableitbar:

   <Text> ⊢: <Satz> . ⊢: $\langle\text{Satz}\rangle_1$<Interpunktionszeichen>$\langle\text{Satz}\rangle_2$.

   ⊢: <Satz> <Interpunktionszeichen> <Satz> <Interpunktionszeichen> <Satz> .

   Einmal kann nämlich die im letzten Schritt benutzte Regel auf den

   <Satz> 1 angewendet werden, zum andern aber auch auf den <Satz> 2, was in beiden Fällen den gleichen Metatext ergibt.

Diese letztgenannte Mehrdeutigkeit liegt sicherlich in der ungeschickten Wahl unserer Regeln begründet. Daß diese Art der Mehrdeutigkeit aber bei jeder Beschreibung für natürliche Sprachen unvermeidlich ist, zeigt die "SPO-OPS"-Mehrdeutigkeit (S=Subjekt, P=Prädikat, O=Objekt), die im folgenden Beispiel diskutiert wird.

<u>Beispiel I.1.2:</u>

Wir betrachten wiederum eine einfache Grammatik, mit der wir Hauptsätze der deutschen Sprache generieren können.

<Satz> → <S> <P> | <P> <S>
<O> → <O> und <O> | {Substantiv} | {Artikel} {Substantiv}
<P> → <P> und <P> | <P> <O> | <O> <P>
<P> → {Verb} <O> | <O> {Verb} | {Verb}
<S> → {Artikel} {Substantiv} | {Substantiv} | <S> und <S>

Wir betrachten den Satz

w = Britta ruft Heinrich

Für diesen Satz erhalten wir offenbar zwei wesentlich verschiedene Ableitungen:

<Satz> ⊢: <S> <P> ⊢: <S> <P> <O> ⊢: ... ⊢: w

bzw.

<Satz> ⊢: <P> <S> ⊢: <O> <P> <S> ⊢: ... ⊢: w

nämlich gerade eine, in der wir "Britta" als Subjekt und "Heinrich" als Objekt vorfinden, und eine, in der "Heinrich" das Subjekt und "Britta" das Objekt ist. "Beide" Sätze haben ersichtlich verschiedene Bedeutung. Noch deutlicher wird dies, wenn wir nur Großbuchstaben zur Verfügung haben. Betrachten wir etwa

DIE MAURER ASSEN BROT UND BAUTEN,

so erhalten wir eine ganze Reihe verschiedene, davon allerdings semantisch unsinnige Deutungen über den Prozeß der Ableitung:

1. <Satz> ⊢: <S> <P> ⊢: <S> <P> <O>

<S> <P> <O> ⊢: <S> <P> <O>UND <O> ⊢:

DIE MAURER <P> <O> UND <O> ⊢: ... ⊢:

⊢: DIE MAURER ASSEN BROT UND BAUTEN

2. <Satz> ⊢: <P> <S> ⊢: <O> <P> <S> ⊢: <O> <P> <S> UND <S>

⊢: ... ⊢: DIE MAURER ASSEN BROT UND BAUTEN

3. <Satz> ⊢: <S> <P> ⊢: <S> <P> UND <P> ⊢: <S> <P> <O> UND <P>

Man mache sich klar, welchen Sinn der betrachtete Satz in den Fällen 1., 2. und 3. jeweils erhält. Als Übung bestimme man bei eventueller Hinzufügung neuer Regeln aus der deutschen Grammatik mindestens eine weitere syntaktisch korrekte Interpretation dieses Satzes.

Natürlich läßt sich das angegebene Beispiel eindeutig machen, man benötigt dazu allerdings einen mächtigen Ableitungsmechanismus. Bisher hatten wir uns nämlich nur mit Regeln befaßt, die Ersetzungen unabhängig vom Kontext zulassen (auf der linken Seite einer Regel stand ja immer nur ein einziger Begriff), weshalb wir sie "kontextfrei" nennen. Der zweite Satz im obigen Beispiel wird sofort eindeutig ableitbar durch Einführung semantischer Kategorien. Das bedeutet aber im allgemeinen, daß wir in den Regeln Kontextabhängigkeiten einführen müssen.

Beispiel I.1.3:

(Nominalausdrücke)

Wir betrachten folgendes einfache Regelsystem für die Bildung einer Teilklasse der Nominalausdrücke:

<NA> → <NA> <Kon> <NA>
<NA> → <Art> <Adj> <Sub>
<Art> → {Artikel}
<Adj> → <Adj> <Kon> <Adj> | {Adjektiv}
<Sub> → {Substantiv}
<Kon> → {Konjunktion}

Neben vielen anderen unsinnigen Bildungen, die darauf zurückzuführen sind, daß unsere Grammatik zu einfach ist, erhalten wir etwa auch:

"das nervöse und schöne Haus",

dessen Inkorrektheit eher im semantischen Bereich liegt. Und zwar liegt das Problem darin, daß die semantische Kategorie der Adjektive vom zugehörigen Substantiv abhängt. Betrachten wir die Kategorien <u>belebt</u> und <u>sächlich</u>, so wissen wir, daß wir "cum grano salis" Substantiven nur eine dieser Kategorien anheften können. Wir betrachten daher also neue Begriffe <Sub^b> und <Sub^s>. Für Adjektive kann man keine solche eindeutige Zuordnung treffen, da z.B. "schön" sowohl für belebte wie auch für sächliche Substantive verwendet wird. Wir haben also neue Begriffe <Adj^b>, <Adj^s>, <Adj$^{\{b,s\}}$> einzuführen. Entsprechend verfeinern wir unsere Regeln, z.B.:

<NA> → <Art> <Adj^b> <Sub^b> |
<Art> <Adj^s> <Sub^s> |
<Art> <Adj$^{\{b,s\}}$> <Sub^b> |
<Art> <Adj$^{\{b,s\}}$> <Sub^s> ,

da ja die semantische Kategorie des Substantivs die semantische Kategorie des Adjektivs teilweise bestimmt. Wir verändern so noch nicht den kontextfreien Charakter unserer Regeln. Kritisch ist jedoch

<Adj> → <Adj> <Kon> <Adj> ,

denn die entsprechend modifizierte Regel

<Adj$^{\{b,s\}}$> → <Adj$^{\{b,s\}}$> <Kon> <Adj$^{\{b,s\}}$>

kann zu unsinnigen Bildungen führen. (Beispielsweise trägt "nervös" sicherlich nur die Kategorie <u>belebt</u>.) Folglich benötigen wir Informationen über die semantische Kategorie von <Sub>. Das aber führt uns auf Regeln des Typs:

<Adj$^{\{b,s\}}$> <Sub^s> → <Adj^s> <Kon> <Adj$^{\{b,s\}}$> <Sub^s>.

Diese Kontextabhängigkeit ist für natürliche Sprachen offensichtlich unvermeidbar.

I.2 Die grundlegenden Definitionen

Bevor wir auf Programmiersprachen zu sprechen kommen, wollen wir anhand der Überlegungen bei natürlichen Sprachen die grundlegenden Definitionen dieses Buches angeben, nämlich die der

Grammatik und der formalen Sprache. Wir schließen hierbei an die wesentlich älteren Überlegungen von Thue an, die den hier diskutierten Ableitungsbegriff für den mathematischen Bereich vorweggenommen haben.

Die Gegenstände, über die wir zunächst sprechen müssen, sind Alphabete, Worte u.ä.
Ein *ALPHABET* A ist ein endlicher Vorrat an Elementarsymbolen, die wir *BUCHSTABEN* nennen, d.h.,ein Alphabet ist schlicht eine endliche Menge. Ein *WORT* über einem Alphabet ist eine endliche Folge von Buchstaben. Die leere Folge nennen wir *LEERES WORT* und schreiben dafür $\square$. Das leere Wort besteht also aus null Buchstaben. Die Menge aller Worte bezeichnen wir mit A^*.

Beispiel:

Sei $A = \{a,b\}$, so sind a und b die Buchstaben. Worte über A sind "abba", "babababba", etc.

Ein mengentheoretisches Modell für A^* erhalten wir in folgender Weise:

Für eine Menge A sei

$A^1 := A$

$A^{n+1} := A \times A^n$ für $n = 1,2,...$

("×" ist das kartesische Produkt.)

Dann ist $A^* = \bigcup_{i=o}^{\infty} A^i$.

Dabei identifizieren wir A^o mit der Menge $\{\square\}$.

Die Menge A^* kann mittels einer Verknüpfung "$\cdot$" strukturiert werden, die gerade das Hintereinandersetzen von Worten beschreibt.

Beispiel:

abba $\cdot$ bababa = abbabababa

baum $\cdot$ stamm = baumstamm

Formal definieren wir für unser Modell von A^* die Verknüpfung $\cdot : A^* \times A^* \rightarrow A^*$ durch

$(a_1,...,a_n) \cdot (b_1,...,b_m) := (a_1,...,a_n, b_1,...,b_m)$

für $n,m \geq 1$ $a_i,b_j \in A, 1 \leq i \leq n, 1 \leq j \leq m$
und

$\square \cdot (a_1,\ldots,a_n) = (a_1,\ldots,a_n) \cdot \square := (a_1,\ldots,a_n)$.

Mit den Identifizierungen vom Typ

$$(a_1,(a_2,a_3)) = (a_1,a_2,a_3) = ((a_1,a_2),a_3)$$

(Weglassen überflüssiger Klammern in Tupeln) ist diese Verknüpfung assoziativ und besitzt als neutrales Element $\square$. Offenbar gilt nun

$$(a_1,\ldots,a_n) = (a_1) \cdot \ldots \cdot (a_n)$$

und diese Darstellung ist eindeutig bestimmt. Also können wir Klammern und Kommas überhaupt weglassen. Da üblicherweise die Verknüpfung nicht mit notiert werden muß, gewinnen wir hierdurch den Anschluß an die im Beispiel gegebene intuitive Schreibweise. Die genannten Eigenschaften von A^* mit dieser Verknüpfung rechtfertigen den Begriff "freies *MONOID* über A", denn eine algebraische Struktur mit einer binären, assoziativen Verknüpfung, zu der ein neutrales Element gehört, wird gerade als Monoid bezeichnet. Nehmen wir das leere Wort heraus, bilden wir also $A^+ := A^* \setminus \{\square\}$, so erhalten wir die freie *HALBGRUPPE* über A. Die Freiheit von A^*, die durch die eindeutige Darstellung jedes Wortes durch seine Buchstaben gegeben ist, kann auch folgendermaßen ausgedrückt werden:

Jeder *MONOIDHOMOMORPHISMUS* (d.h. eine mit den Monoidverknüpfungen verträgliche Abbildung) $h : A^* \to M$ (M beliebiges Monoid) ist bereits eindeutig durch die Werte $h(a)$, für alle $a \in A$, bestimmt.

Man kann die Verknüpfung "$\cdot$" auch auf Mengen ausdehnen. Und zwar definieren wir das *KOMPLEXPRODUKT* zweier Mengen $M1,M2 \subseteq A^*$ durch

$$M1 \cdot M2 := \{u \cdot v \ / \ u \in M1, \ v \in M2\}.$$

Besteht eine der beiden Mengen nur aus einem Element, so schreiben wir statt $\{w\} \cdot M2$ oft auch einfach $w \cdot M2$.

Wir geben einige weitere im folgenden verwendete Notationen. Sei A ein Alphabet, $A' \subseteq A$, $w \in A^*$, so bezeichne $|w|_{A'}$ die

Anzahl der Buchstaben aus A', die in w vorkommen. Formal ist $|w|_{A'}$ durch die folgenden Formeln gegeben:

$$|a|_{A'} = \begin{cases} 0 & a \notin A' \\ 1 & a \in A' \end{cases} \qquad (a \in A)$$

$$|wv|_{A'} = |w|_{A'} + |v|_{A'}$$

Insbesondere ist $|w| = |w|_A$ die *WORTLÄNGE* von w.

Wir wollen nun den Begriff des Ableitens genauer formulieren. In den Beispielen des vorangegangenen Abschnittes hatten wir gesehen, daß eine Regel aus einem linken Teil besteht, der in einem Wort (=Metatext) ersetzt wird und einem rechten Teil, welcher den linken Part ersetzt. D.h. aber nichts anderes, als daß eine Regel r ein Element von $A^* \times A^*$ ist (A = Vokabular). Diese Begriffe der Regel und der Ersetzung mittels Regeln fangen wir nun ein in einer formalen Definition des Regel- oder Semi-Thue-Systems.

Definition I.2.1:

Ein *SEMI-THUE-SYSTEM* S ist ein Paar S = (A(S),P(S)), wobei A(S) ein Alphabet und $P(S) \subseteq A(S)^* \times A(S)^*$ eine endliche Menge ist.

Erläuterung:

Das Alphabet A(S) legt die zu betrachtenden Buchstabenfolgen fest.

P(S) ist die Menge der Regeln, die den Ersetzungsprozeß beschreiben.

Bezeichnung:

1) Die Elemente von P(S) nennt man auch *PRODUKTIONEN* und P(S) *PRODUKTIONENSYSTEM*.
2) Für die Regel $(p,q) \in P(S)$ schreibt man häufig auch $p \to q$.
3) Eine Menge von Regeln $p \to q_1, p \to q_2, \ldots, p \to q_r$ wird häufig auch, wie schon erwähnt, abgekürzt notiert in der Form $p \to q_1 | q_2 | \ldots | q_r$ (Backusnotation).

Wir wollen nun beschreiben, wie der Ersetzungsprozeß, d.h. das Ersetzen von Teilzeichenreihen durch andere Zeichenreihen, den vorgegebenen Regeln unseres Semi-Thue-Systems gehorchend, abläuft.

Definition I.2.2:

Sei S ein Semi-Thue-System und $w,v \in A(S)^*$ zwei Worte. Wir nennen:

(1) v *DIREKT ABLEITBAR* aus w mittels P(S), falls wir in w die linke Seite u einer Regel $(u,q) \in P(S)$ finden können, so daß bei Ersetzung von u durch q im Wort w das Wort v entsteht. Wir schreiben dafür in Zeichen $w \vdash_{\overline{P(S)}}: v$ oder, falls Verwechslungen ausgeschlossen sind $w \vdash: v$.

(2) v *ABLEITBAR* aus w mittels P(S), falls wir durch endlich viele direkte Ableitungsschritte aus w das Wort v erzeugen können. Wir schreiben dafür in Zeichen $w \vdash_{\overline{P(S)}} v$ oder einfach $w \vdash v$.

Um uns an die formal-mathematische Schreibweise zu gewöhnen, die für die im folgenden zu formulierenden Sachverhalte größtenteils unerläßlich ist, wiederholen wir diese Definition noch einmal in Formelschreibweise.

Definition I.2.2':

Sei S ein Semi-Thue-System und $w,v \in A(S)^*$ zwei Worte.
Es ist:

(1) v *DIREKT ABLEITBAR* aus w (in Zeichen $w \vdash: v$) $\Longleftrightarrow$
Es gibt Worte $u_1,u_2,p,q \in A(S)^*$ mit: $w=u_1pu_2$ & $v=u_1qu_2$ & $(p,q) \in P(S)$.

(2) v *ABLEITBAR* aus w (in Zeichen $w \vdash v$) $\Longleftrightarrow$ Es gibt eine Folge von Worten $w=w_o,w_1,\ldots,w_r=v$ mit:
$r \in \mathbb{Z}_+$, $w_i \in A(S)^*$ $(0 \leq i \leq r)$ und $w_i \vdash: w_{i+1}$ $(0 \leq i \leq r-1)$.
Eine derartige Folge nennen wir auch *ABLEITUNG* mit der *LÄNGE* r.

Beispiel I.2.1:

Seit Jahren ist im deutschen Sprachraum die Rede von einer Rechtschreibreform, aber bis heute ist in dieser Richtung noch nichts geschehen. Wir wollen nun demonstrieren, wie man eine Reform der Rechtschreibung mittels Semi-Thue-Systemen erledigen könnte. Wir setzen:

A(S) := {a,b,c,...,s,ß,...,z,ä,ü,ö,A,B,...,Z}
P(S) := {ß → ss, ph → f, Ph → F, A → a, B → b,..., Z → z}

Es sind sicherlich die Worte "Photographenadreßbuch", "Schloß", "Masse" Elemente von A(S)*. Wir untersuchen "Schloß" im Hinblick auf mögliche Ableitungen: In "Schloß" entdecken wir zwei linke Seiten einer Regel, nämlich "S" und "ß". Daher können wir etwa wie folgt ableiten:

"Schloß ⊢: schloß ⊢: schloss", d.h. Schloß ⊢ schloss.

Analog: Photographenadreßbuch ($w=w_o$) ⊢: Fotographenadreßbuch (w_1) ⊢:
fotographenadreßbuch (w_2) ⊢: fotografenadreßbuch (w_3) ⊢:
fotografenadressbuch ($w_4=v$)

Also: Photographenadreßbuch ⊢ fotografenadressbuch

(Die unter den einzelnen Worten notierten Buchstaben w_o, w_1 usw. sollen den Vergleich mit Definition II.1.2' erleichtern.)

Man beachte, daß sich die Richtungen nicht umkehren lassen: Es gilt zwar Maße ⊢: Masse aber nicht umgekehrt. Man beachte weiterhin, daß die Regel ph ⊢ f nicht immer eine im Deutschen vernünftige Ableitung ergibt (vgl. etwa Pumphose ⊢: Pumfose!). Diese Umformungsregeln für die deutsche Rechtschreibung nehmen also, wie man sieht, keine Rücksicht auf die semantische Bedeutung der deutschen Worte, sie haben rein syntaktischen Charakter.

Beispiel I.2.2:

A(S) = {0,1} P(S) = {01 → 10}

Die Regel gestattet es, eine 1 mit einer vorangehenden 0 zu vertauschen. Daher sieht man leicht:

$$w \vdash \underbrace{1\ldots\ldots1}_{|w|_{\{1\}}\text{-mal}}\underbrace{0\ldots\ldots0}_{|w|_{\{0\}}\text{-mal}} \text{ für } w \in A(S)^*$$

Die Vertauschung läßt sich aber nicht mehr rückgängig machen. Erst wenn wir von P(S) zu P'(S) = {01 → 10,10 → 01} übergehen, gilt: $w \vdash 1^{|w|_{\{1\}}} 0^{|w|_{\{0\}}} \vdash w$.

Wir notieren einige elementare Eigenschaften der Relation "ableitbar".

Lemma I.2.1:

Sei S ein Semi-Thue-System. So gilt:

(i) $(u,v) \in P(S) \Rightarrow u \vdash_{\overline{P(S)}} v$

(ii) $w \vdash_{\overline{P(S)}} w$ (Reflexivität)

(iii) $w \vdash_{\overline{P(S)}} w'$ & $w' \vdash_{\overline{P(S)}} w'' \Rightarrow w \vdash_{\overline{P(S)}} w''$ (Transitivität)

(iv) $w \vdash_{\overline{P(S)}} w'$ & $v \vdash_{\overline{P(S)}} v' \Rightarrow wv \vdash_{\overline{P(S)}} w'v'$

(Verträglichkeit mit der Monoidverknüpfung)

$(w,w',w'',v,v' \in A(S)^*)$

Beweis:

(i) Folgt sofort aus der Definition der direkten Ableitbarkeit.

(ii) Folgt sofort aus der Definition der Ableitbarkeit (Setze in der Definition II.1.2'(2) r=0).

(iii) Es gibt also Folgen $w=w_o,w_1,\ldots,w_r=w'$ und $w'=w'_o,w'_1,\ldots,w'_s=w''$ mit $w_i \vdash: w_{i+1}$ $(0 \leq i < r)$ und $w'_i \vdash: w'_{i+1}$ $(0 \leq i < s)$. Setzt man beide Folgen zusammen zu $w=w_o,\ldots,w_r,w'_1,\ldots,w'_s=w''$, so erfüllt diese Folge gerade die Bedingung, daß sich jedes Element aus dem vorangehenden direkt ableiten läßt. Man beachte, daß dies auch an der Schnittstelle der beiden Teilfolgen gilt: wegen $w_r=w'=w'_o$ und $w'_o \vdash: w'_1$ gilt auch $w_r \vdash: w'_1$.

(iv) Wir überlegen uns zunächst, daß folgende Aussage richtig ist: "$x \vdash: y$, $u \in A(S)^* \Rightarrow xu \vdash: yu$. Denn $x \vdash: y$ heißt ja, daß es eine Zerlegung $x=x_1v_1x_2$ und $y=x_1v_2x_2$ mit $(v_1,v_2) \in P(S)$ gibt. Dann ist aber weiter $xu=x_1v_1x_2u$

und $yu=x_1v_2x_2u$ und damit also auch $xu \vdash: yu$. Analog gilt die Aussage auch, wenn man ein Wort u links an x bzw. y anfügt.

Damit können wir Behauptung (iv) beweisen: Es gibt ja Folgen $w=w_o,w_1,\ldots,w_r=w'$ und $v=v_o,v_1,\ldots,v_s=v'$ mit $w_i \vdash: w_{i+1}, v_j \vdash: v_{j+1}$ $(0 \leq i < r)$ $(0 \leq j < s)$ und wir können wegen der eben angestellten Überlegung folgende Ableitungskette aufbauen:

$wv=w_ov \vdash: w_1v \vdash: \ldots \vdash: w_rv=w'v=w'v_o \vdash:$

$w'v_1 \vdash: \ldots \vdash: w'v_s=w'v'$

qed(Lemma I.2.1)

Wir notieren ein

Korollar:

Sei S ein Semi-Thue-System. Dann betrachte zu $w \in A(S)^*$ die Menge $[w]_S := \{v \in A(S)^* \,/\, w \vdash_{\overline{P(S)}} v\}$. Es sei $M_S := \{[w] \,/\, w \in A(S)^*\}$ und eine Verknüpfung o auf M_S wie folgt definiert: $[w]_S o [v]_S := [wv]_S$, dann ist (M_S, o) ein Monoid, das *GRAMMATIKALISCHE MONOID*.

Man hat zum Beweis nur zu beachten, daß aufgrund obigen Hilfssatzes die Verknüpfung "o" wohldefiniert ist.

Gemäß den bei den natürlichen Sprachen entwickelten Ideen, müssen wir dem Semi-Thue-System, das gerade das Ableiten formalisiert, weitere Parameter hinzufügen, nämlich:

- ein ausgezeichnetes Anfangssymbol (im letzten Abschnitt das Symbol <Text>)
- ein ausgezeichnetes Teilalphabet, nämlich das Vokabular.

Dann erhalten wir

Definition I.2.3:

Eine *(CHOMSKY-)GRAMMATIK* G ist ein 4-Tupel $G = (A(G),P(G),S(G),T(G))$ mit:

(i) $(A(G),P(G))$ ist Semi-Thue-System

(ii) $(S(G) \cup T(G)) \subseteq A(G)$; $S(G) \cap T(G) = \emptyset$

(iii) $(u,v) \in P(G) \Rightarrow u \in (A(G) \setminus T(G))^+$

Bezeichnung:

1) A(G): (Gesamt-)*ALPHABET* von G

   P(G): *REGELSYSTEM* von G

   T(G): *TERMINALALPHABET* von G

   S(G): Menge der *STARTSYMBOLE* von G

   Z(G): = $A(G) \setminus T(G)$: Menge der *HILFSZEICHEN (VARIABLEN, ZUSTÄNDE, NICHTTERMINALZEICHEN)* von G

2) Jeder Grammatik G läßt sich die von ihr *ERZEUGTE SPRACHE* $\mathcal{L}(G)$, definiert durch

   $\mathcal{L}(G) := \{w \in T(G)^* \ / \ \text{es gibt } \sigma \in S(G) : \sigma \vdash_{\overline{P(G)}} w\}$,

   zuordnen.

Gemäß unseren Vorstellungen ist $\mathcal{L}(G)$ gerade die Menge der bezüglich G syntaktisch korrekten Sätze.

Definition I.2.4:

Sei T ein Alphabet und $L \subseteq T^*$. Dann heißt L *(FORMALE) SPRACHE*, genau dann, wenn es eine Grammatik G mit $\mathcal{L}(G) = L$ gibt.

Definition I.2.5:

Seien G1 und G2 Grammatiken. G1 und G2 heißen genau dann *ÄQUIVALENT*, wenn die von ihnen erzeugten Sprachen gleich sind, wenn also $\mathcal{L}(G1) = \mathcal{L}(G2)$ gilt.

Bemerkung:

Zu jeder Sprache L kann man unendlich viele Grammatiken angeben, die L erzeugen. (Man braucht nur einer Grammatik für L unnütze Regeln hinzuzufügen.)

Beispiel I.2.3:

$A(G) = \{\sigma, a, b\}$, $T(G) = \{a, b\}$, $S(G) = \{\sigma\}$,

$P(G) = \{\sigma \to a\sigma b \mid \square\}$

Man verifiziert leicht:

$\mathcal{L}(G) = \{a^n b^n \ / \ n \geq 0\}$

Hierbei bedeutet für Worte $w \in A^*$ und $n \in \mathbb{Z}_+$:

$w^o = \square$
$w^n = \underbrace{w \cdot \ldots \cdot w}_{n\text{-mal}}$ für $n \geq 1$

Besonderes Interesse verdienen die kontextfreien Grammatiken.

Definition I.2.6:
Eine Grammatik G heißt *KONTEXTFREI*, falls
$P(G) \subseteq Z(G) \times A(G)^*$ ist.
Analog reden wir von kontextfreien Sprachen.

Die im obigen Beispiel angegebene Sprache ist kontextfrei, da die dort angegebene Grammatik kontextfrei ist.

I.3 AUSWERTUNG ARITHMETISCHER AUSDRÜCKE UND (KONTEXTFREIE) GRAMMATIKEN

Als weiteres Beispiel wollen wir nun den Zusammenhang zwischen der Auswertung arithmetischer Ausdrücke und dem Prozeß des Ableitens darlegen.

Dazu betrachten wir eine (endliche) Variablenmenge V und eine (endliche) Menge zweistelliger Operationszeichen (genauer: Operationsnamen) O auf $\mathbb{Z}_+$. Die (vollständig geklammerten arithmetischen *AUSDRÜCKE*) werden aus Variablen und Operationen in Infix-Notation gebildet, und zwar bekanntermaßen nach folgenden Regeln:

(1) $v \in V \Rightarrow v$ ist Ausdruck
(2) τ_1, τ_2 Ausdrücke, $o \in O \Rightarrow (\tau_1 \ o \ \tau_2)$ ist Ausdruck
(3) Die mittels (1) und (2) erzeugten Objekte sind genau alle Ausdrücke.

Die Auswertung eines Ausdrucks erfolgt immer von den innersten Klammern her, wobei wir hier die Wahl haben, welche der innersten Klammern wir zuerst auswerten (falls es mehrere Klammern der gleichen Klammerungsstufe gibt).

Beispiel:
$V = \{x,y,z\}$, $O = \{+,\times,\uparrow\}$
$(((x + x) \uparrow y) \times ((y \uparrow z) + (x \uparrow z)))$ ist ein Ausdruck.

Das Bildungsgesetz für Ausdrücke läßt sich leicht über eine Grammatik bestimmen. Seien V,O angegeben, {(,)} ein Klammerpaar. Wir setzen voraus:
$V \cap O = \emptyset$ und $\{(,)\} \cap (V \cup O) = \emptyset$. Betrachte nun die Grammatik G, die definiert ist durch:

$A(G) = V \cup O \cup \{(,)\} \cup \{\underline{aA}\}$
$T(G) = V \cup O \cup \{(,)\}$
$S(G) = \{\underline{aA}\}$
$P(G) = \{\underline{aA} \to v \mid (\underline{aA}\ o\ \underline{aA})\ /\ v \in V,\ o \in O\}$

Man überzeugt sich leicht, daß die von G erzeugte Sprache gerade aus allen arithmetischen Ausdrücken über V und O besteht.

Tritt ein solcher Ausdruck in einem sagen wir, ALGOL-Programm auf, so besteht die Aufgabe der Compilierung gerade darin, dem Ausdruck ein Assemblerprogramm zuzuordnen, das zur Laufzeit (wenn also die Variablen mit Werten belegt sind) den Wert des Ausdrucks ermittelt. Die den Variablen zugeordneten Speicherplätze werden durch das Assemblerprogramm nicht verändert, weshalb zur Speicherung von Zwischenergebnissen Hilfszellen benötigt werden. Wir deklarieren nur dann neue Hilfszellen, wenn wir auch wirklich welche brauchen, freiwerdende werden stets als erste wieder verwendet. Das Assemblerprogramm bauen wir aus Dreiadreßbefehlen des Typs

$hv_1 := v_2\ o\ v_3;$

auf, wobei o eine binäre Operation, hv_1 ein Hilfszellenname, v_2 und v_3 entweder Hilfszellen- oder Variablennamen sind.

Wir verfolgen nun das obige Beispiel. Dem gen. Ausdruck können wir etwa folgendes Assemblerprogramm zuordnen:

$hv_1 := y \uparrow z;$
$hv_2 := x \uparrow z;$
$hv_1 := hv_1 + hv_2;$
$hv_2 := x + x;$
$hv_2 := hv_2 \uparrow y;$
$hv_1 := hv_2 \times hv_1;$

Es ist klar, daß nach Durchlaufen dieses Programmstückes die

Hilfszelle hv_1 den Wert des Ausdrucks zur Laufzeit enthält.

Eine andere Möglichkeit, den Ausdruck in ein Assemblerprogramm umzusetzen, wäre etwa:

$$
\begin{array}{l}
hv_1 := x + x; \\
hv_1 := hv_1 \uparrow y; \\
hv_2 := y \uparrow z; \\
hv_3 := x \uparrow z; \\
hv_2 := hv_2 + hv_3; \\
hv_1 := hv_1 \times hv_2;
\end{array}
$$

Diese verschiedenen Auswertungsmöglichkeiten drücken sich im Ableitungsprozeß aus. Betrachten wir nämlich die folgenden beiden Ableitungen:

$$
\begin{array}{lll}
\underline{aA} & \vdash: & (\underline{aA} \times \underline{aA}) \vdash: ((\underline{aA} \uparrow \underline{aA}) \times \underline{aA}) \\
 & \vdash: & (((\underline{aA} + \underline{aA}) \uparrow \underline{aA}) \times \underline{aA}) \vdash: (((x + \underline{aA}) \uparrow \underline{aA}) \times \underline{aA}) \\
 & \vdash: & (((x + x) \uparrow \underline{aA}) \times \underline{aA}) \vdash: (((x + x) \uparrow y) \times \underline{aA}) \\
 & \vdash: & (((x + x) \uparrow y) \times (\underline{aA} + \underline{aA})) \\
 & \vdash: & (((x + x) \uparrow y) \times (\underline{aA} + (\underline{aA} \uparrow \underline{aA}))) \\
 & \vdash: & (((x + x) \uparrow y) \times (\underline{aA} + (x \uparrow \underline{aA}))) \\
 & \vdash: & (((x + x) \uparrow y) \times (\underline{aA} + (x \uparrow z))) \\
 & \vdash: & (((x + x) \uparrow y) \times ((\underline{aA} \uparrow \underline{aA}) + (x \uparrow z))) \\
 & \vdash: & (((x + x) \uparrow y) \times ((y \uparrow \underline{aA}) + (x \uparrow z))) \\
 & \vdash: & (((x + x) \uparrow y) \times ((y \uparrow z) + (x \uparrow z)))
\end{array}
$$

bzw.

$$
\begin{array}{lll}
\underline{aA} & \vdash: & (\underline{aA} \times \underline{aA}) \vdash: (\underline{aA} \times (\underline{aA} + \underline{aA})) \\
 & \vdash: & (\underline{aA} \times (\underline{aA} + (\underline{aA} \uparrow \underline{aA}))) \vdash: (\underline{aA} \times (\underline{aA} + (x \uparrow \underline{aA}))) \\
 & \vdash: & (\underline{aA} \times (\underline{aA} + (x \uparrow z))) \vdash: (\underline{aA} \times ((\underline{aA} \uparrow \underline{aA}) + (x \uparrow z))) \\
 & \vdash: & (\underline{aA} \times ((y \uparrow \underline{aA}) + (x \uparrow z))) \\
 & \vdash: & (\underline{aA} \times ((y \uparrow z) + (x \uparrow z))) \\
 & \vdash: & ((\underline{aA} \uparrow \underline{aA}) \times ((y \uparrow z) + (x \uparrow z))) \\
 & \vdash: & (((\underline{aA} + \underline{aA}) \uparrow \underline{aA}) \times ((y \uparrow z) + (x \uparrow z))) \\
 & \vdash: & (((x + \underline{aA}) \uparrow \underline{aA}) \times ((y \uparrow z) + (x \uparrow z))) \\
 & \vdash: & (((x + x) \uparrow \underline{aA}) \times ((y \uparrow z) + (x \uparrow z))) \\
 & \vdash: & (((x + x) \uparrow y) \times ((y \uparrow z) + (x \uparrow z))).
\end{array}
$$

Die erste Ableitung entspricht dem ersten Programm, die zweite dem zweiten. Der Aufbau des Assemblerprogramms folgt nämlich gerade dem Ableitungsprozeß in umgekehrter Richtung, d.h., es wird zuerst ausgewertet, was zuletzt erzeugt wird. (Wir sprechen hierbei von Reduktion.) Wir vermerken, daß die Tatsache, daß beide Auswertungsmethoden das gleiche Ergebnis liefern, ihren Ausdruck darin findet, daß sich beide Ableitungen nur in trivialer Weise unterscheiden (vgl. triviale Mehrdeutigkeiten).

I.4 Definition von Programmiersprachen durch kontextfreie Grammatiken

Kontextfreie Grammatiken sind sehr gut geeignet, weite Teile der Syntax von Programmiersprachen zu erfassen. Am Rande vermerken wir, daß das Bedürfnis für eine Syntax von Programmiersprachen davon herrührt, einfache und eindeutige Festlegungen der Semantik zu garantieren. Wir betrachten einen Auszug aus einer ALGOL-Beschreibung:

```
<identifier> ::=  <letter> |<identifier> <letter> |
                  <identifier> <digit>
<unsigned integer> ::= <digit> | <unsigned integer>  <digit>
<label>        ::= <identifier> | <unsigned integer>
```

Diese Regeln lassen sich mengentheoretisch wie folgt deuten: Durch die erste Gleichung wird die Menge I aller "identifier" definiert, durch die zweite die Menge U aller "unsigned integer", durch die dritte die Menge L aller "label".

Ist Z die Menge der Ziffern und B die der Buchstaben, so gehen die drei Gleichungen in mengentheoretische Gleichungen über:

$$
\begin{aligned}
I &= B \cup I \cdot B \cup I \cdot Z \\
U &= Z \cup U \cdot Z \qquad\qquad (*) \\
L &= I \cup U
\end{aligned}
$$

Dies ist ein rekursives Gleichungssystem zur Bestimmung von I,U und L. Hierbei ist die Lösung in der Weise gesucht, daß $I' \supseteq I$, $U' \supseteq U$, $L' \supseteq L$ gilt, wenn immer I',U',L' den Gleichungen genügen, da (*) die besagten Mengen vollständig definieren soll.

Wir können dieses Gleichungssystem auch in Funktionsschreibweise ausdrücken:

Sei $A = Z \cup B$, dann bestimmen wir

$$\underline{f}: (2^{A^*})^3 \to (2^{A^*})^3$$

durch

$$\underline{f}(X,Y,W) = (B \cup X \cdot B \cup X \cdot Z,\ Z \cup Y \cdot Z,\ X \cup Y).$$

Dann ist unser Gleichungssystem äquivalent zu:

(1) $\underline{f}(I,U,L) = (I,U,L)$

(2) $\underline{f}(I',U',L') = (I',U',L') \Rightarrow I \subseteq I',\ U \subseteq U',\ L \subseteq L'$

Wir vermerken einige Eigenschaften der Funktion $\underline{f}$.

Definieren wir eine Ordnung "$\leq$" auf $(2^{A^*})^3$ durch:

$(X,Y,W) \leq (X',Y',W') \iff X \subseteq X',\ Y \subseteq Y',\ W \subseteq W'$, so gilt stets:

(3) $(X,Y,W) \leq (X',Y',W') \Rightarrow \underline{f}(X,Y,W) \leq \underline{f}\ (X',Y',W')$

Zur Formulierung der nächsten Eigenschaft brauchen wir einige Bezeichnungen.

<u>Bezeichnungen:</u>

Seien A' ein Alphabet und $\xi_1,\dots,\xi_n (n \geq 1)$ neue Symbole.

Ein *MONOM* in höchstens n Variablen $\xi_1,\dots,\xi_n$ ist ein Ausdruck von der Form

$$\alpha_o\ \xi_{i_1}\ \alpha_1\ \dots\ \xi_{i_r}\ \alpha_r$$

mit $r \in \mathbb{Z}_+$ $1 \leq i_j \leq n$ $(1 \leq j \leq r)$ und $\alpha_j \in 2^{A'^*} (0 \leq j \leq r)$.

Ein Monom ist *ENDLICH*, falls alle α_j endlich sind.

Ein *POLYNOM* ist die Vereinigung von endlich vielen Monomen. Ein Polynom heißt *ENDLICH*, falls seine Monome endlich sind.

Offenbar beschreibt jedes Monom μ eine Funktion $f_\mu: (2^{A'^*})^n \to 2^{A'^*}$ vermöge $f_\mu(x_1,\dots,x_n) = \alpha_o\ x_{i_1}\ \dots\ x_{i_r}\ \alpha_r$ (auf der rechten Seite wird als Verknüpfung das Komplexprodukt von Mengen verwendet) und entsprechend jedes Polynom π eine Funktion f_π. Nun gilt:

(4) Ist $\underline{f} = (f_1, f_2, f_3)$, so sind alle f_i endliche Polynome.

Bezeichnung:

$\underline{f} = (f_1, \ldots, f_n) : (2^{A^*})^n \to (2^{A^*})^n$ heißt *ENDLICH POLYNOMIAL*, falls alle f_i endliche Polynome sind.

Beobachtung:

Ist $\underline{f} : (2^{A^*})^n \to (2^{A^*})^n$ endlich polynomial, so gilt:

1. $\underline{f}\,(\bigcup_{i=o}^{\infty} \underline{x}_i) = \bigcup_{i=o}^{\infty} \underline{f}(\underline{x}_i)$, $\underline{x}_i \in (2^{A^*})^n$
2. $\underline{x} \leq \underline{y} \Rightarrow \underline{f}(\underline{x}) \leq \underline{f}(\underline{y})$, $\underline{x}, \underline{y} \in (2^{A^*})^n$

Dabei sind " $\cup$ " und "$\leq$" die komponentenweise Vereinigung bzw. Mengeninklusion.

Lemma I.4.1:

1. Ist $\underline{f}$: $(2^{A^*})^n \to (2^{A^*})^n$ endlich polynomial, so existiert

   $\underline{x}_o \in (2^{A^*})^n$ mit $\underline{f}(\underline{x}_o) = \underline{x}_o$. (D.h., $\underline{x}_o$ ist *FIXPUNKT* von $\underline{f}$.)
2. Mit $\underline{x}_{min} := \bigcup_{i=o}^{\infty} \underline{f}^i(\emptyset, \ldots, \emptyset)$ gilt:

   $\underline{f}(\underline{x}_{min}) = \underline{x}_{min}$ und

   $\underline{f}(\underline{x}) = \underline{x} \Rightarrow \underline{x}_{min} \leq \underline{x}$.

   $\underline{x}_{min}$ ist also minimaler Fixpunkt von $\underline{f}$.

Beweis:

Mit $\underline{\emptyset} = (\emptyset, \ldots, \emptyset) \subseteq (2^{A^*})^n$ gilt $\underline{\emptyset} \leq \underline{x}$, für alle $\underline{x} \in (2^{A^*})^n$. Daher gilt $\underline{\emptyset} \leq \underline{f}\,(\underline{\emptyset}) \leq \underline{f}(\underline{x})$ für alle $\underline{x}$. Insbesondere gilt dann wegen der obigen Beobachtung für alle $i \geq 0$

$\underline{f}^i(\underline{\emptyset}) \leq \underline{f}^{i+1}(\underline{\emptyset})$.

Hieraus folgt:

$$\begin{aligned}\underline{f}(\underline{x}_{min}) &= \underline{f}\,(\bigcup_{i=o}^{\infty} \underline{f}^i(\underline{\emptyset}))\\ &= \bigcup_{i=o}^{\infty} \underline{f}^{i+1}(\underline{\emptyset}))\\ &= \bigcup_{i=1}^{\infty} \underline{f}^i(\emptyset)\\ &= \bigcup_{i=o}^{\infty} \underline{f}^i(\emptyset)\\ &= \underline{x}_{min}\end{aligned}$$

also ist $\underline{x}_{min}$ ein Fixpunkt von $\underline{f}$.

Ist $\underline{x}$ ein weiterer Fixpunkt von $\underline{f}$, so gilt für alle $i \geq 0$

$\underline{f}^i(\underline{\emptyset}) \leq \underline{f}^i(\underline{x}) = \underline{x}$, da $\underline{\emptyset} \leq \underline{x}$. Daher gilt aber auch

$\bigcup_{i=0}^{\infty} \underline{f}^i(\underline{\emptyset}) \leq \underline{x}$.

qed(Lemma I.4.1)

Bezeichnung:

Ist $\underline{f}: (2^{A^*})^n \to (2^{A^*})^n$ endlich polynomial, so sei $Fix_{min}(\underline{f})$ der minimale Fixpunkt von $\underline{f}$.

Definition I.4.1:

$L \subseteq A^*$ (A Alphabet) heißt *ALGOL-ÄHNLICH*, wenn es ein $n \geq 1$ und ein endlich polynomiales $\underline{f}: (2^{A^*})^n \to (2^{A^*})^n$ gibt mit:

Ist $Fix_{min}(\underline{f}) = (L_1,\ldots,L_n)$, so gibt es ein $i, 1 \leq i \leq n$ mit $L_i = L$.

Der Leser mache sich klar, daß die eingangs angegebenen Mengen I,U,L ALGOL-ähnlich sind, und daß in der ALGOL-Syntax noch eine ganze Reihe solcher Mengen auftreten, die alle ALGOL-ähnlich sind. Wir wollen nun zeigen, daß man solche Mengen durch kontextfreie Grammatiken beschreiben kann, ja mehr noch, daß die ALGOL-ähnlichen Sprachen genau die kontextfreien Sprachen sind.

Satz I.4.1:

Eine Sprache L ist genau dann ALGOL-ähnlich, wenn L kontextfrei ist.

Beweis:

Seien $\xi_1,\ldots,\xi_n$ Variablen und T ein Alphabet mit $\xi_i \notin T (1 \leq i \leq n)$. Ein jedes endliches Monom μ läßt sich durch Ausmultiplizieren gemäß der Regel $(X \cup X') \cdot (Y \cup Y') = X \cdot Y \cup X \cdot Y' \cup X' \cdot Y \cup X' \cdot Y'$ als eine Vereinigung solcher Monome darstellen, in denen die Koeffizienten α einelementige Teilmengen von T^* sind. Diese Monome nennen wir *WORTMONOME*. Jedem Wortmonom entspricht umkehrbar eindeutig ein Wort

$w_\mu \in (T \cup \{\xi_1,\ldots,\xi_n\})^*$ und umgekehrt jedem Wort aus diesem Monoid ein Wortmonom μ_w.

Wir können nun eine umkehrbar eindeutige Korrespondenz zwischen endlich polynomialen $\underline{f}$: $(2^{T^*})^n \to (2^{T^*})^n$ und n-Tupeln von Grammatiken $(G_1,\ldots,G_n)$ mit $Z(G_i) = \{\xi_1,\ldots,\xi_n\}$, $S(G_i)=\{\xi_i\}$ $(i \leq i \leq n)$ herstellen.

Dazu betrachten wir einmal die Darstellung $\underline{f} = (f_1,\ldots,f_n)$ mit $f_i = \bigcup_{j=1}^{s_i} \mu_{ij}$, μ_{ij} Wortmonome. Dann ordnen wir $\underline{f}$ ein Grammatiktupel $G_{\underline{f}} = (G_1,\ldots,G_n)$ zu, indem wir für $1 \leq i \leq n$ setzen:

$$P(G_i) = \{\xi_j \to w_{\mu_{j,1}} | \ldots | w_{\mu_{j,s_j}} \ / \ 1 \leq j \leq n\}$$

$$T(G_i) = T$$

$$Z(G_i) = \{\xi_1,\ldots,\xi_n\}$$

$$S(G_i) = \{\xi_i\}$$

Umgekehrt ordnen wir einem Grammatiktupel $G = (G_1,\ldots,G_n)$ mit $Z(G_i) = \{\xi_1,\ldots,\xi_n\}$, $S(G_i) = \{\xi_i\}$ eine Abbildung $\underline{f}^G=(f_1,\ldots,f_n)$ zu durch

$$f_i := \bigcup_{j=1}^{s_i} \mu_{w_{i,j}} \quad \text{falls } \xi_i \to w_{i,1} | \ldots | w_{i,s_i} \text{ gerade alle}$$

Regeln mit der linken Seite ξ_i in $\bigcup_{j=1}^{n} P(G_j)$ sind.
Offenbar gilt:

$$G_{\underline{f}^G} = G \text{ und } \underline{f}^{G_{\underline{f}}} = \underline{f}. \qquad (*)$$

<u>Behauptung:</u> Ist $G = (G_1,\ldots,G_n)$ und $Fix_{min}\underline{f}^G = (L_1,\ldots,L_n)$, so gilt $L_i = \mathcal{L}(G_i)$, $1 \leq i \leq n$.

Wegen der Beziehung (*) folgt dann sofort die Behauptung des Satzes.

<u>Beweis obiger Behauptung:</u>

"$L_i \subseteq \mathcal{L}(G_i)$":

Wir zeigen durch Induktion über k:

Ist $(L_1^{(k)},\ldots,L_n^{(k)}) = (\underline{f}^G)^k(\underline{\emptyset})$, so gilt $L_i^{(k)} \subseteq \mathcal{L}(G_i)$ für alle k und $1 \leq i \leq n$.

k=0,1: trivial

k => k+1: Ist $w \in L_i^{(k+1)}$, so gibt es ein j mit

$w \in \mu_{ij}(L_1^{(k)},\ldots,L_n^{(k)})$, wobei μ_{ij} ein Wortmonom aus der Darstellung von f_i und daher $\xi_i \to w_{\mu_{ij}} \in P(G_i)$ ist.

$w_{\mu_{ij}}$ habe die Gestalt $w_{\mu_{ij}} = t_o \xi_{i_1} t_1 \ldots \xi_{i_s} t_s$, $t_m \in T^*(0 \leq m \leq s)$. Daher ist $w = t_o w_{i_1} \ldots w_{i_s} t_s$ mit $w_{i_m} \in L_{i_m}^{(k)}$. Nach Induktionsvoraussetzung ist $\xi_{i_m} \vdash w_{i_m}$ $(1 \leq m \leq s)$. Daraus resultiert:

$\xi_i \vdash: t_o \xi_{i_1} \ldots \xi_{i_s} t_s \vdash t_o w_{i_1} \ldots w_{i_s} t_s = w$, also $w \in \mathcal{L}(G_i)$.

"$\mathcal{L}(G_i) \subseteq L_i$":

Wir zeigen durch Induktion über die Länge der Ableitung:

Ist $w_1 \vdash w_2$; $w_1, w_2 \in A(G_m)^* \Rightarrow$

$\mu_{w_2}(Fix_{min}\underline{f}^G) \subseteq \mu_{w_1}(Fix_{min}\underline{f}^G)$.

(Daraus folgt dann nämlich: Ist $w \in \mathcal{L}(G_m)$, also $\xi_m \vdash w$, so gilt wegen $\mu_w = \{w\}$ die Inklusion

$\{w\} \subseteq \mu_{\xi_m}(Fix_{min}\underline{f}^G) = L_m$.)

Verankerung:

Sei $w_1 \vdash: w_2$ und $w_1 = u\xi_i v$, $w_2 = u\, w_{ij} w$.

Nun gilt $f_i = \mu_{w_{ij}} \cup \bigcup_{m \neq j} \mu_{w_{im}}$.

Es ist weiter:

$$\mu_{\xi_i}(Fix_{min}\underline{f}^G) = L_i = f_i(Fix_{min}\underline{f}^G) =$$

$$= \mu_{w_{ij}}(Fix_{min}\underline{f}^G) \cup \bigcup_{m \neq j} w_{im}(Fix_{min}\underline{f}^G)$$

Daraus aber folgt: $\mu_{w_{ij}}(Fix_{min}\underline{f}^G) \subseteq \mu_{\xi_i}(Fix_{min}\underline{f}^G)$.

Da ferner $\mu_{w_2}(\underline{x}) = \mu_u(\underline{x}) \cdot \mu_{w_{ij}}(\underline{x}) \cdot \mu_v(\underline{x})$ ist, gilt:

$$\mu_{w_2}(Fix_{min}\underline{f}^G) \subseteq \mu_u(Fix_{min}\underline{f}^G) \cdot \mu_{\xi_i}(Fix_{min}\underline{f}^G) \cdot \mu_v(Fix_{min}\underline{f}^G) =$$

$$= \mu_{w_1}(Fix_{min}\underline{f}^G)$$

Induktionsschritt:
Wir nehmen an, es gelte die Behauptung für w_1 und w_2 mit $w_1 \vdash w_2$. Ist $w_2 \vdash: w_3$, so zeigen wir, daß die Behauptung auch für w_3 gilt. Das ist nun aber trivial, denn

$\mu_{w_3}(Fix_{min}\underline{f}^G) \subseteq \mu_{w_2}(Fix_{min}\underline{f}^G)$ (wie oben bewiesen) und

$\mu_{w_2}(Fix_{min}\underline{f}^G) \subseteq \mu_{w_1}(Fix_{min}\underline{f}^G)$ (Induktionsvoraussetzung).

Daraus folgt die Behauptung für w_1 und w_3.

qed(Satz I.4.1)

I.5 Formale Erreichbarkeit von Prozeduren

Als letztes in der Reihe der die Einführung des Grammatikkonzeptes motivierenden Beispiele greifen wir Fragen auf, die mit der Erreichbarkeit von Prozeduren zusammenhängen, also den Zusammenhang zwischen formalen Sprachen und Berechenbarkeitstheorie beleuchten.

Wir betrachten einen sehr einfachen Fall, nämlich parameterlose, monadische, typenfreie, einfach geschachtelte Prozeduren. Diese können durch ein Rekursionsschema für Funktionen $\psi_1,\ldots,\psi_n$

beschrieben werden. Seien x ein Argument und $h_1,\dots,h_n$ Funktionen verschiedener Stelligkeit. Dann betrachte man das Schema:

$$\begin{aligned} \psi_1(x) &= h_1(\psi_{1,1}(x);\dots;\ \psi_{1,k_1}(x)) \\ &\vdots \\ \psi_n(x) &= h_n(\psi_{n,1}(x);\dots;\ \psi_{n,k_n}(x)) \end{aligned} \qquad (*)$$

Dabei sind die $\psi_{i,j} \in \{\psi_1,\dots,\psi_n\}$. Wir stellen uns vor, daß $\psi_1,\dots,\psi_n$ Prozeduren bezeichnen, die bei einem Rechengang mit Funktionen h_i und Argument x sich (teilweise) gegenseitig aufrufen.

Wir stellen uns die Frage, ob etwa ausgehend von ψ_1 die Prozedur ψ_i erreicht werden kann. Diese Frage ist sehr schwierig. Mit Hilfe der Theorie der formalen Sprachen kann zumindest die syntaktische, auch formal genannte, Erreichbarkeit untersucht werden.

Dazu ordnen wir dem Schema (*) eine kontextfreie Grammatik zu: Es seien $\overline{\psi}_1,\dots,\overline{\psi}_n$ Hilfszeichen, $\psi_1,\dots,\psi_n$ die Prozedurnamen, $h_1,\dots,h_n$ die Funktionsnamen. Betrachte dann die folgenden Regeln:

$$\overline{\psi}_i \to h_i(\overline{\psi}_{i,1};\dots;\ \overline{\psi}_{i,k_i}) \mid \psi_i \quad (1 \le i \le n).$$

Durch $S(G) := \{\overline{\psi}_1\}$, $T(G) := \{h_1,\dots,h_n\} \cup \{\psi_1,\dots,\psi_n\} \cup \{(,),;\}$, $Z(G) := \{\overline{\psi}_1,\dots,\overline{\psi}_n\}$ und diesen Regeln wird dann eine Grammatik G festgelegt.

Die Frage nach der formalen Erreichbarkeit lautet dann:

Existiert für $1 \le i \le n$ ein $w \in \mathcal{L}(G)$ mit $|w|_{\psi_i} \ge 1$?

Man beachte, daß der Ableitungsprozeß in G gerade die "Copy-Rule" in der einfachsten Version nachbildet.

I.6 Fragestellungen

Die Theorie der formalen Sprachen wird aus den Überlegungen über Programmiersprachen vier Hauptproblemkreise ansprechen, die im folgenden skizziert werden sollen.

I.6.1 WORT- UND ÄQUIVALENZPROBLEME

Bei Verwendung von Grammatiken zur Fixierung der syntaktischen Struktur von Programmiersprachen, tritt zunächst das Problem auf, ob eine beliebige Zeichenkette ein syntaktisch korrektes Programm ist. Die Frage lautet, ob wir einen Algorithmus (eventuell für gewisse Teilklassen von Grammatiken) angeben können, der zu beliebiger Grammatik G und beliebigem Wort w entscheidet, ob $w \in \mathcal{L}(G)$ ist oder nicht. Dies ist das sogenannte *WORTPROBLEM*.

Verwandt mit diesem Problem ist das *ÄQUIVALENZPROBLEM*. Bei der Erweiterung einer bestehenden Rechenanlage taucht nämlich folgende Schwierigkeit auf: Für jede Rechenanlage haben wir, etwa bei Existenz eines ALGOL-Compilers, einen ALGOL-Dialekt vorliegen, der bei Maschinenerweiterung anders aussehen kann. Nun sollen aber die alten Programme weiterhin korrekt laufen; dies bedeutet insbesondere, daß die alten Programme auch im neuen Dialekt syntaktisch korrekt bleiben. Ist nun der eine Dialekt durch eine Grammatik G_1 festgelegt, der andere durch eine Grammatik G_2, so haben wir also die Frage "$\mathcal{L}(G_1) \subseteq \mathcal{L}(G_2)$?" zu behandeln. Aus der Untersuchung von $\mathcal{L}(G_1) \cap \mathcal{L}(G_2)$ resultiert die schwächere Frage "$\mathcal{L}(G_1) \cap \mathcal{L}(G_2)$ nicht endlich?". Implementiert man auf einer Anlage zwei durch Grammatiken G_1 und G_2 gegebene ALGOL-Dialekte, so ist zu untersuchen, ob G_1 und G_2 die gleichen korrekten Programme definieren, d.h. ob $\mathcal{L}(G_1) = \mathcal{L}(G_2)$ ist. Die gleiche Frage, wir nennen sie das Äquivalenzproblem, taucht bei der Übersetzung einer durch eine Grammatik G_1 gegebenen Sprache in eine andere durch eine Grammatik G_2 gegebene Sprache auf. Spezielle Äquivalenzprobleme sind solche, die danach fragen, ob überhaupt durch Grammatiken sinnvolle ("$\mathcal{L}(G) = \emptyset$?") oder informationsvermittelnde ("$\mathcal{L}(G) = T^*$?") Beschreibungen gegeben sind. Hierzu gehören als Verallgemeinerung Probleme, die sich mit der prinzipiellen, d.h. syntaktisch möglichen Übersetzbarkeit von Sprachen, welche durch Grammatiken gegeben sind, befassen.

I.6.2 EINDEUTIGKEIT UND MEHRDEUTIGKEIT

Programmiersprachen sollten eindeutig definiert sein, andernfalls kommen für den Benutzer unkontrollierbare Rechenvorgänge zustande, wenn z.B. der Wert arithmetischer Ausdrücke davon abhängig wird, welche Ableitung zur Auswertung herangezogen wird (Triviale Mehrdeutigkeiten sind hierfür natürlich nicht von Belang). Hier ist zunächst die nicht ganz einfache Aufgabe der Definition der Eindeutigkeit gestellt. Hat man diese Aufgabe gelöst, fragt man sofort, ob einer Grammatik G angesehen werden kann, ob sie eindeutig ist oder nicht. Allgemeiner ist danach zu fragen, ob es zu einer Sprache L überhaupt eine eindeutige erzeugende Grammatik (von bestimmtem Typ) gibt und ob diese Eigenschaft entscheidbar ist.

I.6.3 HIERARCHIEFRAGEN UND ABSCHLUSSEIGENSCHAFTEN

Bestimmte bei der Konzeption von Grammatiken für Programmiersprachen angewendete Vorgehensweisen erleichtern auch die Compilierung. So verwendet man etwa Schichtungen und Zerlegungen im Ableitungsprozeß. Dadurch werden Untersuchungen mengentheoretischer Operationen wie z.B. " $\cap$ " und " $\cup$ ", Substitutionen etc. erforderlich. Wir überprüfen hier hauptsächlich, ob die formalen Sprachen bzw. Teilklassen (etwa die kontextfreien Sprachen) abgeschlossen gegenüber diesen Operationen sind.

Die Untersuchung von Teilklassen der formalen Sprachen ist aus folgendem Grund notwendig: Es wird nämlich sehr bald gezeigt, daß der allgemeine Ansatz der Grammatik gegenüber dem kontextfreien Fall einen viel zu mächtigen und komplizierten Mechanismus darstellt, für den schon einfachste Fragestellungen als unlösbar bewiesen werden können. Daher ist insbesondere die Frage gestellt, welche zusätzlichen Möglichkeiten man bei vorsichtiger Lockerung der Bedingungen durch das Verlassen des kontextfreien Falls gewinnt, ohne Unlösbarkeit für relevante Fragen zu erhalten.

Da auch die kontextfreien Grammatiken nicht immer ideal sind, dehnt man diese Untersuchung auch auf den Fall der Einführung weiterer Restriktionen aus. Auf diese Weise werden wir zu Hierarchien von Grammatiktypen und Sprachtypen geführt, die es zu untersuchen gilt. Hierbei werden für die Lösung der Hauptprobleme die Aussagen über die Abschlußeigenschaften von Sprachtypen gegenüber bestimmten mengentheoretischen Operationen als Beweishilfsmittel benötigt.

I.6.4 MATHEMATISCHE MASCHINEN UND GRAMMATIKEN

Wie das Beispiel der Auswertung arithmetischer Ausdrücke deutlich macht, ist für Anwendungen die Umkehr des Ableitungsprozesses (Syntaxanalyse) wichtig. Man erkennt, daß die Untersuchung von Reduktionen (umgekehrten Ableitungen also) eine anspruchsvollere Fassung des Wortproblems ist.

Da wir durch die Auszeichnung von Grammatik- und Sprachtypen gleichzeitig eine Klassifizierung der Ableitungsmechanismen gewonnen haben, erhebt sich die Frage, wie diese Ableitungsmechanismen zu Algorithmusklassen für die verschiedenen Syntaxanalyseprobleme korrespondieren. Diese etwas verschwommene Fragestellung können wir dadurch präzisieren, daß wir Algorithmusklassen kennzeichnen durch mathematische Maschinen, die bestimmte Instrumentarien besitzen, wie z.B. Kellerspeicher. Dann werden wir die Syntaxanalyse als Akzeptierungsprozeß auf Automaten betreiben. Eine Korrespondenz zwischen den Sprachklassen und bestimmen Maschinenklassen gewinnen wir dadurch, daß wir die jeweiligen Sprachtypen durch bestimmte Maschinentypen charakterisieren. So zeigen wir etwa, daß die Syntaxanalyse kontextfreier Sprachen mit Hilfe des Kellerprinzips erledigt werden kann.

I.6.5 STRUKTURUNTERSUCHUNGEN

Neben den genannten vier Problemfeldern können wir einen weiteren Problemkreis aussondern, der aber nicht so vordergründig zu motivieren ist. Wir hatten schon ausgeführt, daß die Abschlußeigenschaften als wichtiges Beweishilfsmittel für die Lösung vieler Probleme eingesetzt werden können. Ein mindestens gleichrangiges Hilfsmittel sind hierfür Struktureigenschaften von Sprachen eines bestimmten Typs. Aussagen über die Struktur von Sprachen ermöglichen es insbesondere zu zeigen, daß gewisse Sprachen nicht von einem bestimmten Typ sind. In Bezug auf negative Aussagen, d.h. Aussagen über die Unlösbarkeit bestimmter Probleme, sind Strukturtheoreme unerläßliche Hilfsmittel. Die Verwendung derartiger Theoreme für positive Aussagen ist im allgemeinen schwieriger, weshalb wir sie innerhalb dieses Buches auch nur am Rande behandeln.

II. REGELSPRACHEN

II.1 DIE CHOMSKY-HIERARCHIE

Die formalen Sprachen stellen, wie wir noch sehen werden, eine sehr umfassende Sprachklasse dar. Sie lassen sich, z.B. im Hinblick auf Übersetzungen, nur schwer handhaben. Machen wir uns daher auf die Suche nach Unterklassen, die einfacher strukturierte und damit besser manipulierbare Sprachen enthalten. Indem wir nur noch gewisse Regeltypen als zulässig erklären, gelangen wir zu einer Klassifizierung formaler Sprachen, wie sie erstmals von N. Chomsky[/CHO/] untersucht wurde. Diese, wie sich herausstellt, Hierarchie von Sprachklassen werden wir sehr genau betrachten, weil wir hier die Denk- und Schlußweisen der Theorie der formalen Sprachen sehr schön demonstrieren, sowie typische Problemstellungen aufzeigen und behandeln können. Auch wenn inzwischen eine ganze Reihe anderer Klassifizierungen bekannt sind, so gehört die Vorgehensweise nach Chomsky doch zum Standardwissen über formale Sprachen, dies umso mehr als die Chomsky-Hierarchie sicherlich die am genauesten untersuchte und am besten bekannte ist.

Definition II.1.1:

Sei G eine Grammatik. G heißt vom

(i) *CHOMSKY-TYP-0* (G ist Ch-0-Grammatik) <=>

Für alle $(u,v) \in P(G)$ gibt es $u_1, v_1 \in Z(G)^*$, $\xi \in Z(G)$ und $\eta \in A(G)^*$ mit: $u = u_1 \xi v_1$ und $v = u_1 \eta v_1$.

D.h., durch eine Regel wird immer nur ein einzelnes Variablenzeichen (kein ganzes Wort) ersetzt.

(ii) *CHOMSKY-TYP-1* (G ist Ch-1-Grammatik oder G ist *KONTEXTSENSITIV*) <=>

Für alle $(u,v) \in P(G)$ gibt es $u_1, v_1 \in Z(G)^*$, $\xi \in Z(G)$ und $\eta \in A(G)^+$ mit: $u = u_1 \xi v_1$ und $v = u_1 \eta v_1$.

Der Unterschied zum Ch-0-Typ besteht darin, daß eine Variable nicht durch das leere Wort ersetzt werden darf.

Eine vorhandene Variable darf also nicht einfach ausgelöscht werden.

(iii) *SCHWACHEN ERWEITERUNGSTYP* (G ist vom sE-Typ) $\Longleftrightarrow$

Für alle $(u,v) \in P(G)$ gilt: $|u| \leq |v|$; $u,v \in A(G)^*$; $u \neq \square$.

D.h. bei einer Ableitung $w_o \vdash :w_1 \vdash :\ldots\vdash :w_n$ können die "Zwischenworte" w_i längenmäßig immer nur wachsen, evtl. auch gleich lang bleiben, nie jedoch schrumpfen.

(iv) *ERWEITERUNGSTYP*(G ist vom E-Typ) $\Longleftrightarrow$

Für alle $(u,v) \in P(G)$ gilt: $|u| < |v|$; $u,v \in A(G)^*$; $u \neq \square$.

Hier ist also immer ein echter Wachstumsprozeß zu beobachten.

(v) *CHOMSKY-TYP-2* (G ist vom Ch-2-Typ oder G ist *KONTEXT-FREI*) $\Longleftrightarrow$

Für alle $(u,v) \in P(G)$ gilt: $|u| = 1$, $u \in Z(G)$.

In einem Wort kann also eine Variable immer durch die rechte Seite einer entsprechenden Regel ersetzt werden unabhängig davon, in welchem Kontext diese Variable innerhalb des Wortes auftaucht, d.h., von welchen Buchstaben sie flankiert wird.

(vi) *CHOMSKY-TYP-3* (G ist vom Ch-3-Typ oder G ist *EINSEITIG LINEAR*) $\Longleftrightarrow$ G ist *RECHTSLINEAR* oder G ist *LINKS-LINEAR*.
Dabei nennen wir eine Grammatik rechtslinear (linkslinear), wenn gilt:

Für alle $(u,v) \in P(G)$ gilt: $|u| = 1$, und v hat entweder die Form $v = v_1\eta$ (bzw. $v = \eta v_1$) mit $v_1 \in T(G)^*$, $\eta \in Z(G)$ oder aber $v \in T(G)^*$.

Entsprechend nennt man eine formale Sprache vom Typ-i, wenn sie von einer Grammatik vom Typ-i erzeugt wird (i=o,1,2,3).

II.2 Der Hierarchie-Nachweis

Wir untersuchen nun den Zusammenhang zwischen diesen verschiedenen Sprachklassen, um herauszufinden, daß diese Klassifizierung eine echte Hierarchie liefert und wie diese Hierarchie genau aussieht. Dazu werden wir die einzelnen Klassen durch bestimmte Eigenschaften charakterisieren.

Wir stellen nun als erstes fest, daß die im letzten Abschnitt definierten "formalen Sprachen" mit den Sprachen vom Typ Ch-0 übereinstimmen, d.h., es gilt der

Satz II.2.1:
Sei T ein Alphabet und $L \subseteq T^*$, dann ist:
L formale Sprache <=> L Ch-0-Sprache.

Beweis:
"<=": Natürlich ist jede Ch-0-Grammatik auch eine Grammatik im Sinn von Definition I.2.3. Folglich ist diese Richtung des Beweises trivial.

"=>": Es sei G eine Grammatik, die L erzeugt. Wir wollen aus G eine Typ-0-Grammatik G_o gewinnen, die ebenfalls L erzeugt. Dazu ersetzen wir jede Regel r von G durch ein Paket R(r) von Typ-0-Regeln, welche in ihrer Gesamtheit die ursprüngliche Regel r simulieren.

Sei $r=(u,v) \in P(G)$ mit $u=\xi_1\xi_2...\xi_n \in Z(G)^+$ und $v=\eta_1\eta_2...\eta_m \in A(G)^*$. Dann setzt sich das Regelpaket R(r) aus drei Teilen zusammen:

$$R_1(r) := \{\xi_1\xi_2...\xi_n \rightarrow \omega_1^r\xi_2...\xi_n,\ \omega_1^r\xi_2...\xi_n \rightarrow \omega_1^r\omega_2^r\xi_3...\zeta_n,$$
$$...,\ \omega_1^r...\omega_{n-1}^r\xi_n \rightarrow \omega_1^r...\omega_{n-1}^r\omega_n^r\}$$

$$R_2(r) := \{\omega_i^r \rightarrow \eta_i \ /\ 1 \leq i < \mathrm{Min}\{n,m\}\}$$

$$R_3(r) := \begin{cases} \{\omega_i^r \rightarrow \square \ /\ m+1 \leq i \leq n\} \cup \{\omega_m^r \rightarrow \eta_m\} & \text{falls } n \geq m \\ \{\omega_n^r \rightarrow \eta_n...\eta_m\} & \text{falls } n < m \end{cases}$$

$R(r) := R_1(r) \cup R_2(r) \cup R_3(r)$

Dabei ist $\Omega(r) := \{\omega_i^r \ / \ 1 \leq i \leq n\}$ eine Menge von paarweise verschiedenen neuen Variablen, d.h. $\Omega(r) \cap A(G) = \emptyset$. Diesen Prozeß führe man für jede Regel $r \in P(G)$ durch. Die entstehenden Mengen $\Omega(r)$ müssen paarweise disjunkt gewählt werden. Die gesuchte Grammatik G_o ist dann wie folgt definiert:

$T(G_o) = T(G)$; $Z(G_o) = Z(G) \cup \{\omega \ / \ \exists \ r \in P(G) \text{ mit } \omega \in \Omega(r)\}$;

$P(G_o) = \bigcup_{r \in P(G)} R(r)$; $S(G_o) = S(G)$.

Überzeugen wir uns nun noch davon, daß G_o tatsächlich das Gewünschte leistet. Das, was eine G-Regel in einem einzigen großen Schritt erledigen kann, müssen wir mit G_o in mehreren kleinen, nacheinander auszuführenden Schritten tun. Damit sich nun solche zu verschiedenen G-Regeln gehörenden "Kleinregeln" nicht miteinander mischen können, um so eventuell unkontrollierbaren Unsinn anzurichten, haben wir die Variablen ω eingeführt. Sie garantieren, daß das zu einer G-Regel r gehörende Regelpaket R(r) auch immer en bloc ausgeführt wird und nicht auseinandergerissen wird. Denn sonst könnte man u.U. mehr und andere Worte ableiten als mit G. Deshalb ist also klar, daß man mit G_o jede Ableitung mittels G simulieren kann, aber auch nicht mehr. Die Regeln aus G_o sind aber vom Typ Ch-0.

<u>qed(Satz II.2.1)</u>

Die beim Beweis benutzte Vorgehensweise, nämlich eine Regel durch evtl. mehrere andere zu simulieren, ist ein Standardverfahren, das uns im weiteren Verlauf noch öfter begegnen wird. Zwar wird bei diesem Vorgang das neue Regelsystem dicker als das alte, der Vorteil liegt jedoch darin, daß die neuen Regeln in ihrer Struktur einfacher und daher besser zu handhaben sind. Dieser letzte Hinweis zielt insbesondere auf die Verwendung von Grammatiken beim Übersetzen von Programmiersprachen ab.

Wir wollen nun noch eine kleine Aussage über den Ableitungsprozeß beweisen, die im folgenden häufig verwendet wird, ohne explizit darauf aufmerksam zu machen.

Lemma II.2.1:

a) Es seien G eine kontextfreie Grammatik und $w, w' \in A(G)^*$ zwei Worte mit $w \vdash_{\overline{P(G)}} w'$. Dann gilt:

Zu jeder Zerlegung $w = v_1 v_2$ mit $v_1, v_2 \in A(G)^*$ gibt es eine Zerlegung $w' = v_1' v_2'$ mit $v_1', v_2' \in A(G)^*$, so daß $v_1 \vdash_{\overline{P(G)}} v_1'$ und $v_2 \vdash_{\overline{P(G)}} v_2'$ gilt.

b) Seien $w, w', u, v \in A(G)^*$, so gilt: Ist $w \vdash_{\overline{P(G)}} w'$, so ist auch $uwv \vdash_{\overline{P(G)}} uw'v$.

Beweis:

a) Es genügt natürlich die Behauptung für den Fall der direkten Ableitbarkeit $w \vdash: w'$ zu zeigen. Sei also $w \vdash_{\overline{P(G)}}: w'$. D.h., es gibt eine Regel $(q,p) \in P(G)$ und Worte $u, v \in A(G)^*$, sodaß $w = uqv$ und $w' = upv$. Da G kontextfrei ist, ist $q \in A(G)$, und wir haben zwei Fälle zu unterscheiden, je nachdem wo die Zerlegung $v_1 v_2$ das Wort zerschneidet.

1. Fall: $v_1 = uqv'$, $v_2 = v''$, $v'v'' = v$

Dann setze $v_1' = upv''$ und $v_2' = v''$, was das Gewünschte leistet.

2. Fall: $v_1 = u'$, $v_2 = u''qv$, $u'u'' = u$

Dann setze $u_1' = u'$, $u_2' = u''pv$.

b) Diese Behauptung ist trivial.

qed(Lemma II.2.1)

Bemerkung:

Bei dieser eben durchgeführten Konstruktion erhalten wir Ableitungen $v_1 \vdash v_1'$ und $v_2 \vdash v_2'$, sodaß die Summe der Längen dieser Ableitungen gerade gleich der Länge der Gesamtableitung $w \vdash w'$ ist.

Daß die kontextsensitiven Sprachen auch Ch-0-Sprachen sind und die Ch-3-Sprachen kontextfrei, ist unmittelbar klar. Schwieriger ist die Frage nach der Beziehung zwischen kontextfrei und kontextsensitiv, denn die Forderungen an das kontextfreie Regelsystem sind an einer Stelle weniger restriktiv als im kontextsensitiven Fall: Auf der rechten Seite einer Regel darf in einer Ch-2-Grammatik das leere Wort stehen, in einer Ch-1-Grammatik dagegen nicht. Zu zeigen, daß dieser Unterschied nur von Bedeutung ist für die Frage, ob das leere Wort in der erzeugten Sprache liegt oder nicht, ist das Hauptproblem bei dem folgenden Beweis, daß die kontextfreien Sprachen ohne das leere Wort auch kontextsensitiv sind.

Satz II.2.2:

Sei L eine kontextfreie Sprache, dann ist $L' := L \setminus \{\square\}$ sowohl kontextfrei als auch kontextsensitiv (Schreibweise: $L \setminus \{\square\} \subseteq$ Ch-1 $\cap$ Ch-2). Mit anderen Worten: Bis auf das leere Wort stellen die kontextfreien Sprachen eine Unterklasse der kontextsensitiven Sprachen dar.

Beweis:

Sei G eine kontextfreie Grammatik, die L erzeugt. Wir sondern aus P(G) zwei Typen von Regeln aus:

$P_\square := \{\xi \to \square \;/\; \xi \to \square \in P(G)\}$

$P_o := \{\xi \to w \;/\; \xi \to w \in P(G) \;\&\; |w| = 1\}$

$P_\square$ enthält die nicht-kontextsensitiven Regeln aus P(G). Die Regeln aus P_o führen im wesentlichen nur Umbenennungen von Variablen durch. Wir definieren nun eine Grammatik G', indem wir die Effekte, die bei einer Ableitung durch Regeln aus $P_\square$ verursacht werden, innerhalb des Regelsystems einzufangen suchen:

$A(G') = A(G)$, $T(G') = T(G)$, $S(G') = S(G)$, $P(G') = P1 \cup P2$ mit

$P1 = \{\xi \to w \in P(G) \;/\; w \neq \square\}$

$P2 = \{\xi \to w \;/\; \exists\, q,p{:}\ \xi \to q \in P1 \;\&\; q \vdash_{P_o} p,\ p \vdash_{P_\square} : w \neq \square\}$

G' ist sowohl kontextfrei als auch kontextsensitiv. Wir zeigen, daß G' die Sprache $L \setminus \{\square\}$ erzeugt.

(1) "$\mathcal{L}(G') \subseteq L \setminus \{\square\}$":

Sei $w \in \mathcal{L}(G')$ mit einer Ableitung

$\sigma \vdash_{\overline{P(G')}} : w_1 \vdash_{\overline{P(G')}} : w_2 \vdash_{\overline{P(G')}} : \dots \vdash_{\overline{P(G')}} : w_r = w$

Nach Definition von P(G') ist w sicherlich nicht das leere Wort. Greifen wir einen solchen Ableitungsschritt $w_j \vdash_{\overline{P(G')}} : w_{j+1}$ heraus, dann unterscheiden wir zwei Fälle:

(i) $w_j \vdash_{\overline{P1}} : w_{j+1}$. Dann ist auch $w_j \vdash_{\overline{P(G)}} : w_{j+1}$.

(ii) $w_j \vdash_{\overline{P2}} : w_{j+1}$. Dann gilt: Es gibt Zerlegungen $w_j = u\xi v$ und $w_{j+1} = uw'v$ mit $\xi \to w' \in P2$. D.h., es gibt q,p mit

$\xi \to q \in P1 \;\&\; q \vdash_{\overline{P_o}} p \;\&\; p \vdash_{\overline{P_\Box}} : w'$.

$\Rightarrow w_j \vdash_{\overline{\{\xi \to q\}}} : uqv \vdash_{\overline{P_o}} upv \vdash_{\overline{P_\Box}} : uw'v = w_{j+1}$

$\Rightarrow w_j \vdash_{\overline{P(G)}} w_{j+1}$

D.h., jeder einzelne Schritt in der G'-Ableitung für w läßt sich als eine Ableitung in G nachvollziehen. Daher ist $\sigma \vdash_{\overline{P(G)}} w$, also $w \in L \setminus \{\Box\}$.

(2) <u>"$L \setminus \{\Box\} \subseteq \mathscr{L}(G')$":</u>
Sei nun $w \in L \setminus \{\Box\}$ mit zugehöriger Ableitung $\sigma \vdash_{\overline{P(G)}} : w_1 \vdash_{\overline{P(G)}} : \dots \vdash_{\overline{P(G)}} : w_r = w$. Wir schauen nach, wann zum erstenmal eine Regel des Typs $\xi \to \Box$, d.h. eine Regel aus $P_\Box$ angewendet wurde. Sei dies zum erstenmal im Schritt $w_i \vdash_{\overline{P_\Box}} : w_{i+1}$ der Fall. Es ist also $w_i = u\eta v$ und $w_{i+1} = uv$. Wir verfolgen, wann dieses η erzeugt wurde. D.h., wir suchen $k < i$ mit

$w_k = u_o \xi v_o$, $w_{k+1} = u_o q' \eta q v_o$, $\xi \to q'\eta q \in P(G)$,

$u_o q' \vdash u$, $q v_o \vdash v$.

Nach Hilfssatz II.2.1 gilt: $u = \tilde{u}u'$, $v = v'\tilde{v}$ mit

$q' \vdash_{\overline{P(G')}} u'$, $q \vdash_{\overline{P(G')}} v'$, $u_o \vdash_{\overline{P(G')}} \tilde{u}$, $v_o \vdash_{\overline{P(G')}} \tilde{v}$

<u>1. Fall:</u> $q'q \neq \Box$ Dann ist aber $\xi \to q'q \in P(G')$ und wir erhalten

$w_k=u_o\xi v_o \vdash_{\overline{P(G')}} : u_o q' q v_o \vdash_{\overline{P(G')}} \tilde{u}u'v'\tilde{v}=uv=w_{i+1}$

2. Fall: $q'q=\square$ Dann führen wir die gleiche Überlegung wie oben für η nun für ξ durch. D.h., wir suchen $l<k$ mit:

$w_l=u_o'\xi' v_o'$, $w_{l+1}=u_o'q_o'\xi q_o v_o'$, $\xi' \rightarrow q_o'\xi q_o \in P(G)$

Für den Fall $q_o'q_o \neq \square$ erhält man wieder

$\xi' \rightarrow q_o'q_o \in P(G')$ und

$w_l=u_o'\xi' v_o' \vdash_{\overline{P(G')}} : u_o'q_o'q_o v_o' \vdash_{\overline{P(G')}}$

$u_o v_o \vdash_{\overline{P(G')}} \tilde{u}\tilde{v}=w_{i+1}$

Ist auch $q_o'q_o=\square$, so setzt man das Verfahren mit ξ' fort. Irgendwann muß man dann einmal zu einer Regel $\xi \rightarrow q'q \neq \square$ kommen, denn sonst müßte gelten

$\sigma \vdash : \xi_o \vdash : \xi_1 \vdash : \ldots \vdash : \xi_k \vdash : \square = w$,

$\xi_i \in A(G)$, was einen Widerspruch zu $w \neq \square$ darstellt.

Wir erhalten also auf diese Weise insgesamt:

$\sigma \vdash_{\overline{P(G')}} w$, d.h. $w \in \mathcal{L}(G')$

qed(Satz II.2.2)

Bemerkung:

Die Grammatik für $L \setminus \{\square\}$, speziell das Regelpaket P2, kann effektiv konstruiert werden (siehe Aufgabe II.4).

Die in Satz II.2.2 konstruierte Grammatik für $L \setminus \{\square\}$ ist vom sE-Typ. Der Satz läßt sich noch verschärfen zu

Satz II.2.3:

Zu jeder kontextfreien Sprache $L \subseteq T^*$ gibt es eine Grammatik G vom Erweiterungstyp mit $\mathcal{L}(G) = L \setminus (\{\square\} \cup T)$.
D.h., die Worte in $\mathcal{L}(G)$ haben mindestens zwei Buchstaben.

Beweis:

Man konstruiere zu L gemäß dem vorigen Satz eine kontextfreie Grammatik G' vom schwachen Erweiterungstyp mit $\mathcal{L}(G')=L \setminus \{\square\}$

Die weitere Vorgehensweise ist dann ähnlich der in Satz II.2.3.

Betrachte für $\xi \in A(G')$ die Menge $K(\xi) := \{y \in A(G') / \xi \vdash_{P(G')} y\}$ der aus ξ ableitbaren Einzelzeichen. Es sei weiter:

$P1 := \{\xi \to q / \exists \eta \in K(\xi): \eta \to q \in P(G'), |q| \geq 2\}$

$P2 := \{\xi \to q \in P(G') / |q| = 1\}$

$P3 := \{\xi \to q / \exists p: \xi \to p \in P1, p \vdash_{P2} q\}$

Nun definieren wir die gesuchte Grammatik G wie folgt:

$A(G) = A(G'), T(G') = T(G) = T, S(G) = S(G'), P(G) = P_3$

Wir beweisen, daß $\mathcal{L}(G) = L \setminus (\{\Box\} \cup T)$ ist.

1) $\mathcal{L}(G) \subseteq L \setminus (\{\Box\} \cup T)$:

Wir untersuchen einen direkten Ableitungsschritt in G. Sei also $w,w' \in A(G)^*$ und $w \vdash_{P(G)}: w'$; d.h. es gibt eine Regel $\xi \to q$ in P(G) und Worte $u,v \in A(G)^*$ mit $w=u\xi v$, $w'=uqv$. Da $\xi \to q$ in P_3 ist, gibt es ein p mit $\xi \vdash_{P_1}: p$, $p \vdash_{P_2} q$. Daher ist $|q| = |p| \geq 2$, $p \vdash_{P(G')} q$ und es gibt $\eta \in A(G')$ mit $\xi \vdash_{P(G')} \eta \vdash_{P(G')}: p$. Also ist

$w=u\xi v \vdash_{P(G')} u\eta v \vdash_{P(G')}: upv \vdash_{P(G')} uqv=w', |w'| \geq 2.$

Da sich jeder Ableitungsschritt in G in eine entsprechende Ableitung in G' umsetzen läßt, gilt die behauptete Inklusion.

2) $L \setminus (\{\Box\} \cup T) \subseteq \mathcal{L}(G)$:

Seien $w,w' \in A(G')^*$, $w \vdash_{P(G')} w'$. Die Ableitung hat folgende Struktur:

$$w=w_{11} \vdash_{P2} w_{12} \vdash_{\{r_1\}}: w_{21} \vdash_{P2} w_{22} \vdash_{\{r_2\}}: w_{31} \vdash_{P2} w_{32} \cdots$$

$$\cdots w_{k-1,2} \vdash_{\{r_{k-1}\}}: w_{k,1} \vdash_{P2} w_{k,2} = w' \qquad (*)$$

Dabei sind die $r_i \in P(G') \setminus P2$ $(1 \leq i \leq k-1)$

Unser Ziel ist zunächst, die Regeln aus P2 von den Regeln r_i zu separieren und zu einem einzigen Paket zusammenzuschnüren. Dazu greifen wir ein Teilstück

$w_{j,1} \vdash_{P2} w_{j,2} \vdash_{\{\xi \to q\}}: w_{j+1,1} \vdash_{P2} w_{j+1,2}$ dieser Ableitung heraus, in welchem in der linken und in der rechten Hälfte jeweils mindestens eine Regel aus P2 angewendet wird. (Wenn kein solches Teilstück existiert, ist die Ableitung (*) entweder auch eine Ableitung in G oder aber sie ist schon im gewünschten Sinne separiert.) Schlüsseln wir das ausgesonderte Ableitungsstück noch weiter auf:

$w_{j,1} = v_1\xi_1 v_2 \vdash_{P2} v_1\xi v_2 \vdash_{P2} v_1'\xi v_2' = w_{j,2} \vdash_{\{\xi\to q\}}:$ $v_1' q v_2' = w_{j+1,1}$. Damit ist also $\xi \in K(\xi_1)$ und infolgedessen $(\xi_1,q) \in P1$. Weiter gibt es eine Zerlegung $w_{j+1,2}=v_1''pv_2''$ mit $v_1' \vdash_{P2} v_1''$, $v_2' \vdash_{P2} v_2''$, $q \vdash_{P2} p$. Daher ist $(\xi_1,p) \in P_3$ und wir erhalten insgesamt

$w_{j,1} = v_1\xi_1 v_2 \vdash_{P3}: v_1 p v_2 \vdash_{P2} v_1' p v_2'' = w_{j+1,2}$

Betrachtet man nun eine Ableitung des Typs (*) für $\sigma \vdash_{P(G')} w$, $\sigma \in S(G')$, $w \in L \setminus (\{\square\} \cup T)$ und wendet das eben geschilderte Verfahren immer wieder an, so erhalten wir schließlich folgende Situation:

$$\sigma \vdash_{P3}: w_1 \vdash_{P3}: w_2 \vdash_{P3}: \ldots \vdash_{P3}: w_k \vdash_{P2} w \qquad (**)$$

Damit haben wir unser erstes Ziel, die Regeln aus P2 zu separieren, erreicht. Als nächstes müssen wir diese Regeln eliminieren. Es sei $\xi \in Z(G')$ und $w_k = u_k\xi v_k$. Dann gibt es Worte $u',v' \in T(G')^*$, sowie $\xi_r \in T(G')$ mit: $u_k \vdash_{P2} u'$, $\xi \vdash_{P2} \xi_r$, $v_k \vdash_{P2} v'$, $w = u'\xi_r v'$. Nun greifen wir eine Idee, die schon im Beweis von Satz II.2.2 benutzt wurde, auf. Und zwar suchen wir die Stelle, an der das ξ erzeugt wurde: Sei also $1 \leq i \leq k-1$ mit $w_i = u_i' z v_i'$, $w_{i+1} = u_i' p'\xi p'' v_i'$ und $(z,p'\xi p'') \in P3$. Der Abkürzung wegen setzen wir $p = p'\xi p''$. Wegen $(z,p) \in P3$ gibt es ein q, sodaß $(z,q) \in P1$ und $q \vdash_{P2} p$. Weil $q \vdash_{P2} p = p'\xi p'' \vdash_{P2} p'\xi_r p''$ und $(z,q) \in P1$ ist auch $(z,p'\xi_r p'') \in P3$.

Wir ersetzen nun den i. Ableitungsschritt durch: $w_i = u_i' z v_i' \vdash_{P3} u_i' p'\xi_r p'' v_i' =: \hat{w}_{i+1}$. Ersetzen wir nun in der Ableitung (**) $w_j = u_j\xi v_j$ durch $\hat{w}_j = u_j\xi_r v_j$ $(i+1 \leq j \leq k)$, so erhalten wir die Ableitung

$$\sigma \vdash_{\overline{P3}}: w_1 \vdash_{\overline{P3}}: \dots \vdash_{\overline{P3}}: w_i \vdash_{\overline{P3}}: \hat{w}_{i+1} \vdash_{\overline{P3}}: \dots \vdash_{\overline{P3}}: \hat{w}_k \vdash_{\overline{P2}} w$$

in welcher die Anzahl der Regeln aus P2 gegenüber (**) erniedrigt wurde. Setzt man dieses Verfahren fort, so ergibt sich

$$\sigma \vdash_{\overline{P3}}: w_1' \vdash_{\overline{P3}}: \dots \vdash_{\overline{P3}}: w_k' = w$$

D.h. $w \in \mathcal{L}(G)$.

Damit ist auch diese Inklusion bewiesen.

qed(Satz II.2.3)

Wir erläutern Satz II.2.3 an einem Beispiel.

Beispiel II.2.1:

Sei $L = \{a^{n+1}b^n \,/\, n \geq 0\}$. Man überlegt sich leicht, daß die folgende kontextfreie Grammatik L erzeugt:

$A(G) = \{\sigma,\alpha,\beta,a,b\}$, $T(G) = \{a,b\}$, $S(G) = \{\sigma\}$

$P(G) = \{\sigma \rightarrow \alpha,\ \alpha \rightarrow a\alpha\beta,\ \alpha \rightarrow a,\ \beta \rightarrow b\}$

Wir bilden: $K(\sigma) = \{\alpha\}$, $K(\alpha) = \{a\}$, $K(\beta) = \{b\}$

$P1 = \{\sigma \rightarrow a\alpha\beta,\ \alpha \rightarrow a\alpha\beta\}$

$P2 = \{\sigma \rightarrow \alpha,\ \alpha \rightarrow a,\ \beta \rightarrow b\}$

$P3 = \{\sigma \rightarrow a\alpha\beta,\ \sigma \rightarrow aa\beta,\ \sigma \rightarrow a\alpha b,\ \sigma \rightarrow aab,$
$\alpha \rightarrow a\alpha\beta,\ \alpha \rightarrow aa\beta,\ \alpha \rightarrow a\alpha b,\ \alpha \rightarrow aab\}$

Da die Variable β mit P3 sicher nicht in ein Wort aus $T(G)^*$ überführt werden kann, ist P3 äquivalent zu

$P3' = \{\sigma \rightarrow a\alpha b,\ \sigma \rightarrow aab,\ \alpha \rightarrow a\alpha b,\ \alpha \rightarrow aab\}$

Setzt man nun $G' = (A(G),P3',S(G),T(G))$, so ist $\mathcal{L}(G') = L \setminus (\{\square\} \cup T)$.

Man überzeuge sich von der Richtigkeit dieser Aussage!

Bemerkung:

1) Die Grammatik G von Satz II.2.3 ist wieder effektiv konstruierbar, da die Regelmenge P3 konstruiert werden kann. (Siehe Aufgabe II.4)
2) Eine weitere Verallgemeinerung des in den letzten beiden Sätzen angegebenen Sachverhalts führt zu der folgenden

Definition:
Eine Grammatik G heißt *n-af-GRAMMATIK*, (Abk. für "aufbauend formal") falls G kontextfrei ist und die rechte Seite einer jeden Regel mindestens die Länge n hat. Es gilt das folgende Resultat: Ist L kontextfrei und $n \geq 0$, dann gibt es eine n-af-Grammatik G mit
$\mathcal{L}(G) = L \setminus \{w \in L \ / \ |w| < n\}$.

Als nächstes wollen wir zeigen, daß die Klasse der linkslinearen Sprachen mit der der rechtslinearen übereinstimmt, d.h., daß sowohl die linkslinearen als auch die rechtslinearen Grammatiken die Klasse Ch-3 definieren.

Lemma II.2.2:

1. Zu jeder rechtslinearen Grammatik G gibt es eine äquivalente rechtslineare Grammatik G' mit der Eigenschaft:

   Ist $\xi \to v\eta \in P(G')$, $\eta \in Z(G') \cup \{\square\}$, so gilt
   $v \in T(G) \setminus \{\square\}$.

   (Eine entsprechende Aussage gilt für linkslineare Grammatiken.)

2. Zu jeder einseitig linearen Grammatik G gibt es eine äquivalente Grammatik G" des gleichen Typs mit der Eigenschaft:

   $\# S(G'') = 1$
   $\xi \to v\eta \in P(G'')$ (bzw. $\xi \to \eta v \in P(G'')$) $\Rightarrow \eta \notin S(G'')$

   (d.h., das Startsymbol taucht nie auf der rechten Seite einer Regel auf.)

Beweis:

Die Methode, wie wir G' und G" konstruieren, werden wir in späteren Beweisen noch häufiger anwenden.

1. In die Regelmenge P(G') werden alle G-Regeln aus
   $P1 := \{\xi \to v\eta \in P(G) \ / \ \eta \in Z(G) \cup \{\square\},\ |v| \leq 1\}$

   unverändert übernommen.
   Die Regeln aus $P2 := P(G) \setminus P1$ sind von dem Typ
   $\xi \Rightarrow a_1 \ldots a_n\eta$, $\eta \in Z(G) \cup \{\square\}$, $n>1$, $a_i \in T(G)$ $(1 \leq i \leq n)$.

Diese müssen wir in eine Folge von Regeln des gewünschten Typs auflösen:

Für jede Regel $r = \xi \rightarrow a_1 \ldots a_{n_r} \eta \in P2$ benötigen wir <u>neue</u> Variablen $\eta_1^r, \ldots, \eta_{n_r-1}^r$. Anstelle von r nehmen wir dann in P(G') das Regelpaket

$$P_r := \{\xi \rightarrow a_1\eta_1^r,\ \eta_1^r \rightarrow a_2\eta_2^r, \ldots,\ \eta_{n_r-1}^r \rightarrow a_{n_r}\eta\}$$

auf. Da man in einer Ableitung die Anwendung der Regel $r \in P2$ ohne weiteres durch die Anwendung der kompletten Regelfolge P_r ersetzen kann, ist klar, daß die durch

$$A(G') = A(G) \cup \{\eta_i^r \;/\; 1 \leq i \leq n_r - 1,\ r \in P2\}$$
$$T(G') = T(G)$$
$$S(G') = S(G)$$
$$P(G') = P1 \cup \bigcup_{r \in P2} P_r$$

definierte Grammatik G' zu G äquivalent ist.

2. G'' erhalten wir aus G, indem wir ein neues Symbol $\sigma_o \notin A(G)$ als Startsymbol verwenden:

$$A(G'') = A(G) \cup \{\sigma_o\}$$
$$T(G'') = T(G)$$
$$S(G'') = \{\sigma_o\}$$
$$P(G'') = P(G) \cup \{\sigma_o \rightarrow w \;/\; \text{es gibt } \sigma \in S(G) \text{ mit } \sigma \rightarrow w \in P(G)\}$$

Man überzeugt sich leicht, daß $\mathcal{L}(G'') = \mathcal{L}(G)$ gilt und G'' vom gleichen Typ wie G ist.

<u>qed(Lemma II.2.2)</u>

Der folgende Satz besagt, daß die Klasse der einseitig linearen Sprachen abgeschlossen gegenüber dem Spiegelbild-Operator ist. (Dabei ist das Spiegelbild eines Wortes $w = x_1 \ldots x_n \in A^*$, $n \geq 0$, $x_i \in A$ definiert durch $sp(w) = x_n \ldots x_1$.)

<u>Satz II.2.4:</u>

Sei G rechtslineare (linkslineare) Grammatik. Dann gibt es eine rechtslineare (linkslineare) Grammatik G' mit $\mathcal{L}(G') = sp(\mathcal{L}(G))$.

Beweis:

Sei G rechtslinear. Nach obigem Hilfssatz gelte o.B.d.A. $S(G) = \{\sigma\}$ und $(\xi \to a\eta \in P(G) \Rightarrow \eta \neq \sigma)$.

Dann bilde G':

$A(G') = A(G)$, $T(G') = T(G)$, $S(G') = S(G)$,

$$P(G') = \{\xi \to a\eta \ / \ \eta \to a\xi \in P(G) \ \& \ \eta \neq \sigma\} \cup$$
$$\cup \{\sigma \to a\xi \ / \ \xi \to a \in P(G) \ \& \ \xi \neq \sigma\} \cup$$
$$\cup \{\xi \to a \ / \ \sigma \to a\xi \in P(G)\} \cup$$
$$\cup \{\sigma \to a \ / \ \sigma \to a \in P(G)\}$$

G' ist rechtslinear. Wir überprüfen, ob G' die gewünschte Sprache erzeugt.

(i) "$sp(\mathcal{L}(G)) \subseteq \mathcal{L}(G')$":

Sei $w = a_1a_2...a_n \in \mathcal{L}(G)$, $n \geq o$ und

$\sigma \vdash: a_1\xi_1 \vdash: a_1a_2\xi_2 \vdash: ...$

$... \vdash: a_1...a_{n-1}\xi_{n-1} \vdash: a_1...a_n = w$

eine zugehörige Ableitung.

1. Fall: $n \leq 1$

Dann ist $\sigma \to \square$ bzw. $\sigma \to a_1$ in P(G) und folglich auch in P(G').

2. Fall: $n > 1$

Die Regeln $\xi_i \to a_{i+1}\xi_{i+1}$ $(1 \leq i < n-1)$ sind in P(G), ebenso $\sigma \to a_1\xi_1$ und $\xi_{n-1} \to a_n$, also sind die Regeln $\xi_{i+1} \to a_{i+1}\xi_i$ $(1 \leq i < n-1)$, $\xi_1 \to a_1$, $\sigma \to a_n\xi_{n-1}$ in P(G'). Daher ist $\sigma \vdash: a_n\xi_{n-1} \vdash: a_na_{n-1}\xi_{n-2} \vdash: ... \vdash:$ $a_n...a_2\xi_1 \vdash: a_n...a_1 = sp(w)$ eine Ableitung in G'.

(ii) "$\mathcal{L}(G') \subseteq sp(\mathcal{L}(G))$":

Sei $w = a_1...a_n \in \mathcal{L}(G')$ und

$\sigma \vdash: a_1\xi_1 \vdash: a_1a_2\xi_2 \vdash: ...$

$... \vdash: a_1...a_{n-1}\xi_{n-1} \vdash: a_1...a_n$ eine Ableitung.

1. Fall: $n \leq 1$

Dann ist $\sigma \to \square$ bzw. $\sigma \to a_1$ in P(G') und folglich auch in P(G).

2. Fall: $n>1$

Die Regeln $\xi_i \rightarrow a_{i+1}\xi_{i+1}$ $(1 \leq i < n-1)$, $\sigma \rightarrow a_1\xi_1$, $\xi_{n-1} \rightarrow a_n$ sind aus P(G'); folglich sind $\xi_{i+1} \rightarrow a_{i+1}\xi_i$ $(1 \leq i < n-1)$, $\xi_1 \rightarrow a_1$, $\sigma \rightarrow a_n\xi_{n-1}$ in P(G). Daher ist

$\sigma \vdash: a_n\xi_{n-1} \vdash: a_n a_{n-1}\xi_{n-2} \vdash: \ldots$

$\ldots \vdash: a_n \ldots a_2\xi_1 \vdash: a_n \ldots a_1 = sp(w)$

eine Ableitung in G.

qed(Satz II.2.4)

Korollar:

Die Klasse der rechtslinearen Sprachen und die Klasse der linkslinearen Sprachen stimmen überein.

Beweis:

Sei L rechtslinear und G eine rechtslineare Grammatik für L. Dann ist die Grammatik G', definiert durch A(G') = A(G), T(G') = T(G), S(G') = S(G), P(G') = $\{\xi \rightarrow sp(w) \,/\, \xi \rightarrow w \in P(G)\}$ linkslinear und erzeugt sp(L). Also ist sp(L) linkslinear und nach dem obigen Satz auch sp(sp(L)) = L. Also ist L auch linkslinear.

Umkehrung analog.

qed(Korollar)

Wir haben insgesamt also für die Chomsky-Typen bewiesen:

rechtslinear = linkslinear = Ch-3 $\subseteq$ Ch-2,
Ch-2 $\setminus$ $\{\square\}$ $\subseteq$ Ch-1 $\subseteq$ Ch-0.

Was uns zum vollständigen Nachweis der Hierarchie-Eigenschaft dieser Typeneinteilung noch fehlt, daß nämlich obige Inklusionen echt sind, wollen wir sukzessive in den folgenden Paragraphen zeigen.

II.3 STRUKTURSÄTZE

II.3.1 DIE KLASSE Ch-1

Wir haben bislang noch nichts unternommen, um den schwachen Erweiterungstyp in der Chomsky-Hierarchie einzuordnen. Das holen wir nun nach, indem wir zeigen, daß die Klassen Ch-1 und sE übereinstimmen. Dabei gehen wir nach Kuroda/KUR/ vor. Bei dem Beweis fällt dann gleichzeitig noch eine Normalform, die Kuroda-Normalform für kontextsensitive Grammatiken ab.

Zunächst beweisen wir noch eine kleine Hilfsaussage.

Lemma II.3.1:

Sei G Ch-i-Grammatik (i=0,1,2) oder vom sE-Typ. Dann gibt es eine zu G äquivalente Chomsky-Grammatik G1 des gleichen Typs, sodaß jede Regel in P(G1), auf deren rechter Seite ein Terminalzeichen auftaucht, von der Form $\xi \rightarrow t$ ist, wobei $\xi \in Z(G1)$ und $t \in T(G)$, und sodaß außerdem $\#(S(G1)) = 1$ ist.

Bezeichnung:

Regeln vom Typ $\xi \rightarrow t$ heißen auch *ABSCHLIESSENDE REGELN*.

Beweis:

Zu jedem Terminalzeichen $t \in T(G)$ führen wir eine neue Variable ω_t ein. Dann setzen wir $A(G1) = A(G) \cup \{\omega_t \,/\, t \in T(G)\} \cup \{\sigma\}$, $\sigma \notin A(G), \sigma \neq \omega_t$ und $S(G1) = \{\sigma\}$. P(G1) erhalten wir, indem wir in allen Regeln $r \in P(G)$ die evtl. auftretenden terminalen Zeichen t durch die entsprechenden nichtterminalen Symbole ω_t ersetzen und zu diesen so erhaltenen Regeln noch die Produktionen $\omega_t \rightarrow t$, $t \in T(G)$ und $\sigma \rightarrow s$, $s \in S(G)$ hinzufügen.

Der Leser überzeuge sich davon, daß G1 vom gleichen Typ ist wie G und $\mathcal{L}(G1) = \mathcal{L}(G)$ gilt.

qed(Lemma II.3.1)

Wir tasten uns nun über einige Zwischenstationen zur angekündigten Normalform vor. Wir beachten, daß per definitionem die kontextsensitiven Grammatiken auch vom sE-Typ sind.

Definition II.3.1:

Sei G eine Grammatik vom sE-Typ mit nur einem Startsymbol σ. G heißt

(i) *VON DER ORDNUNG* n, $n \in \mathbb{N}$ <=> Für alle $(p,q) \in P(G)$ gilt: $|q| \leq n$

(ii) *LÄNGENTREU* <=> Für alle $(p,q) \in P(G)$ gilt:
entweder $p = \sigma$
oder $|p| = |q|$ und p enthält nicht σ.

(iii) *LINEAR BESCHRÄNKT* <=> G ist von der Ordnung 2 und G ist längentreu und $(\sigma \to \xi\eta \Rightarrow \xi = \sigma)$.

Bezeichnung:

Ist eine Grammatik G linear beschränkt, so sagt man auch "G ist in *KURODA-NORMALFORM*".

Lemma II.3.2:

Zu jeder sE-Grammatik G von der Ordnung n $(n \geq 3)$ gibt es eine äquivalente sE-Grammatik G' von der Ordnung n-1.

Beweis:

Nach dem letzten Hilfssatz können wir o.B.d.A. voraussetzen, daß nur die abschließenden Regeln von G Terminalzeichen enthalten. Wir simulieren nun wieder, wie üblich, jede Regel aus G durch evtl. mehrere Regeln in G'.

Sei also $(p,q) \in P(G)$.

1. Fall: $|q| < 3$. Dann werde (p,q) in P(G') aufgenommen.

2. Fall: $|q| \geq 3$. Dann haben p und q die Gestalt $p = \xi p'$ bzw. $q = \eta_1\eta_2\eta_3 q'$ mit $\xi, \eta_1, \eta_2, \eta_3 \in Z(G)$.

Wir führen neue Variablen α_1 und α_2 ein und unterscheiden wieder zwei Fälle:

(i) Ist $p' = \square$, dann nehmen wir die Regeln
$p \to \alpha_1\alpha_2$, $\alpha_1 \to \eta_1\eta_2$, $\alpha_2 \to \eta_3 q'$ in P(G') auf.

(ii) Ist $p' \neq \square$, also $p' = \gamma p''$, $\gamma \in Z(G)$, dann nehmen wir die Regeln $\xi\gamma \to \alpha_1\alpha_2$, $\alpha_1 \to \eta_1$, $\alpha_2 p'' \to \eta_2\eta_3 q'$ in P(G') auf.

Dies machen wir für jede Regel $(p,q) \in P(G)$ und erhalten eine Grammatik G' der Ordnung n-1 mit $\mathcal{L}(G) = \mathcal{L}(G')$.

qed(Lemma II.3,2)

Wenden wir diesen Hilfssatz mehrfach hintereinander an, so erhalten wir

Lemma II.3.3:

Jede sE-Grammatik ist zu einer sE-Grammatik von der Ordnung 2 äquivalent.

Als eine fast unmittelbare Folgerung hieraus erhalten wir

Satz II.3.1:

Die Klassen Ch-1 und sE stimmen überein.

Beweis:

Wir haben nur noch zu zeigen, daß es zu jeder sE-Grammatik G eine äquivalente kontextsensitive Grammatik G' gibt. Nach obigem Hilfssatz sei G o.B.d.A. von der Ordnung 2. Weiter sollen nur die abschließenden Regeln von G terminalzeichenbehaftet sein. Die einzigen Regeln in P(G), die nicht kontextsensitiv sind, sind daher von der Gestalt $\xi_1\xi_2 \to \eta_1\eta_2$. Wir führen eine neue Variable α ein und ersetzen diese Regel durch das Paket

$\xi_1\xi_2 \to \alpha\xi_2$, $\alpha\xi_2 \to \alpha\eta_2$, $\alpha\eta_2 \to \eta_1\eta_2$.

Die so entstehende Grammatik G' ist kontextsensitiv und äquivalent zu G.

qed(Satz II.3.1)

Wir kommen nun zu dem Normalformensatz für kontextsensitive Grammatiken.

Satz II.3.2:

Zu jeder kontextsensitiven Grammatik G gibt es eine äquivalente Grammatik G_K, die in Kuroda-Normalform ist. D.h., G_K ist linear beschränkt.

Beweis:

Sei G = (A(G),P(G), {σ},T(G)) o.B.d.A. von der Ordnung 2. Wie in Lemma II.3.1 konstruieren wir eine äquivalente Grammatik

G', bei der nur noch die abschließenden Regeln Terminalzeichen enthalten. Dann definieren wir G_K durch:

$A(G_K) = A(G') \cup \{\sigma_o, \alpha\}$ (σ_o und α seien neue Symbole.)

$T(G_K) = T(G)$

$S(G_K) = \{\sigma_o\}$

$P(G_K) = \{\sigma_o \rightarrow \sigma_o\alpha,\ \sigma_o \rightarrow \sigma\} \cup$

$\cup\ \{\alpha\xi \rightarrow \xi\alpha,\ \xi\alpha \rightarrow \alpha\xi\ /\ \xi \in A(G')\} \cup$

$\cup\ \{\xi \rightarrow \eta\ /\ (\xi,\eta) \in P(G')\} \cup$

$\cup\ \{\xi_1\xi_2 \rightarrow \eta_1\eta_2\ /\ (\xi_1\xi_2, \eta_1\eta_2) \in P(G')\} \cup$

$\cup\ \{\xi\alpha \rightarrow \eta_1\eta_2\ /\ (\xi, \eta_1\eta_2) \in P(G')\}$

G_K ist sicherlich linear-beschränkt. Wir überprüfen, ob es zu G äquivalent ist. Dazu betrachten wir einen Monoidhomomorphismus $f: A(G_K)^* \rightarrow A(G')^*$, der definiert ist durch:

$f(\sigma_o) = \sigma$, $f(\alpha) = \square$, $f(x) = x$ für alle $x \in A(G')$.

(i) Ist $p \rightarrow q \in P(G_K)$, so folgt sofort $f(p) \vdash_{\overline{P(G')}} f(q)$.
Daraus entnimmt man aber, daß $\sigma_o \vdash_{\overline{P(G_K)}} w \in T(G)^*$ impliziert $f(\sigma_o) = \sigma \vdash_{\overline{P(G')}} w = f(w)$.
D.h. $\mathscr{L}(G_K) \subseteq \mathscr{L}(G') = \mathscr{L}(G)$.

(ii) Ist $p \rightarrow q \in P(G')$, so ist entweder $p \rightarrow q$ schon in $P(G_K)$, oder aber $p\alpha \vdash_{\overline{P(G_K)}} q$. Daher gilt im allgemeinen, daß $x \vdash_{\overline{P(G')}} y$ impliziert $x\alpha^n \vdash_{\overline{P(G_K)}} y$ mit geeignetem $n \in \mathbb{Z}_+$. Speziell erhalten wir aus $\sigma \vdash_{\overline{P(G')}} w \in T(G)^*$, daß $\sigma\alpha^n \vdash_{\overline{P(G_K)}} w$ und mittels der ersten beiden Regeln von $P(G_K)$ auch
$\sigma_o \vdash_{\overline{P(G_K)}} \sigma_o\alpha^n \vdash_{\overline{P(G_K)}} : \sigma\alpha^n \vdash_{\overline{P(G_K)}} w$. Also gilt:
$\mathscr{L}(G') \subseteq \mathscr{L}(G)$

qed(Satz II.3.2)

II.3.2 CHOMSKY-REDUZIERTE GRAMMATIKEN

Wir hatten früher schon einmal festgestellt, daß es zu einer Sprache L unendlich viele erzeugende Grammatiken gibt. Unter diesen sind sicher auch solche, die unnötig aufgebläht sind, dadurch daß sie überflüssige Hilfszeichen und unnütze Regeln enthalten. Es ist klar, daß man solchen unnützen Ballast aus einer Grammatik eliminieren möchte. Die Frage ist nur, kann man das immer; denn, ob eine gewisse Regel überflüssig ist oder nicht, ist oft nicht ohne weiteres zu erkennen. Man kann zeigen, und wir wollen das nun tun, daß man im kontextfreien Fall eine Grammatik auf ihre "wesentlichen" Bestandteile reduzieren kann. Dazu definieren wir zunächst genau, worum es geht.

Bezeichnung:

Sei $r = (u,v)$ eine Regel einer Grammatik G, dann sei $A(r)$ das kleinste Alphabet mit $u,v \in A(r)^*$.

Definition II.3.2:

Sei G eine Chomsky-Grammatik.

(i) Eine Regel $r \in P(G)$ heißt *WESENTLICH* <=> Es gibt $\sigma \in S(G)$ und $w \in T(G)^*$, sowie eine Ableitung $\sigma \vdash_{\overline{P(G)}} : w_1 \vdash_{\overline{P(G)}} : \ldots \vdash_{\overline{P(G)}} : w_i \vdash_{\overline{\{r\}}} : w_{i+1} \vdash_{\overline{P(G)}} : \ldots \vdash_{\overline{P(G)}} : w$. D.h., für mindestens ein Wort kann man eine Ableitung angeben, in welcher die Regel r benutzt wird.

(ii) G heißt *(CHOMSKY-)REDUZIERT* <=>

(α) Alle Regeln $r \in P(G)$ sind wesentlich.

(β) Jedes Symbol $\xi \in Z(G)$ kommt in mindestens einer Regel $r \in P(G)$ vor, d.h., für alle $\xi \in Z(G)$ existiert $r \in P(G)$: $\xi \in A(r)$.

Bemerkung:

Die Bedingung (β) ist für Ch-2 äquivalent zu der Forderung: Für jedes $\xi \in Z(G)$ gibt es eine Regel $r \in P(G)$ der Form $r = (\xi,q)$. Hat man nämlich eine Regel der Form $(p,q_1\xi q_2)$, so folgt aus (α), daß es eine Regel r' geben muß, die das ξ

weiterverarbeitet, also r' = (ξ, q), da man sonst nicht im Terminalalphabet landet.

Lemma II.3.4:

Zu jeder Grammatik G gibt es eine äquivalente reduzierte Grammatik G_r.

Beweis:

Setze $T(G_r) = T(G)$, $S(G_r) = S(G)$, $P(G_r) = \{r \in P(G) \ / \ r$ wesentlich$\}$, $A(G_r) = \{\xi \in Z(G) \ /$ es existiert $r \in P(G_r)$: $\xi \in A(r)\} \cup S(G) \cup T(G)$.
Man überzeugt sich leicht davon, daß G_r reduziert ist und die gleiche Sprache wie G erzeugt.

qed(Lemma II.3.4)

Man beachte, daß dieser Hilfssatz lediglich die Existenz der reduzierten Grammatik sichert, aber keine Aussage macht, wie man denn G_r effektiv konstruieren kann. Wir untersuchen daher, wann und wie man G_r konstruieren kann. Dazu brauchen wir ein Konstruktionsverfahren für $P(G_r)$. Diese Aufgabe ist offenbar gelöst, wenn wir entscheiden können, ob eine Regel wesentlich ist oder nicht. Wir zeigen im folgenden, daß wir diese Frage im kontextfreien Fall entscheiden können.

Bemerkung:

Wenn G eine kontextsensitive Grammatik ist, so ist obiges Problem nicht entscheidbar. Das bedeutet, daß im allgemeinen die endliche Menge $P(G_r)$ für kontextsensitive Grammatiken nicht konstruiert werden kann.

Lemma II.3.5:

Ist G eine kontextfreie Grammatik, so sind folgende Aussagen äquivalent:

(i) G ist reduziert.

(ii) Zu jedem $\xi \in Z(G)$ gibt es Worte $u, v \in A(G)^*$, $w \in T(G)^*$ und ein Startsymbol $\sigma \in S(G)$ mit: $\sigma \vdash_{\overline{P(G)}} u\xi v$, $\xi \vdash_{\overline{P(G)}} w$.

Beweis:

"(i) => (ii)": Sei $\xi \in Z(G)$. Dann gibt es, da G reduziert ist, eine Regel $r \in P(G)$ mit $\xi \in A(r)$. O.B.d.A. habe r die Form $r = (\xi,p)$. Da r wegen der Reduziertheit wesentlich ist, gibt es eine Ableitung $\sigma \vdash_{P(G)} w_1 \vdash_{\{r\}} : w_2 \vdash_{P(G)} w$ mit $\sigma \in S(G)$, $w \in T(G)^*$. w_1 läßt sich zerlegen in $w_1 = u\xi v$ und da G kontextfrei ist, folgt aus Lemma II.2.1, daß sich w in $w = u'w'v'$ zerlegen läßt, sodaß $u \vdash_{P(G)} u'$, $v \vdash_{P(G)} v'$ und $\xi \vdash_{P(G)} w'$ gilt. Das ist aber gerade die Bedingung (ii), deren Gültigkeit wir also gezeigt haben.

Nun zur umgekehrten Richtung.

"(ii) => (i)": Daß jedes Hilfszeichen $\xi \in Z(G)$ in mindestens einer Regel vorkommt, folgt aus (ii) unmittelbar. Betrachten wir nun eine Regel $r = (\xi,q) \in P(G)$. Dann existieren $u,v \in A(G)^*$, $\sigma \in S(G)$ mit $\sigma \vdash_{P(G)} u\xi v$ und daraus folgt:
$\sigma \vdash_{P(G)} u\xi v \vdash_{\{r\}} : upv$. upv habe die Gestalt
$upv = \alpha_1\xi_1\alpha_2 \ldots \alpha_r\xi_r\alpha_{r+1}$. Dabei seien die $\xi_i \in Z(G)$, die $\alpha_i \in T(G)^*$. Nach (ii) gibt es Worte $w_i \in T(G)$ $(1 \leq i \leq r)$ mit $\xi_i \vdash_{P(G)} : w_i$. Dann erhalten wir insgesamt eine Ableitung
$\sigma \vdash_{P(G)} u\xi v \vdash_{P(G)} : upv \vdash_{P(G)} \alpha_1 w_1 \alpha_2 \ldots \alpha_r w_r \alpha_{r+1} \in T(G)^*$.
D.h., r ist wesentlich und G folglich reduziert.

qed (Lemma II.3.5)

Dieser Hilfssatz bildet die Grundlage für den Entscheidungsalgorithmus, der feststellt, ob eine Grammatik reduziert ist oder nicht. Die Idee ist einfach folgende: Man schaut zunächst einmal nach, welche Hilfszeichen im Verlaufe einer Ableitung aus einem Startsymbol überhaupt erzeugt werden können, dann überprüft man, welche Hilfszeichen in ein Wort des Terminalalphabets überführt werden können. Wenn diese so gewonnenen beiden Mengen von Nichtterminalzeichen gleich sind und auch gleich ganz Z(G) sind, dann und nur dann ist nach obigem Hilfssatz die Grammatik reduziert. Dazu führen wir zunächst einige Bezeichnungen ein:

Sei $r = (p,q) \in P(G)$. Dann seien $A_Q(r)$ und $A_Z(r)$ die kleinsten

Alphabete, in welchen p bzw. q darstellbar sind. Es sei weiter:

$M_o := S(G)$

$M_{i+1} := \{\xi \in Z(G) \ / \ \text{es gibt } r \in P(G);\ A_Q(r) \subseteq M_i,\ \ \xi \in A_Z(r)\} \cup M_i$

$N_o := \{w \in T(G)^* \ / \ \text{es gibt } \xi \in Z(G) : (\xi,w) \in P(G)\}$

$N_{i+1} := \{\xi \in Z(G) \ / \ \text{es gibt } r = (\xi,\eta) \in P(G) : \eta \in (N_i \cup T(G))^*\} \cup N_i$

Es gilt: $M_1 \subseteq M_2 \subseteq \ldots \subseteq Z(G)$

$N_1 \setminus T(G)^* \subseteq N_2 \setminus T(G)^* \subseteq \ldots \subseteq Z(G)$

Da Z(G) endlich ist, müssen diese beiden Ketten abbrechen, d.h. ab einem bestimmten Index i_o dürfen diese Mengen nicht mehr wachsen. Wir behaupten nun:

Lemma II.3.6:

Mit $i_o := \# P(G)+1$ gilt:

(i) $M_{i_o} = M_{i_o+k}$ für alle $k \geq 0$

(ii) $N_{i_o} = N_{i_o+k}$ für alle $k \geq 0$

M_{i_o} ist die Menge der von den Startzuständen aus erreichbaren Hilfszeichen, $N_{i_o} \setminus T(G)^*$ ist die Menge der ins Terminalalphabet überführbaren Nichtterminalzeichen.

Beweis:

Nehmen wir an, es gebe ein $\xi \in M_{i_o+1} \setminus M_{i_o}$. Dann gibt es nach Definition der M_i eine Folge von Regeln $r_1,\ldots,r_{i_o+1} \in P(G)$ und Zeichen $\xi_1,\ldots,\xi_{i_o+1} = \xi \in Z(G)$ mit $r_1 = (\sigma,u_1\xi_1v_1)$, $r_2 = (\xi_1,u_2\xi_2v_2),\ldots,\ r_{i_o+1} = (\xi_{i_o},u_{i_o+1}\xi_{i_o+1}v_{i_o+1}),\ \sigma \in S(G)$.

Es gilt $\xi_i \in M_i$. Die Regeln $r_1,\ldots,r_{i_o+1}$ müssen alle verschieden sein, denn gäbe es zwei gleiche, sagen wir $r_i = r_j$ mit $i<j$, dann würde gelten:

$\xi_j \in M_i,\ \xi_{j+1} \in M_{i+1},\ldots,\xi = \xi_{i_o+1} = \xi_{j+(i_o-j+1)} \in M_{i-j+i_o+1} \subseteq M_{i_o}$

(da $i<j$). Also wäre $\xi \in M_{i_o}$ im Widerspruch zur Voraussetzung

$\xi \in M_{i_o+1} \setminus M_{i_o}$. Also sind diese i_o+1 Regeln verschieden. Also müssen in P(G) mindestens i_o+1 Regeln vorhanden sein, d.h. $\# P(G) \geq i_o+1$, was aber einen Widerspruch zur Festsetzung $i_o = \# P(G)+1$ darstellt. Es kann daher ein solches ξ nicht geben, also ist $M_{i_o} = M_{i_o+1}$.

Daß auch gilt $M_{i_o} = M_{i_o+k}$, $k \geq 2$ folgt durch vollständige Induktion sofort. Analog zeigt man die Behauptung für die Mengen N_i.

qed(Lemma II.3.6)

Wir kommen nun zu der schon angekündigten Charakterisierung der reduzierten Grammatiken im kontextfreien Fall.

Lemma II.3.7:

Sei G eine kontextfreie Grammatik. Dann sind die folgenden Aussagen äquivalent:

(i) G ist reduziert.

(ii) $M_{i_o} \cap N_{i_o} = Z(G)$

Beweis:

"(i) ⇒ (ii)": Sei $\xi \in Z(G)$, dann gibt es nach Lemma II.3.5 eine Ableitung

$\sigma \vdash_{\{r_1\}} : \ldots \vdash_{\{r_t\}} : u\xi v$, $\sigma \in S(G)$; $u,v \in A(G)^*$,

$r_i \in P(G)$ $(1 \leq i \leq t)$ und $\xi \vdash_{\{r'_1\}} : \ldots \vdash_{\{r'_s\}} : w, w \in T(G)^*$,

$r'_i \in P(G)$ $(1 \leq i \leq s)$.

D.h. $\xi \in M_t \subseteq M_{i_o}$ und $\xi \in N_s \subseteq N_{i_o}$.

"(ii) ⇒ (i)": Sei $\xi \in Z(G)$. Da $\xi \in M_{i_o}$ gibt es eine Folge $r_1,\ldots,r_{i_o}$ von Regeln aus P(G) und eine Folge von Zeichen $\xi_1,\ldots,\xi_{i_o} = \xi$ aus Z(G), sowie ein Startzeichen $\sigma \in S(G)$ mit $r_1 = (\sigma,u,\xi_1 v_1)$, $r_i = (\xi_{i-1},u_1\xi_i v_i)$ $(2 \leq i \leq i_o)$

Damit ist aber die folgende Ableitung möglich:

$\sigma \vdash : u_1\xi_1 v_1 \vdash : u_1 u_2 \xi_2 v_2 v_1 \vdash : \ldots$

$\vdash: u_1 \ldots u_{i_o} \xi_{i_o} v_{i_o} \ldots v_1 = u\xi v.$

D.h., ξ ist von einem Startsymbol aus erreichbar.

Da ξ auch in N_{i_o} liegt, läßt sich ξ ins Terminalalphabet überführen, denn es gilt:

$\xi \in N_i \Rightarrow$ Es gibt $w \in T(G)^*$: $\xi \vdash_{\overline{P(G)}} w$.

Wir beweisen dies:

i=1: $\xi \in N_1 \Rightarrow$ Es gibt $r = (\xi,\eta) \in P(G)$ mit $\eta \in (N_o \cup T(G))^* \subseteq T(G)^*$

i => i+1: $\xi \in N_{i+1} \Rightarrow$ Es gibt $r = (\xi,\eta) \in P(G)$ mit $\eta \in (N_i \cup T(G))^*$. η habe die Gestalt $\eta = \alpha_1\xi_1\alpha_2\xi_2\ldots\alpha_n\xi_n\alpha_{n+1}$, $\alpha_j \in T(G)^*(1 \leq j \leq n+1)$, $\xi_j \in N_i$ $(1 \leq j \leq n)$. Nach Induktionsvoraussetzung gibt es dann w_j $(1 \leq j \leq n)$ mit $\xi_j \vdash_{\overline{P(G)}} w_j \in T(G)^*$.

Damit gilt $\xi \vdash_{\overline{\{r\}}} : \eta \vdash_{\overline{P(G)}} \alpha_1 w_1 \alpha_2 \ldots \alpha_n w_n \alpha_{n+1} = w \in T(G)^*$

Nach Lemma II.3.5 folgt nunmehr die Behauptung.

qed(Lemma II.3.7)

Korollar:

Für kontextfreie Grammatiken ist es generell entscheidbar, ob sie Chomsky-reduziert sind oder nicht.

Beweis:

Sei $r = (p,q) \in P(G)$, so gilt:

r wesentlich $\Leftrightarrow p \in M_{i_o} \cap N_{i_o}$

Diese letzte Bedingung ist aber algorithmisch nachprüfbar, da M_{i_o} und N_{i_o} endliche Mengen sind, die man konstruieren kann.

qed(Korollar)

Bemerkung:

Nach dem eben Gesagten läßt sich die zu einer kontextfreien Grammatik gehörende reduzierte Grammatik konstruieren.

Beispiel II.3.1:

Betrachte die folgendermaßen definierte Grammatik G.

$A(G) = \{a,b,\sigma,\xi_1,\xi_2,\xi_3\}, T(G) = \{a,b\}, S(G) = \{\sigma\},$

$P(G) = \{\sigma \rightarrow a\xi_1 a,\ \xi_1 \rightarrow \sigma b,\ \xi_1 \rightarrow b\xi_2\xi_2,\ \xi_2 \rightarrow ab^2,$

$\xi_3 \rightarrow a\xi_3\xi_1\}$

Wir prüfen nach, ob G Chomsky-reduziert ist und geben gegebenenfalls die zugehörige reduzierte Grammatik G_R an.

Wir bilden der Reihe nach:

$M_o = \{\sigma\}$	$N_o = \{ab^2\}$
$M_1 = \{\sigma.\xi_1\}$	$N_1 = \{ab^2,\xi_2\}$
$M_2 = \{\sigma,\xi_1,\xi_2\}$	$N_2 = \{ab^2,\xi_2,\xi_1\}$
$M_3 = M_2$	$N_3 = \{ab^2,\xi_2,\xi_1,\sigma\}$
	$N_4 = N_3$

Da $M_4 \cap N_4 = \{\sigma,\xi_1,\xi_2\} \neq Z(G)$ ist, kann G nicht reduziert sein. ξ_3 ist eine überflüssige Variable, die Regel $\xi_3 \rightarrow a\xi_3\xi_1$ ist nicht wesentlich. Läßt man ξ_3 und diese Regel weg, so erhält man G_R.

II.3.3 DIE CHOMSKY-NORMALFORM

Für manche Problemstellungen (Syntaxanalyse) ist es ganz nützlich, wenn die Regeln einer Grammatik eine möglichst einheitliche und einfache Gestalt haben. Für kontextsensitive Grammatiken hatten wir eine solche einfache Gestalt in der Kuroda-Normalform gefunden. Für kontextfreie Grammatiken lernen wir nun die Chomsky-Normalform kennen.

Definition II.3.3:

Sei G eine kontextfreie Grammatik. G ist in *CHOMSKY-NORMALFORM* <=> Jede Regel $r \in P(G)$ hat entweder die Form $\xi \rightarrow a,\ a \in T(G) \cup \{\square\}$ oder $\xi \rightarrow \eta_1\eta_2$, wobei η_1 und η_2 Nichtterminalzeichen sind.

Satz II.3.3:

Zu jeder kontextfreien Grammatik G kann eine Grammatik G_N in Chomsky-Normalform konstruiert werden mit $\mathcal{L}(G) = \mathcal{L}(G_N)$.

Beweis:

Nach Satz II.2.3 gibt es eine kontextfreie Grammatik G_1 vom Erweiterungstyp mit $\mathcal{L}(G_1) = \mathcal{L}(G) \setminus (T(G) \cup \{\Box\})$.

Sei $r = (p,q) \in P(G_1)$, so ist $|q| \geq 2$. Wir führen nun für jedes $a \in T(G)$ ein neues Hilfszeichen η_a ein und ersetzen alle in den Regeln von $P(G_1)$ vorkommenden Terminalzeichen a durch das entsprechende η_a. Zu dem so modifizierten Regelsystem fügen wir noch die Regeln $\eta_a \to a$ für alle $a \in T(G)$ hinzu und erhalten eine neue Grammatik G_2, die äquivalent zu G_1 ist. In $P(G_2)$ haben wir zwei Typen von Regeln, einmal die Regeln der Form $\xi \to a$, $a \in T(G)$, zum andern Regeln der Form $\xi \to \eta_1 \dots \eta_s$; $s \geq 2$; $\eta_1, \dots, \eta_s \in Z(G_2)$. Diese letzteren Produktionen bringen wir nun noch auf die gewünschte Gestalt.

Sei also $r = (\xi, \eta_1 \dots \eta_s) \in P(G_2)$. Dann führen wir neue Hilfszeichen $\gamma_1^r, \gamma_2^r, \dots \gamma_{s-2}^r$ und ersetzen r durch das Regelpaket

$$\xi \to \eta_1 \gamma_1^r,\ \gamma_1^r \to \eta_2 \gamma_2^r, \dots, \gamma_{s-3}^r \to \eta_{s-2} \gamma_{s-2}^r,\ \gamma_{s-2}^r \to \eta_{s-1} \eta_s .$$

Damit erhalten wir eine zu G_2 und damit zu G_1 äquivalente Grammatik G_3. D.h. $\mathcal{L}(G_3) = \mathcal{L}(G) \setminus (T(G) \cup \{\Box\})$. Ferner ist G_3 in Chomsky-Normalform. Die gesuchte Grammatik G_N ergibt sich dann wie folgt:

$A(G_N) = A(G_3) \cup \{\sigma_o\}$, $S(G_N) = \{\sigma_o\}$, $T(G_N) = T(G)$,

$P(G_N) = P(G_3) \cup P_1 \cup P_2 \cup P_3$. Dabei ist σ_o ein neues Symbol und

$$P_1 := \{(\sigma_o, \sigma) \,/\, \sigma \in S(G_3)\}$$

$$P_2 := \begin{cases} \{(\sigma_o, \Box)\} & \text{falls } \Box \in \mathcal{L}(G) \\ \emptyset & \text{sonst} \end{cases}$$

$$P_3 := \{(\sigma_o, t) \,/\, t \in \mathcal{L}(G) \cap T(G)\}$$

G_N leistet sicher das Gewünschte. Ist G_N aber konstruierbar?

Da G_3 noch konstruiert werden konnte, haben wir zu fragen, ob P_2 und P_3 konstruiert werden können. Zur Beantwortung dieser Fragen machen wir einen Vorgriff auf ein späteres Kapitel. Wir werden dort nämlich die Entscheidbarkeit des Wortproblems für kontextfreie Grammatiken beweisen. Da dieses Problem also entscheidbar ist, können wir auch in unserem Fall nachprüfen, ob $\square \in \mathcal{L}(G)$ und ob $t \in T(G) \cap \mathcal{L}(G)$ ist. D.h., wir können P_2 und P_3 und daher auch G_N effektiv konstruieren.

qed(Satz II.3.3)

II.3.4 DER SATZ VON BAR'HILLEL-PERLES-SHAMIR

Wir haben zu Beginn dieses Kapitels die Chomsky-Klassifizierung der formalen Sprachen angegeben und auch schon die Inklusionskette Ch-3 $\subseteq$ Ch-2 $\subseteq$ Ch-1 = sE $\subseteq$ Ch-0 eingesehen. Den eigentlichen Hierarchie-Nachweis sind wir aber bis jetzt noch schuldig geblieben. Dazu müssen wir nämlich beweisen, daß diese Inklusionen echt sind. In diesem Abschnitt zeigen wir daher, daß es kontextfreie Sprachen gibt, die nicht einseitig linear sind, und daß es kontextsensitive Sprachen gibt, die nicht kontextfrei sind. Den Nachweis, daß die Klasse Ch-0 die Klasse Ch-1 echt umfaßt, verschieben wir noch etwas.

Die Echtheit der beiden obengenannten Inklusionen folgt sofort aus dem Satz von Bar'Hillel-Perles-Shamir (in der Literatur auch häufig "uvwxy-Theorem" oder auch Pumping Lemma genannt), welcher eine Charakterisierung der kontextfreien Sprachen liefert, bzw. aus dessen Spezialisierung für den einseitig linearen Fall. Mit Hilfe dieser Charakterisierungen läßt sich nämlich sehr leicht nachweisen, daß gewisse Sprachen nicht vom Ch-2 (Ch-3)-Typ sind.

Schauen wir uns zunächst die Charakterisierung der einseitig linearen Sprachen an.

Satz II.3.4:

Sei G eine einseitig lineare Grammatik. Dann gibt es Konstanten p und q, sodaß für alle $z \in \mathcal{L}(G)$ mit $|z|>p$ eine

Zerlegung $z = uvw$ existiert mit $1 \leq |v| \leq q$ und $uv^k w \in \mathscr{L}(G)$ für alle $k \in \mathbb{Z}_+$.

Beweis:

Ist G etwa rechtslinear, so sind die Regeln von der Gestalt $\xi \to a\eta$ oder $\xi \to a$, $a \in T(G)^*; \xi,\eta \in Z(G)$ und eine Ableitung hat die Form $\sigma \vdash: a_1\xi_1 \vdash: a_1a_2\xi_2 \vdash a_1 \ldots a_n\xi_n \vdash: a_1 \ldots a_{n+1} = z \in \mathscr{L}(G)$. Ist diese Ableitung nur genügend lang, dann muß es ein Nichtterminalzeichen geben, das zweimal auftritt. (Solche Ableitungen gibt es nur dann nicht, wenn $\mathscr{L}(G)$ endlich ist. In diesem Fall wird die Satzaussage erfüllt mit $p=q := \mathrm{Max}\,\{|w| \;/\; w \in \mathscr{L}(G)\}+1$.) Das passiert bestimmt dann, wenn $n > \#\, Z(G)$ ist. $n > \#\, Z(G)$ gilt sicher dann, wenn $|z| > M^{\# Z(G)}$. Dabei ist M die maximale Länge der rechten Seite einer Regel in G, genauer $M := \mathrm{Max}\{|t| \;/$ es gibt $(\xi,t) \in P(G)$ oder es gibt $(\xi,t\eta) \in P(G)\}$.

Setzen wir nun $p = M^{\# Z(G)}$ und sei $|z| > p$. Dann gibt es nach dem eben Gesagten Indizes $1 \leq i < j \leq n$ mit $\xi_i = \xi_j$ und daher läßt sich die Ableitung aufspalten in

$$\sigma \overset{1}{\vdash} a_1 \ldots a_i\xi_i \overset{2}{\vdash} a_1 \ldots a_{i+1} \ldots a_j\xi_i \overset{3}{\vdash} a_1 \ldots a_{n+1} = z$$

Wir setzen zur Abkürzung $u = a_1 \ldots a_i$, $v = a_{i+1} \ldots a_j$, $w = a_{j+1} \ldots a_{n+1}$. Man kann nun sicherlich das Ableitungsstück 2 noch mehrfach wiederholen, bevor man das Stück 3 anschließt. D.h., wir können folgende Ableitung bilden:

$\sigma \overset{1}{\vdash} u\xi_i \overset{2}{\vdash} uv\xi_i \overset{2}{\vdash} uvv\xi_i \ldots \overset{2}{\vdash} uv^k\xi_i \overset{3}{\vdash} uv^k w, k \in \mathbb{Z}_+$, was aber gerade die Hauptaussage des Satzes beweist.

Man überlegt sich nun leicht, daß man die Indizes i und j noch so wählen kann, daß $i-j \leq \#\, Z(G)$ ist. Das aber bedeutet, daß die Länge von $v = a_{i+1} \ldots a_j$ beschränkt werden kann durch p. Mit der Wahl $q := p$ ist also auch die Längenbedingung bewiesen.

qed(Satz II.3.4)

Bemerkung:

Der im Beweis verwendete Schluß, der das mehrfache Auftreten eines Hilfszeichens sichert, ist der sogenannte "Schubkastenschluß": Hat man m>n Dinge auf n Schubkästen zu verteilen, so kommen in wenigstens einen Kasten mindestens zwei Dinge zu liegen.

Als nächstes wollen wir nun eine analoge Aussage für kontextfreie Sprachen herleiten. Dies ist der eigentliche Satz von Bar'Hillel-Perles-Shamir.

Satz II.3.5:

Sei G eine kontextfreie Grammatik. Dann gibt es Konstanten p und q, so daß für alle $z \in \mathcal{L}(G)$ mit $|z| > p$ eine Zerlegung $z = xuwvy$ existiert mit:

(i) $xy \neq \square$ (ii) $uv \neq \square$

(iii) $|uwv| \leq q$ (iv) $xu^k wv^k y \in \mathcal{L}(G)$, für alle $k \in \mathbb{Z}_+$

Beweis:

Wir setzen voraus, daß G zusätzlich vom Erweiterungstyp ist, was nach Satz II.2.3 keine Einschränkung der Allgemeinheit bedeutet. Mit $M := \text{Max}\{|w| \ / \text{ es gibt } \xi \in Z(G): (\xi,w) \in P(G)\}$ und $N := \#P(G)$ setzen wir $p = q := M^{N+1}$ und zeigen, daß bei dieser Wahl von p und q die Behauptung des Satzes gilt. Dazu zunächst eine kleine Vorüberlegung: In der folgenden Abbildung ist eine Ableitung schematisch dargestellt.

Geht man in dieser Abbildung von einer Stufe zur nächsten nach unten, so nimmt die Länge des erzeugten Wortes maximal um den Faktor M zu, so daß bei s Stufen die Länge des Wortes $z = a_1 \ldots a_n$ maximal M^s sein kann. Nehmen wir nun an, daß unterhalb von η_k die Regel $r = (\eta_k, \kappa_1^k \ldots \kappa_{i_k}^k)$ noch einmal auftaucht, dann können wir doch auf dieses zweite η_k den linken umrandeten Teil der Ableitung erneut aufpfropfen und darin wieder und so fort, ohne aus $\mathcal{L}(G)$ herauszukommen.

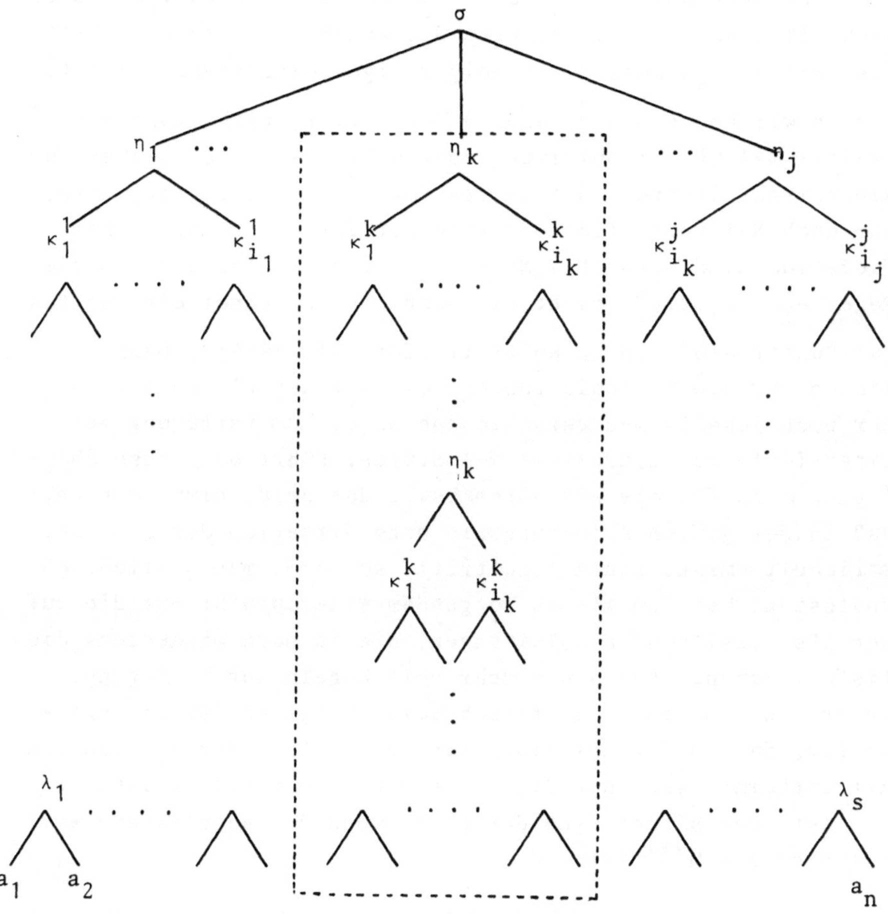

Diese Vorgehensweise liefert dann aber gerade Worte der Form xu^kwv^ky, wenn $z = xuwvy$ ist. (Der Leser überlege sich, wie im obigen Beispiel die Zerlegung von z aussieht!) Die Frage ist nun, wie man sicherstellen kann, daß eine solche Situation vorliegt, daß nämlich unterhalb einer Stelle η_k, wo die Regel r angewendet wurde, die gleiche Regel noch einmal auftaucht.

Wir überlegen uns (verkleideter Schubkastenschluß), daß dies sicherlich dann passiert, wenn die Anzahl der Stufen (=*TIEFE* des "Ableitungsbaumes") in obiger Figur mindestens N+1 ist:

Nehmen wir an, daß die Regel $\sigma \to \eta_1\eta_2 \ldots \eta_j$ nicht noch ein zweites Mal in der Ableitung auftaucht. Dann stehen aber für die Teilableitungen, die in den Punkten $\eta_1, \ldots, \eta_j$ beginnen, nur noch N-1 verschiedene Regeln zur Verfügung (bei einer Tiefe von mindestens N). Nehmen wir auch weiter an, daß die Regel $\eta_k \to \kappa_1^k \ldots \kappa_{i_k}^k$ nicht wie oben eingezeichnet ein zweites Mal "unterhalb" von η_k auftritt (für alle $1 \leq k \leq j$). Dann stehen für die Teilableitungen, die auf den κ's aufsitzen, nur noch jeweils N-2 verschiedene Regeln zur Verfügung bei einer Tiefe von mindestens N-1 Stufen. Führt man diese Überlegung auch für die κ's durch usw., das heißt nimmt man an, daß in der ganzen Ableitung nie eine Situation der oben gestrichelt umrandeten Art auftritt, so kommt man schließlich spätestens bei den λ's zu folgendem Widerspruch: Für die auf den λ's aufsitzenden Ableitungen, die ja noch mindestens die Tiefe 1 haben, stehen nur mehr null Regeln zur Verfügung. Unsere Annahme muß also falsch sein. Folglich ist sichergestellt, daß in der Ableitung eine Figuration der geforderten Art vorkommt, wenn nur die Tiefe mindestens N+1 ist. Letzteres ist aber sicher dann der Fall, wenn das abgeleitete Wort z länger als M^{N+1} ist.

Nach diesen Überlegungen formulieren wir nun den Beweis vollständig:

Sei $\sigma \vdash z$ und $|z| > M^{N+1}$ mit folgender Ableitung:

$$\sigma = z_0 \vdash_{\{r_1\}} z_1 \vdash_{\{r_2\}} \ldots \vdash_{\{r_s\}} z_s = z, \; r_i \in P(G) \, (1 \leq i \leq s)$$

Nach dem eben Gesagten gibt es dann $1 < i < j \leq s$ mit:

$$\begin{array}{lll} r_i = r_j = (\xi', \alpha) & z_i = u_i \xi' v_i \quad z_{i+1} = u_i \alpha v_i & \\ & & (*) \\ z_j = u_j \xi' v_j & z_{j+1} = u_j \alpha v_j & \end{array}$$

Mit $x' := u_i$, $y' := v_i$ gibt es nach Hilfssatz II.1.2 eine Zerlegung. $w_j = x''u'\xi'v'y''$ mit: $x' \vdash x''$; $y' \vdash y''$; $\xi' \vdash u'\xi'v'$.

Wegen i>1 ist $|z_i| \geq 2$, da G vom Erweiterungstyp vorausgesetzt. Daher ist $x'y' \neq \square$ und folglich auch $x''y'' \neq \square$. Wegen $\xi' \vdash: \alpha \vdash u'\xi'v'$ ist $|u'v'| \geq |\alpha| - 1 \geq 1$. Daher ist auch $u'v' \neq \square$. Es gibt weiter eine Zerlegung $z = xuw'vy$ mit:

(i) $x'' \vdash x$, $y'' \vdash y$, $u' \vdash u$, $v' \vdash v$, $\xi' \vdash w'$
(ii) $xy \neq \square$, $uv \neq \square$.

Offenbar gilt nun: $\sigma \vdash x'\xi'y' \vdash x'u'\xi'v'y' \vdash \ldots$
$\ldots \vdash x'u'^2\xi'v'^2y' \vdash x'u'^k\xi'v'^ky' \vdash xu^kw'v^ky$

Damit sind die Aussagen (i), (ii), (iv) des Satzes bewiesen. Es fehlt noch die Längenbedingung. Diese nachzuweisen, wird letztlich darauf hinauslaufen, die Indizes i und j so zu wählen, daß zwischen den Schritten i und j in der Ableitung keine Situation des Typs (*) mehr auftaucht. Nehmen wir daher an, daß gilt: $|uw'v| > q = M^{N+1}$. Da $\xi' \vdash uw'v$ gibt es nach dem oben Bewiesenen eine Zerlegung $uw'v = \hat{x}\hat{u}\hat{w}\hat{v}\hat{y}$ mit:
$\xi' \vdash \hat{x}\hat{u}^k\hat{w}\hat{v}^k\hat{y}$ ($k \geq o$), $\hat{x}\hat{y} \neq \square$, $\hat{u}\hat{v} \neq \square$. Setzt man zur Abkürzung $x_1 = xu\hat{x}$, $y_1 = \hat{y}vy$, $u_1 = \hat{u}$, $v_1 = \hat{v}$, $w_1 = \hat{w}$, so gilt
$\xi' \vdash x_1u_1^kw_1v_1^ky_1$, $x_1y_1 \neq \square$, $u_1v_1 \neq \square$ und $|u_1w_1v_1| < |uw'v|$.
Ist $|u_1w_1v_1|$ immer noch größer als q, so setzt man dieses Verfahren so lange fort, bis man unter die Schranke q kommt, womit auch die Aussage (iii) bewiesen wäre.

qed(Satz II.3.5)

II.3.5 DER HIERARCHIE-NACHWEIS

Wie schon angekündigt, wollen wir die letzten beiden Sätze zum Beweis der Tatsache benutzen, daß es kontextsensitive Sprachen gibt, die nicht kontextfrei sind, sowie kontextfreie, die nicht einseitig linear sind.

Satz II.3.6:

1) Die Sprache $L1 = \{a^nb^n \ / \ n \in \mathbb{N}\}$ ist kontextfrei, aber nicht einseitig linear.
2) Die Sprache $L2 = \{a^nb^na^n \ / \ n \in \mathbb{N}\}$ ist kontextsensitiv, aber nicht kontextfrei.

Beweis:

Zu 1): Annahme: L1 ist einseitig linear. Nach Satz II.3.4 muß sich jedes genügend lange Wort $z \in L1$ so zerlegen lassen in $z = uvw$, daß auch alle $uv^kw \in L1$ sind. Sei also $z = a^nb^n$ ein solches Wort. Dann gibt es für eine Zerlegung von z drei Möglichkeiten:

1. Fall: $z=a^nb^n=uvw$ mit $v=a^k, k\leq n$
   Nach dem zitierten Satz müßte dann aber auch uv^iw in L1 liegen. Das kann aber nicht sein, da durch die Iteration des Teilwortes v in uv^iw mehr a's als b's vorkommen, im Widerspruch zur Definition von L1.

2. Fall: $z=a^nb^n=uvw$ mit $w=b^k, k\leq n$
   analog

3. Fall: $z=a^nb^n=uvw$ mit $v=a^kb^l$
   Dann würde aber uv^iw von der Gestalt $a^{n-k}a^kb^la^kb^l\ldots a^kb^lb^{n-l}$ sein, was sicherlich kein Element von L1 ist.

Egal wie wir das Wort z also zerlegen, wir erhalten immer einen Widerspruch zu der Aussage des Satzes II.3.4. Also kann L1 nicht einseitig linear sein. Daß L1 aber kontextfrei ist, zeigt folgende Ch-2-Grammatik G1:

$A(G1) = \{\sigma,a,b\}$, $T(G1) = \{a,b\}$, $S(G1) = \{\sigma\}$
$P(G1) = \{\sigma \rightarrow a\sigma b,\ \sigma \rightarrow ab\}$

Zu 2): Der Beweis verläuft analog zu 1). Wir nehmen also an, daß L2 kontextfrei ist. Dann sei G2 eine L2 erzeugende Ch-2-Grammatik und p,q die nach Satz II.3.5 existierenden Konstanten. Es sei weiter $m \in \mathbb{N}$ mit $3m>p$, d.h. $z=a^mb^ma^m$ erfüllt die Längenbedingung des Satzes von Bar'Hillel-Perles-Shamir. Dann gibt es eine Zerlegung $z=a^mb^ma^m=xuwvy$ mit $|uv|\geq 1$ und $z_k := xu^kwv^ky \in L2$ für alle $k\geq 1$. Wir untersuchen die Zerlegung genauer:

(1) u enthalte sowohl a's als auch b's. D.h., u hat die Gestalt $u=u_1abu_2$ oder $u=u_1bau_2$. Dann ist aber z_k nicht mehr in L2 für beliebige k. Also hat u entweder die Form $u=a^i$ oder $u=b^i$.

(2) Analog sieht man, daß entweder $v=a^j$ oder $v=b^j$ sein muß.

(3) Wäre u das leere Wort, so wäre z_k von der Form $z_k = xwb^{jk}y$ oder $z_k = xwa^{jk}y$, was in jedem Fall jedoch $|z_k|_{\{b\}} \neq |z_k|_{\{a\}}$ bedeutet. Also muß $u \neq \square$ sein. Entsprechend schließt man, daß $v \neq \square$ sein muß.

Damit verbleiben für eine Zerlegung von z nur noch folgende Möglichkeiten:

(4) $u=a^i, v=a^j$

(5) $u=a^i, v=b^j$

(6) $u=b^i, v=a^j$

(7) $u=b^i, v=b^j$

Auch diese vier Fälle lassen sich sofort ad absurdum führen, da beispielsweise schon z_2 nicht mehr in L2 liegen kann. Folglich kann es für z überhaupt keine solche Zerlegung geben. Also kann L2 nicht kontextfrei sein. L2 wird aber von der folgenden kontextsensitiven Grammatik G2 erzeugt:

$A(G2) = \{a,b,\sigma,\alpha,\beta,\gamma\}$, $T(G2) = \{a,b\}$, $S(G2) = \{\sigma\}$

$P(G2) = \{\sigma \rightarrow a\sigma\alpha;\ \sigma \rightarrow a\beta;\ \beta\alpha \rightarrow b\beta\gamma;$

$\gamma\alpha \rightarrow \alpha\gamma;\ \beta \rightarrow ba,\ \gamma \rightarrow a\}$

Wir wollen uns noch kurz davon überzeugen, daß G2 das Gewünschte leistet. Mittels der ersten beiden Regeln kann man aus σ Worte der Gestalt $a^n\beta\alpha^{n-1}$ ableiten. Die dritte Regel ist die einzige, die α's eliminiert. Diese muß jetzt benutzt werden, um alle α's zu entfernen. Dazu wird die vierte Regel zusätzlich benötigt. Erst dann dürfen die Regeln 5 und 6 angewendet werden (Wendet man sie früher an, bleiben α's übrig.) Wir erhalten also insgesamt Ableitungen des Typs:

$\sigma \vdash a^{n-1}\sigma\alpha^{n-1} \vdash: a^n\beta\alpha^{n-1} \vdash: a^nb\beta\gamma\alpha^{n-2} \vdash: a^nb\beta\alpha\gamma\alpha^{n-3}$

$\vdash a^nb^{n-1}\beta a^{n-1} \vdash: a^nb^na^n$ und auch nur solche, die ins Terminalalphabet führen. Also erzeugt G2 tatsächlich die Sprache L2.

qed(Satz II.3.6)

Unter Vorgriff auf das noch zu beweisende Resultat, daß die Klasse Ch-1 echt in der Klasse Ch-0 enthalten ist, können wir also die Hierarchieeigenschaft für die Einteilung nach Chomsky attestieren.

Korollar:

Es gelten die folgenden Inklusionen:

$Ch\text{-}3 \subsetneqq Ch\text{-}2$

und

$Ch\text{-}2 \setminus \{\square\} \subsetneqq Ch\text{-}1 \subsetneqq sE = Ch\text{-}0$

Übungsaufgaben zu II.

II.1 Es sei $T = \{a,b,c\}$. Man zeige:

(1) $\{a^n b a^m \,/\, n,m \geq 1$ & n Teiler von $m\}$ ist Ch-1-Sprache.

(2) $\{wcv \,/\, w \neq v;\ w,v \in \{a,b\}^*\}$ ist Ch-2-Sprache.

(3) Sei $\alpha \subseteq T$, $\gamma \subseteq T \times T$, $\omega \subseteq T$. Dann ist $\{x_1 \ldots x_n \,/\, x_i \in T (1 \leq i \leq n),\ x_1 \in \alpha,\ x_n \in \omega,$ $(x_i, x_{i+1}) \in \gamma\ (1 \leq i \leq n)\}$ Ch-3-Sprache.

(4) Sei $\lambda i,x[\phi(i,x)]$ die Kleene-Aufzählung der Turingmaschinen/ROG/. Dann ist $\{a^i \,/$ es gibt x mit $\phi(i,x)$ hält an$\}$ Ch-0-Sprache.

II.2 Man bestimme für die Grammatik aus Beispiel II.2.1 die Chomsky-Normalform.

Man bestimme für die im Beweis von Satz II.3.6 angegebene Grammatik G2 die Kuroda-Normalform.

II.3 (1) Zeige, daß die Grammatik $G = (\{a,b,c,\sigma\}, \{\sigma \rightarrow a^2\sigma \mid bc\}, \{\sigma\}, \{a,b\})$ die Sprache $\{a^2\}^* \cdot \{bc\}$ erzeugt.

(2) Sei G die Grammatik $(\{a,b,\sigma,\xi\}, \{\sigma \rightarrow ab \mid a\xi\sigma b,$ $\xi \rightarrow b\sigma b \mid \square,\ \xi\sigma \rightarrow b\}, \{\sigma\}, \{a,b\})$. Man gebe eine Ableitung für ababbabb an.

II.4 Sei G eine kontextfreie Grammatik. Betrachte die folgenden Mengen aus den Sätzen II.2.2, II.2.3:

$P_{\Box} = \{\xi \to \Box \;/\; \xi \to \Box \;\varepsilon\; P(G)\}$

$P_o = \{\xi \to w \;\varepsilon\; P(G) \;/\; |w| = 1\}$

$P_1 = \{\xi \to w \;\varepsilon\; P(G) \;/\; w \neq \Box\}$

$P_2 = \{\xi \to w$ / es gibt q,p mit $\xi \to q \;\varepsilon\; P_1,\; q \vdash_{P_o} p,$
$p \vdash_{P_{\Box}} :\; w \neq \Box\}$

$P_3 = \{\xi \to w$ / es gibt η mit $\eta \to w \;\varepsilon\; P(G),\; \xi \vdash_{P_o} \eta,\; |w| \geq 2\}$

$P_4 = \{\xi \to w$ / es gibt p mit $\xi \to p \;\varepsilon\; P_3,\; p \vdash_{P_{\Box}} w\}$.

Man gebe Verfahren zur Konstruktion der Mengen P_2, P_3, P_4 an.

II.5 Eine Grammatik G heißt *LINEAR*, falls
$P(G) \subseteq Z(G)\times(T(G)^* \cup T(G)^*\times Z(G)\times T(G)^*)$ ist.
Entsprechend heißt eine Sprache linear, wenn sie durch eine lineare Grammatik erzeugt werden kann.

Man zeige:
(1) $\{w\cdot c\cdot sp(w) \;/\; w \;\varepsilon\; \{a,b\}^*\}$ ist linear.
(2) $\{w\cdot c\cdot sp(w) \;/\; w \;\varepsilon\; \{a,b\}^*\}$ ist nicht vom Typ Ch-3.
(3) Die durch die Regeln $\sigma \to \sigma$ <u>begin</u> σ <u>end</u> $\sigma \mid \Box$ festgelegte Grammatik G mit T(G) = {<u>begin</u>, <u>end</u>} erzeugt eine nicht-lineare Sprache.

II.6 Zeige: Zu jeder linearen Grammatik G gibt es eine Grammatik G' mit
(i) $\mathcal{L}(G) = \mathcal{L}(G')$
(ii) $P(G') \subseteq Z(G)\times(T(G)^* \cup Z(G)\cdot T(G)^* \cup T(G)^*\cdot Z(G))$.

II.7 Man zeige mit dem Satz von Bar'Hillel-Perles-Shamir, daß die Sprachen $\{a^{n^2} \;/\; n\geq 1\}$ und $\{a^n b a^n b a^n \;/\; n\geq 1\}$ nicht kontextfrei sind.

II.8 Sei $T = \{x_1,\ldots,x_n\}$ ein Alphabet und $T' = \{x_1',\ldots,x_n'\}$ ein weiteres zu T disjunktes, gleichmächtiges Alphabet. Ferner sei $\sigma \notin T \cup T'$. Dann definiere G_T durch

$G_T = (T \cup T' \cup \{\sigma\}, \{\sigma \to \square\} \cup \{\sigma \to \sigma x_i \sigma x_i' \sigma \ / \ 1 \leq i \leq s\},$
$\{\sigma\}, T \cup T')$.

Man nennt $D_T := \mathcal{L}(G_T)$ *DYCK-SPRACHE*. (Vgl. Aufgabe II.5(3))

Man zeige:

(i) $\{x\} \cdot D_T \cdot \{x'\} \subseteq D_T$ für alle $x \in T$

(ii) $D_T \cdot D_T \subseteq D_T$

(iii) $D_T \subseteq \bigcup_{x \in T} \{x\} \cdot D_T \cdot \{x'\} \cdot D_T \cup \{\square\}$

(iv) $D_T \subseteq \bigcup_{x \in T} D_T \cdot \{x\} \cdot D_T \cdot \{x'\} \cup \{\square\}$

(v) $u \in D_T,\ uv \in D_T \Rightarrow v \in D_T$

(vi) $u \in D_T \Rightarrow |u|_{\{x\}} = |u|_{\{x'\}}$ für alle $x \in T$

II.9 Eine kontextfreie Grammatik heißt *INVERTIERBAR*, falls gilt:

$\xi \to u \in P(G)\ \&\ \xi' \to u \in P(G) \Rightarrow \xi = \xi'$

Zeige: Zu jeder kontextfreien Grammatik G existiert eine invertierbare Grammatik G' mit $\mathcal{L}(G) = \mathcal{L}(G')$.

II.10 Für mathematisch Interessierte noch eine Aufgabe über Semi-Thue-Systeme. Man gebe Semi-Thue-Systeme S an mit

a) $M_S \hat{=} Z_n(t)$ (Zyklische Gruppe der Ordnung n mit Erzeuger t)

b) $M_S \hat{=} Z_t \times Z_t$ (freie abelsche Halbgruppe mit zwei Erzeugenden)

c) $M_S \hat{=} G(x_1, \ldots, x_n)$ (freie Gruppe mit $n \geq 1$ Erzeugenden)

(Dabei ist M_S das grammatikalische Monoid.)

II.11 Man gebe Grammatiken für folgende Sprachen an:

$\{a^n b^m \ / \ n,m \in \mathbb{N}\}$

$\{a^n b^m \ / \ n,m \in \mathbb{N},\ n \geq m\}$

$\{w \in \{a,b\}^* \ / \ |w|_{\{a\}} = |w|_{\{b\}}\}$

II.12 Gegeben sei die Grammatik G mit

$A(G) = \{S,A,B,D,E,G,a,b,c,\times,(,)\}$

$T(G) = \{a,b,c,\times,(,)\}$

$S(G) = \{S\}$

$P(G) = \{S \to (A,\ A \to aG,\ G \to \times D \mid B{\times}D,$

$B \to Ba \mid a,\ D \to bE \mid cE,\ E \to bE \mid cE)\}$

Welcher Grammatikklasse gehört G an?

Wie sieht $\mathcal{L}(G)$ aus?

Welcher Sprachklasse gehört $\mathcal{L}(G)$ an?

III. MATHEMATISCHE MASCHINEN

Im letzten Kapitel haben wir mit den Regelsystemen eine Technik kennengelernt, unendliche Mengen, die Sprachen, durch eine endliche Beschreibung, das Regelsystem bzw. die Grammatik, zu spezifizieren, und zwar in einem konstruktiven Sinne zu spezifizieren. Grammatiken haben wesentlich einen "erzeugenden" Charakter, denn sie geben an, wie man,von einem Startsymbol ausgehend, die Elemente der Sprache gewinnen, erzeugen, kann.

Betrachten wir nun ein etwas anderes Problem: Man wird ja häufig mit der Frage konfrontiert, ob ein gegebener Satz, ein gegebenes Wort zu einer bestimmten Sprache gehören. Etwa: "Ist dieses Programm ein korrektes ALGOL-60-Programm?" oder: "Ist dieser Satz ein korrekter englischer Satz?" Zur Beantwortung solcher Fragen liegt es nahe, einen Automaten zu konstruieren, in welchen man das fragliche Wort eingibt. Der Automat prüft das Wort und antwortet etweder mit "ja" oder "nein", je nachdem, ob das Wort zur Sprache gehört oder nicht. Ein solcher Automat spezifiziert also seinerseits eine Sprache, nämlich diejenige, die aus allen Worten besteht, die er akzeptiert. Solche Automaten, auch mathematische Maschinen genannt, stellen genau wie Grammatiken endliche Spezifizierungen von im allgemeinen unendlichen Sprachen dar. Während Grammatiken jedoch erzeugenden Charakter haben, haben mathematische Maschinen wesentlich "erkennenden" Charakter, denn sie vermögen die Elemente einer bestimmten Sprache zu erkennen. Daher sind Automaten sehr geeignet, bestimmte Aufgaben wahrzunehmen, die Übersetzer von Programmiersprachen haben,nämlich die Syntaxanalyse, d.h. das Nachprüfen, ob ein eingegebenes Programm ein in dieser Programmiersprache korrekt abgefaßtes und folglich compilierbares Programm darstellt.

Wir werden nun im folgenden eine Hierarchie von mathematischen Maschinen vorstellen und deren Beziehungen zur Chomsky-Hierarchie untersuchen. In einem späteren Kapitel geben wir dann einen kleinen Einblick in die Theorie der Syntaxanalyse.

III.1 Die Turing-Maschine

Wir beginnen mit dem allgemeinsten mathematischen Maschinenmodell, der Turing-Maschine.

III.1.1 DEFINITION DER TURING-MASCHINE

Eine *TURING-MASCHINE* τ besteht zum einen aus einem Schaltwerk, das endlich viele verschiedene (innere) *ZUSTÄNDE* annehmen kann und so endlich viel Information speichern kann. Die Menge der Zustände sei S(τ). Das Schaltwerk dient zur Steuerung der Maschine. Es ist verbunden mit einem Lese-Schreibkopf, der zu einem beidseitig unendlichen Band gehört, welches in abzählbar viele gleichartige Felder unterteilt ist. Dieses Band dient gleichzeitig als Ein- und Ausgabemedium sowie als eine Art Hintergrundspeicher, der potentiell unendlich groß ist. Vermöge einer Transporteinrichtung kann das Band in beiden Richtungen unter dem Lese-Schreibkopf verschoben werden, oder, was auf dasselbe herauskommt, der Kopf kann auf dem Band hin- und herwandern. Jedes Bandfeld kann ein Symbol eines Zeichenvorrates B(τ) aufnehmen; nicht beschriftete, also leere Felder, denke man sich mit dem Sonderzeichen $\S \notin B(\tau)$ bedruckt. Der Lese-Schreibkopf kann zu jedem Zeitpunkt immer nur ein einziges solches Feld abtasten.

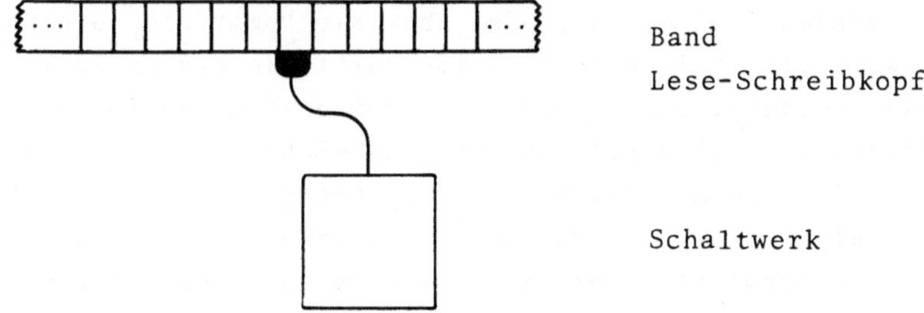

In Abhängigkeit vom momentanen Zustand s des Schaltwerkes und dem gerade gelesenen Zeichen a, kann die Turing-Maschine folgende Operationen ausführen:

(i) Ersetze den Buchstaben a durch ein anderes Zeichen a' und gehe in einen Zustand s', ohne die Stellung des Lese-Schreibkopfes zu verändern.

(ii) Verschiebe den Lese-Schreibkopf auf dem Band um ein Feld nach links bzw. ein Feld nach rechts, ohne die Bandbeschriftung zu ändern und gehe in einen Zustand s'.

Eine Folge solcher Befehle, ein *TURING-PROGRAMM*, legt die Arbeitsweise der Maschine fest. Es ist fest verdrahtet im Schaltwerk zu finden. Wir wollen fordern, daß momentaner Zustand und gerade gelesenes Zeichen eindeutig festlegen, welche Operation auszuführen ist, d.h., die Maschine arbeitet *DETERMINISTISCH*. Dies können wir formal dadurch beschreiben, daß wir das Programm auffassen als eine Abbildung $\delta_\tau: (B(\tau) \cup \{\S\}) \times S(\tau) \to (B(\tau) \cup \{\S, R, L\}) \times S(\tau)$, wobei R und L für Rechtsbewegung bzw. Linksbewegung des Lese-Schreibkopfes stehen. Diese Abbildung muß nicht für alle Argumente definiert sein. Ist $\delta_\tau(a,s)$ nicht definiert, so sagt man: die Maschine *HÄLT AN*, denn sie hat keine ausführbare Operation mehr zur Verfügung. Die Arbeitsweise einer Turing-Maschine ist dann wie folgt: Am Anfang stehe als Eingabe ein Wort w über dem Terminalalphabet $A(\tau) \subseteq B(\tau)$ auf dem Band, der Lese-Schreibkopf befinde sich auf dem ersten Zeichen von w, die Maschine sei in einem ausgezeichneten Anfangszustand $an(\tau)$. Gemäß dem Programm δ_τ führt die Turing-Maschine nun der Reihe nach die entsprechenden Operationen aus. Es gibt zwei Möglichkeiten: Entweder hält τ irgendwann einmal an, oder aber sie kommt nie zu einem Ende, etwa weil sie in eine Schleife gerät. Im ersten Fall wollen wir fordern, daß τ immer in einem bestimmten Zustand, dem Endzustand $en(\tau)$ anhält und der Lese-Schreibkopf wieder auf dem ersten Zeichen des Ergebnisses der Rechnung steht. Das Resultat bezeichnen wir mit $Res_\tau an(\tau)w$. Im zweiten Fall sagen wir, daß das Resultat nicht existiert. Da zu jedem Zeitpunkt die als nächstes auszuführende Operation eindeutig bestimmt wird durch die momentane Bandbeschriftung, den gegenwärtigen Zustand der Maschine und die Stellung des Lese-Schreibkopfes, fassen wir diese drei Einzelinformationen geeignet in einem Wort $\kappa \in (B(\tau) \cup S(\tau) \cup \{\S\})^*$ zusammen und nennen κ eine *KONFIGURATION*. κ hat im allgemeinen die Gestalt usw, wobei uw die Bandinschrift darstellt, s der momentane Zustand ist und der Lese-Schreibkopf auf dem ersten Zeichen von w steht. Dann läßt sich das Ausführen einer Operation formal beschreiben als Übergang von einer Konfiguration zu einer *DIREKTEN FOLGEKONFIGURATION*. Wir starten mit einer *ANFANGSKONFIGURATION* der Gestalt an(τ)w und bilden sukzessive Folgekonfigurationen bis wir zu einer *ENDKONFIGURATION* von der Form en(τ)v gelangen.

Auf weitere Details müssen wir aus Platzgründen hier verzichten. Der Leser sei hierzu auf /DAV,HER,HOU/ verwiesen. Ein Beispiel für eine Turing-Maschine wollen wir aber doch noch anführen.

Beispiel III.1.1:

Wir geben eine Turing-Maschine τ an, die die kontextfreie Sprache $L = \{a^n b^n \ / \ n \in \mathbb{Z}_+\}$ "erkennt", d.h.: Gibt man τ ein Wort $w \in \{a,b\}^*$ ein, so druckt sie a als Ergebnis, falls $w \in L$ ist, bzw. b sonst.

$S(\tau) = \{s_1, s_2, \ldots, s_{11}\}$, $A(\tau) = \{a,b\} = B(\tau)$, $an(\tau) = s_1$, $en(\tau) = s_{11}$

Das Programm soll folgende Vorgehensweise realisieren:

Es wird immer das erste a und das letzte b gelöscht. Wird dadurch das ganze Band geleert, so war die Eingabe in L, es wird a gedruckt und der Endzustand erreicht. Führt dieses Verfahren nicht zu einem leeren Band, so war die Eingabe nicht aus L, das Band wird gelöscht und b gedruckt (die letzten 4 Befehle).

Wir geben ein solches δ_τ durch nachstehende Tabelle an, wobei wir für $\delta_\tau(a,s) = (s',x)$ der Abkürzung wegen asxs' schreiben.

b	s_1	§	s_8	
§	s_1	a	s_{11}	
a	s_1	§	s_2	
§	s_2	R	s_3	
x	s_3	R	s_3	$x \varepsilon \{a,b\}$
§	s_3	L	s_4	
b	s_4	§	s_5	
§	s_5	L	s_6	
x	s_6	L	s_6	$x \varepsilon \{a,b\}$

§	s_6	R	s_1	
a	s_4	L	s_7	
x	s_7	L	s_7	$x \varepsilon \{a,b\}$
§	s_7	§	s_8	
§	s_8	R	s_9	
x	s_9	§	s_{10}	$x \varepsilon \{a.b\}$
§	s_{10}	R	s_9	
§	s_9	b	s_{11}	

Bemerkung:

Die anderen Automatentypen, die wir noch kennenlernen werden, arbeiten im Prinzip genauso wie die Turing-Maschinen. Sie unterscheiden sich von dieser im wesentlichen durch eine restriktivere Benutzung des Bandes.

III.1.2 TURING-MASCHINEN, REGELSYSTEME UND Ch-O-SPRACHEN

Als erstes wollen wir zeigen, daß zu einer jeden Turing-Maschine ein Semi-Thue-System konstruiert werden kann, mit welchem wir jede Berechnung der Maschine "simulieren" können. Simulieren heißt dabei, daß genau dann, wenn die Turing-Maschine auf ein Wort u angesetzt anhält, sich aus u mit dem Semi-Thue-System ein ganz bestimmtes anderes Wort, nennen wir es ω,ableiten läßt. Damit ist ein erster Zusammenhang zwischen Automaten und Regelsystemen hergestellt. Wir formulieren dies in

Satz III.1.1:

Zu jeder Turing-Maschine τ gibt es ein Semi-Thue-System S_τ und Symbole ω, $\$ \varepsilon A(S_\tau)$ mit:
Für alle $w \varepsilon A(\tau)^+ \cup \{\S\}$ gilt:

$\mathrm{Res}_\tau an(\tau)w$ existiert $<=>$ $\$an(\tau)w\$ \vdash_{P(S_\tau)} \omega$

Beweis:

Wir geben ein Regelsystem an, welches den Rechenverlauf der Turing-Maschine in der geschilderten Weise simuliert.

Wir setzen: $A(S_\tau) = B(\tau) \cup S(\tau) \cup \{§,\$,\xi,\eta,\omega\}$. Dabei seien $\xi,\eta,\omega,\$ \notin B(\tau) \cup S(\tau) \cup \{§\}$ und außerdem paarweise verschiedene neue Zeichen. Die Regelmenge $P(S_\tau)$ wird aus zehn verschiedenen Typen von Regeln gebildet:

1. $bsa \to bs'a'$ falls $\delta_\tau(a,s) = (a',s')$; $a,b,a' \in B(\tau) \cup \{§\}$
2. $csab \to cas'b$ falls $\delta_\tau(a,s) = (R,s')$; $c,a \in B(\tau) \cup \{§\}$; $b \in B(\tau) \cup \{§,\$\}$
3. $asb \to s'ab$ falls $\delta_\tau(b,s) = (L,s')$; $a,b \in B(\tau) \cup \{§\}$
4. $s\$ \to s§\$$ für $s \in S(\tau)$
5. $\$s \to \$§s$ für $s \in S(\tau)$
6. $bsa \to b\xi a$ falls $\delta_\tau(a,s)$ nicht definiert, $b,a \in B(\tau) \cup \{§\}$
7. $\xi a \to \xi$ für $a \in B(\tau) \cup \{§\}$
8. $\xi\$ \to \eta$
9. $a\eta \to \eta$ für $a \in B(\tau) \cup \{§\}$
10. $\$\eta \to \omega$

Dabei seien s,s' stets Zustände aus $S(\tau)$.

Erklärung:

Das Zeichen \$ stellt eine Randmarke dar. Es symbolisiert eigentlich das linke und das rechte Ende des Bandabschnittes, auf dem die Turing-Maschine arbeitet. Droht diese infolge erhöhten Platzbedarfs aus diesem Bandabschnitt herauszulaufen (das ist erkenntlich daran, daß ein Zustand in der Konfiguration direkt am linken oder rechten Rand, d.h. direkt neben dem \$ steht), so wird der verfügbare Platz durch Einfügen einer Leerstelle § vergrößert (Regeln 4,5). Befinden wir uns nicht in einer solchen potentiellen Randkonfliktsituation, so leiten wir aus der vorliegenden Konfiguration vermittels der Regeln 1,2,3 die jeweilige Folgekonfiguration ab, sofern diese existiert. Existiert keine Folgekonfiguration, so haben wir es also mit einer Endkonfiguration zu tun, d.h., die Turing-Maschine hält. Dann sorgen wir vermittels der Regeln 6-9 dafür, daß der "Bandinhalt", der zwischen den Randmarken \$ steht, gelöscht wird. Dieser ist ja für die Frage "anhalten oder nicht anhalten" uninteressant. Und schließlich leiten wir mit Regel 10 das Symbol ω ab, das uns angibt, daß die Turing-Maschine anhält.

Aufgrund des bisher Gesagten ist also klar, daß gilt: $Res_\tau an(\tau)w$ existiert $\Rightarrow$ $\$w\$ \vdash_{\overline{P(S)}} \omega$. Wir haben nun noch die Umkehrung zu zeigen, daß nämlich das Semi-Thue-System auch nicht zuviel des Guten tut. Dazu müssen wir uns überlegen, daß es im wesentlichen stets bloß eine Regel gibt, die man anwenden kann. D.h., wir müssen überprüfen, ob der Ableitungsprozeß letztlich genauso deterministisch abläuft wie die Berechnung der Turing-Maschine.

Betrachten wir also, was bei einem solchen Ableitungsprozeß beginnend mit $\$an(\tau)w\$$ mit $w \in A(\tau)^+ \cup \{\S\}$ passiert. Die charakteristische Situation im Verlauf der Ableitung ist offenbar: $\$w\$$ mit $w \in (B(\tau) \cup \{\S\})^+ \cdot S(\tau) \cdot (B(\tau) \cup \{\S\})^+$.
(Lediglich die Anfangssituation sieht, wie wir gleich sehen werden, etwas anders aus.)

D.h., w hat die Gestalt $w = \S^i w_1 s w_2 \S^j$ mit $w_1 \in B(\tau) \cdot (B(\tau) \cup \{\S\})^* \cup \{\Box\}$, $w_2 \in (B(\tau) \cup \{\S\})^* \cdot B(\tau) \cup \{\Box\}$ und es gilt:

$|w_1| = 0 \Rightarrow i>0$ & $|w_2| = 0 \Rightarrow j>0$

Jedem solchen $\$w\$$ ordnen wir eine Konfiguration $K(\$w\$)$ zu durch die Vorschrift:

$$K(\$w\$) = \begin{cases} w_1 s w_2 & \text{falls } |w_2|>0 \\ w_1 s \S & \text{falls } |w_2|=0. \end{cases}$$

Wenden wir uns also nun der schon angekündigten Untersuchung des Ableitungsprozesses zu.

1) Wir untersuchen, wann gilt $\$w\$ \vdash: w'$ mit $w' \in A(S_\tau)^*$, $w \in (B(\tau) \cup \{\S\})^* \cdot S(\tau) \cdot (B(\tau) \cup \{\S\})^*$ und $|w| \geq 2$.
Mit $w = w_1 s w_2$, $w_1, w_2 \in (B(\tau) \cup \{\S\})^*$ gilt dann genau einer der drei folgenden Fälle:

(α) $|w_1| \geq 1$ & $|w_2| \geq 1$
In diesem Fall sind höchstens die Regeln 1,2,3 oder 6

anwendbar, und zwar immer nur genau eine. Ist eine der Regeln 1,2,3 anwendbar, so gilt: $w'=\$w_1'sw_2'\$$ ($s' \varepsilon S(\tau)$) und K(w') ist direkte Folgekonfiguration von K(w). Ist Regel 6 anwendbar, so gilt $w'=\$w_1\xi w_2\$$ und K(w) ist Endkonfiguration.

(β) $|w_1|=0$ (Hierunter zählt die Startsituation $\$an(\tau)w\$$!)
Wegen $|w|\geq 2$ ist dann $|w_2|\geq 1$ und lediglich Regel 5 anwendbar, die dann $w'=\$\S sw_2\$$ ergibt.

(γ) $|w_2|=0$
Dann ist $|w_1|\geq 1$ und nur Regel 4 anwendbar, die dann $w'=\$w_1s\S\$$ liefert.

2) Wir haben uns nun zu überlegen, was wir aus $\$w_1\xi w_2\$$ ableiten können, wenn $w_1,w_2 \varepsilon (B(\tau) \cup \{\S\})^*$ sind.

Sei also wieder $\$w_1\xi w_2\$ \vdash: w'$, so gilt genau einer der zwei Fälle:

(α) $|w_2|\geq 1$
Dann ist $w_2=aw_2'$ mit $a \varepsilon B(\tau) \cup \{\S\}$ und $w_2' \varepsilon (B(\tau)\cup\{\S\})^*$.
Dann ist nur Regel 7 anwendbar und diese liefert:
$w'=\$w_1\xi w_2'\$$.

(β) $|w_2|=0$
D.h. $w_2=\square$. Dann ist nur Regel 8 anwendbar und diese ergibt $w'=\$w_1\eta$.

3) Schließlich und endlich schauen wir nach, was aus $\$w_1\eta$ mit $w_1 \varepsilon (B(\tau) \cup \{\S\})^*$ ableitbar ist.
Sei daher $\$w_1\eta \vdash: w'$ so gilt genau einer der zwei Fälle:

(α) $|w_1|\geq 1$
D.h., w_1 hat die Form $w_1=w_1'a$, $w_1' \varepsilon (B(\tau) \cup \{\S\})^*$, $a \varepsilon B(\tau) \cup \{\S\}$. Es ist nur Regel 9 anwendbar, weshalb gilt: $w'=\$w_1'$.

(β) $|w_1|=0$
Dann ist $w_1=\square$ und folglich nur Regel 10 anwendbar, welche $w'=\omega$ ergibt.

Nach Betrachtung dieser drei Einzelfälle der direkten Ableitbarkeit haben wir uns nur noch zu vergewissern, daß diese auch in einer korrekten Reihenfolge hintereinandergeschaltet werden.

4) Es gilt infolge Betrachtung 1 mit $w_1, w_2, w_1', w_2' \varepsilon (B(\tau) \cup \{\S\})^* \setminus \{\square\}$; $s, s' \varepsilon S(\tau)$: $\$w_1 s w_2\$ \vdash \$w_1' s' w_2'\$ \iff K(\$w_1' s' w_2'\$)$ ist Folgekonfiguration von $K(\$w_1 s w_2\$)$

5) Wir schauen nach, wann und wie häufig das Symbol ξ im Verlauf einer Ableitung auftritt. Mit $w_1, w_2 \varepsilon (B(\tau) \cup \{\S\})^* \setminus \{\square\}$, $w' \varepsilon A(S_\tau)^*$ gilt:

   $\$w_1 s w_2\$ \vdash w' \;\&\; |w'|_{\{\xi\}} \geq 1 \iff$

   $\iff$ (α) $|w'|_{\{\xi\}} = 1$

   (β) Es gibt w_1', w_2', s' mit: $\$w_1 s w_2\$ \vdash \$w_1' s' w_2'\$ \vdash w'$ und $K(\$w_1' s' w_2'\$)$ ist Endkonfiguration.

   (γ) Es gibt Worte u und v mit $uv = w_2'$ und $w' = \$w_1' \xi v\$$.

6) Analog untersuchen wir η. Mit $w_1, w_2 \varepsilon (B(\tau) \cup \{\S\})^* \setminus \{\square\}$, $s \varepsilon S(\tau) \cup \{\xi\}$ gilt:

   $\$w_1 s w_2\$ \vdash w' \;\&\; |w'|_{\{\eta\}} \geq 1 \iff$

   $\iff$ (α) $|w'|_{\{\eta\}} = 1$

   (β) Es gibt Worte w_1', u, w_1'' mit $w_1' = w_1'' u$ und $\$w_1 s w_2\$ \vdash \$w_1' \xi\$ \vdash: \$w_1' \eta \vdash \$w_1'' \eta = w'$

   Aufgrund all dieser Überlegungen folgt nun aber unmittelbar: $\$an(\tau)w\$ \vdash \omega \implies Res_\tau an(\tau)w$ existiert $(w \varepsilon (A(\tau) \cup \{\xi\})^* \setminus \{\square\})$

<u>qed(Satz III.1.1)</u>

Als Folgerung aus diesem Satz können wir eine Beziehung zwischen formalen Sprachen und Turing-Maschinen herstellen. Und zwar gilt folgendes

<u>Korollar:</u>

Sei T ein Alphabet und $L \subseteq T^*$. Dann sind folgende Aussagen äquivalent:

(i) L ist rekursiv aufzählbar (vgl./DAV , HER/)

(ii) L ist formale Sprache.

<u>Beweis:</u>

1) Sei L rekursiv aufzählbar. Dann gibt es eine Turing-Maschine τ, deren Anhaltebereich L ist $(A(\tau)=T)$. Man

konstruiere zu τ gemäß Satz III.1.1 das Semi-Thue-System S_τ. S_τ müssen wir, um die Unterscheidung zwischen terminalen und nichtterminalen Zeichen zu gewährleisten, etwas abändern. Und zwar wählen wir ein zu T gleichmächtiges Alphabet T', das zu $A(S_\tau)$ disjunkt ist. Dann gewinnen wir ein Semi-Thue-System S'_τ dadurch, daß wir in S_τ jedes $t \varepsilon T$ durch das entsprechende $t' \varepsilon T'$ ersetzen. Wir definieren nun die Grammatik G mit $\mathcal{L}(G)=L$ wie folgt:

$A(G) = A(S'_\tau) \cup T \cup \{¢\}$, $T(G)=T$, $S(G)=\{\omega\}$,

$P(G) = \{(u,v) / (v,u) \varepsilon P(S'_\tau)\} \cup P_1$

Dabei besteht P_1 aus den Regeln:

\$an(τ)a'	→ ¢a'	für alle a ε T
¢a'	→ a¢	für alle a ε T
¢\$	→ □	
\$an(τ)§\$	→ □	

Diese Regeln aus P_1 dienen nur dazu, am Ende einer Ableitung wieder in das Originalalphabet zurückzutransformieren.

Man macht sich nun leicht klar, daß folgendes gilt:

(α) $\omega \vdash \$w\$ \Rightarrow w \varepsilon (T' \cup \{\S\})^* \cdot (S(\tau) \cup \{\xi\}) \cdot (T' \cup \{\S\})^*$

(β) $\$w\$ \vdash w' \varepsilon T^* \Leftrightarrow$ Es gibt $w_1 \varepsilon T'^+ \cup \{\S\}$

mit $\$w\$ \vdash \$an(\tau)w_1\$ \vdash_{P_1} w'$

Daraus folgt nun aber unmittelbar, daß wir mit G nur solche Worte ableiten können, die auch im Anhaltebereich von τ liegen, andererseits aber auch alle diese Worte. Also gilt $\mathcal{L}(G)=L$.

2) Es ist leicht, ein Verfahren (sprich: Algorithmus) anzugeben, das nacheinander alle Elemente von $\mathcal{L}(G)$ aufzählt. Infolge der Churchschen /HER,ROG/ These gibt es dann aber auch eine Turing-Maschine, die diesen Algorithmus realisiert und mithin $\mathcal{L}(G)$ rekursiv aufzählt.
(Ein Beweis ohne Churchsche These findet sich etwa in Maurer /MAU1/)

<u>qed(Korollar)</u>

Da die formalen Sprachen mit den Chomsky-0-Sprachen übereinstimmen (Satz II.2.1), haben wir hiermit die umfassendste Sprachklasse in der Chomsky-Hierarchie durch einen bestimmten Automatentyp charakterisiert. Als nächstes gehen wir nun daran, die Klasse der kontextsensitiven Sprachen in diesen automatentheoretischen Rahmen einzuordnen.

III.2 Der linear beschränkte Automat

Der Automat, mit dem wir uns nun beschäftigen wollen, arbeitet im Prinzip wie eine Turing-Maschine. Der Unterschied besteht darin, daß er nicht beliebig viel Band zur Verfügung hat, sondern nur das Stück, auf welchem die Eingabe steht. Da dies, wie man leicht zeigen kann (Alphabetvergrößerung), gleichwertig damit ist, daß die Maschine ein Bandstück erhält, dessen Länge linear in der Länge der Eingabe beschränkt ist, heißt die Maschine *LINEAR BESCHRÄNKTER AUTOMAT*. Wenn der Lese-Schreibkopf während einer Berechnung dieses zugeteilte Bandstück, das wir uns links und rechts durch eine Randmarke % begrenzt denken, verläßt, so hält die Maschine an. Verläßt die Maschine das Band rechts und befindet sich anschließend in einem Endzustand, sagen wir, daß die Eingabe *AKZEPTIERT* wird. Im anderen Fall wird sie *ZURÜCKGEWIESEN*.

II.2.1 DER DETERMINISTISCHE UND DER NICHTDETERMINISTISCHE LINEAR BESCHRÄNKTE AUTOMAT

Wegen der Ähnlichkeit mit der Turing-Maschine wollen wir uns auf eine kurze formale Definition beschränken.

Definition III.2.1:

Ein *DETERMINISTISCHER LINEAR BESCHRÄNKTER AUTOMAT* (dlba) ist ein 5-Tupel $\alpha = (B(\alpha), S(\alpha), an(\alpha), en(\alpha), \delta_\alpha)$, wobei gilt:

(i) $S(\alpha) \cap B(\alpha) = \emptyset$; $an(\alpha)$, $en(\alpha) \in S(\alpha)$;

(ii) mit $\% \notin S(\alpha) \cup B(\alpha)$ und $\tilde{B}(\alpha) := B(\alpha) \cup \{\%\}$ ist $\delta_\alpha: \tilde{B}(\alpha) \times S(\alpha) \to \tilde{B}(\alpha) \times S(\alpha) \times \{R, O, L\}$ eine Abbildung mit der Eigenschaft $\delta_\alpha(\%, s) = (a, s', k) \Rightarrow a = \%$.

Dabei steht R für Rechtsbewegung, L für Linksbewegung, O für Stehenbleiben des Lese-Schreibkopfes.
$S(\alpha)$, $B(\alpha)$, $an(\alpha)$, $en(\alpha)$, δ_α heißen der Reihe nach *ZUSTANDSMENGE*, *ALPHABET*, *ANFANGSZUSTAND*, *ENDZUSTAND*, *ÜBERFÜHRUNGSFUNKTION*.

Die Arbeitsweise ist die gleiche wie bei einer Turing-Maschine. Daß ein jeder Befehl auch gleich schon eine Bewegung des Lese-Schreibkopfes beinhaltet, hat keine prinzipielle Bedeutung, lediglich die Programme werden etwas kürzer. Entsprechend könnte man auch ein größeres Arbeitsalphabet $A(\alpha)$ einführen, aber auch das ist für das folgende unwesentlich.

Nachdem wir bisher nur sogenannte *DETERMINISTISCHE* Maschinen kennengelernt haben, d.h. Automaten, bei denen zu jedem Zeitpunkt die direkte Folgekonfiguration und so alle Folgekonfigurationen eindeutig bestimmt sind, wollen wir nun einen allgemeineren Begriff einführen, nämlich den des *NICHTDETERMINISTISCHEN* Automaten. Dazu zeigen wir zunächst einen bedeutsamen Unterschied zwischen dem Prozeß des Ableitens (Erzeugens) einer Sprache vermittels Grammatiken und dem Prozeß des (deterministischen) Erkennens von Sprachen mittels mathematischer Maschinen auf.

Nehmen wir an, ein Automat hätte eine bestimmte, sagen wir kontextsensitive Sprache zu erkennen. Dann muß dieser Automat im Prinzip nichts anderes machen, als den Ableitungsprozeß in umgekehrter Richtung durchlaufen und nachprüfen, ob er zum Startsymbol herunterkommt. Die Schwierigkeit ist nun die, daß das Ableiten ein hochgradig nichtdeterministischer Prozeß ist, weil unter Umständen mehrere verschiedene Ableitungen zum gleichen Ergebnis führen können (vgl. Kapitel VI). Der Automat kann nun aber im voraus gar nicht wissen, welchen Ableitungsschritt er jeweils umzukehren hat; es bieten sich meist mehrere mögliche Schritte an, der Automat muß den richtigen herausfinden. Dazu bietet sich als ad-hoc-Methode systematisches Durchprobieren (Trial and Error) an, solange, bis zum Schluß eine korrekte Ableitung von hinten nach vorne (vom Terminalwort zum Startsymbol) aufgebaut wurde, oder aber feststeht, daß es keine gibt. Um sich nun nicht mit diesem aufwendigen Ausprobieren aller Möglichkeiten zu belasten (vgl. die nachfolgende Bemerkung), hat man einen anderen Weg eingeschlagen: Man hat diese selbe Nichtdeterminiertheit des Ableitungsprozesses in die Arbeitsweise der mathematischen Maschine mit hineingenommen. So gelangt man zu einem Automatentyp, der zu einem jeden Zeitpunkt evtl. mehrere Möglichkeiten hat weiterzuarbeiten, d.h., zu einer Konfiguration kann es unter Umständen mehrere mögliche Folgekonfigurationen geben. Wir sagen dann, daß der nichtdeterministische Automat ein Eingabewort akzeptiert, wenn er eine Möglichkeit hat, sich seine jeweiligen Folgekonfigurationen, ausgehend von der Startkonfiguration, so auszuwählen, daß er zu einer Endkonfiguration (d.h. Verlassen des Bandes in einem Endzustand) gelangt. Damit gelangen wir zu folgender

<u>Definition III.2.2:</u>

Ein *NICHTDETERMINISTISCHER LINEAR BESCHRÄNKTER AUTOMAT* (nlba) ist ein 5-Tupel $\alpha = (S(\alpha),B(\alpha),an(\alpha),en(\alpha),\Delta_\alpha)$, wobei im Unterschied zu Definition III.2.1 Δ_α eine Funktion

Δ_α: $\tilde{B}(\alpha) \times S(\alpha) \to 2^{\tilde{B}(\alpha) \times S(\alpha) \times \{R,O,L\}}$ ist mit:
$(\%,s,b',s',k) \in \Delta_\alpha \Rightarrow b' = \%$.

Die Arbeitsweise des nlba ist nach dem oben Gesagten klar. Wir verzichten an dieser Stelle darauf, Determiniertheit und Nichtdeterminiertheit an konkreten Beispielautomaten zu demonstrieren, sondern verschieben das auf Abschnitt III.4. Dem Leser ist es ohne weiteres möglich, zum besseren Verständnis dieser Begriffe, vorab die dort erläuterten Beispiele zu studieren.

Die *AKZEPTIERTE SPRACHE* von α, $M(\alpha)$, ist dann die Menge aller $w \in B(\alpha)^*$, für die es eine Berechnung gibt, die mit dem Anhalten des Automaten rechts vom Band im Endzustand endet, und die *ABGELEHNTE SPRACHE* ist die Menge aller Worte $w \in B(\alpha)^*$, für die es eine Berechnung gibt, die entweder nie endet oder mit dem Anhalten des Automaten links vom Band bzw. in einem Nicht-Endzustand rechts vom Band aufhört.

Bemerkung:

Wir hatten oben erwähnt, daß man die Nichtdeterminiertheit des Ableitungsprozesses bei Grammatiken auf der Automatenseite durch die Trial-and-Error-Methode in den Griff bekommen kann. Diese Aussage ist nur zum Teil richtig. Es kann nämlich passieren, daß dieses systematische Durchprobieren eine solche weitverzweigte und vernetzte Vielfalt von Möglichkeiten liefert, die es durchzuprüfen gilt, daß man mit dem betrachteten Maschinentyp nicht in der Lage ist, diese Methode zu organisieren und die Berechnung durchzuführen, weil es einfach zu kompliziert wird. Dies ist bei den noch zu behandelnden Kellerautomaten der Fall. D.h.,wir haben dort den Fall vorliegen, daß das nichtdeterministische Maschinenmodell "mehr kann" als das deterministische. Andererseits werden wir sehen, daß im Fall des endlichen Automaten beide Typen gleichwertig sind. Analoges gilt für die Turing-Maschine. Nur für den Fall des linear beschränkten Automaten ist es bis heute ein offenes Problem, ob der nlba und der dlba äquivalent sind, d.h. die gleiche Sprachklasse erkennen können oder nicht.

III.2.2 dlba, nlba UND KONTEXTSENSITIVE SPRACHEN

Um uns beim Beweis, daß die vom nlba erkannten Sprachen gerade die kontextsensitiven sind, etwas leichter zu tun, führen wir den Randmarkenmechanismus auch bei Ch-1-Grammatiken ein.

Definition III.2.3:

Eine sE-*GRAMMATIK MIT RANDMARKEN* ist ein 5-Tupel $G=(A(G),P(G),S(G),T(G),\%)$ mit:

(i) $\% \in A(G) \setminus T(G)$; $(A(G),P(G),S(G),T(G))$ ist vom sE-Typ

(ii) Die Regeln aus P(G) haben die folgende Form: entweder (p,q) oder $(\%p,\%q)$ oder $(p\%,q\%)$, wobei $|p|_{\{\%\}} = |q|_{\{\%\}}=0$.

Bedingung (ii) besagt, daß die *RANDMARKE* % nur an den Rändern der ableitbaren Worte auftreten kann und durch die Regeln nicht verändert werden darf. Die von einer solchen Grammatik erzeugte Sprache ist

$\mathcal{L}(G) := \{x \in T(G)^* \;/\; \text{es gibt } \sigma \in S(G){:}\ \%\sigma\% \vdash_{\overline{P(G)}} \%x\%\}$.

Wir prüfen nun nach, daß die durch sE-Grammatiken mit Randmarken erzeugten Sprachen kontextsensitiv sind.

Lemma III.2.1:

Sei L eine durch eine sE-Grammatik mit Randmarken erzeugte Sprache. Dann ist L kontextsensitiv.

Beweis:

Zum Beweis müssen wir den Randmarkenmechanismus innerhalb einer vergrößerten Menge von Nichtterminalzeichen simulieren. Sei also $G_R=(A(G_R),P(G_R),S(G_R),T(G_R),\%)$ eine sE-Grammatik mit Randmarke, die L erzeugt.

Zu jedem $x \in A(G_R) \setminus \{\%\}$ seien

${}^{\%}x, x^{\%}, {}^{\%}x^{\%}$ neue Symbole. Dann sei für $w = x_1 \ldots x_n \in$

$\in (A(G_R) \setminus \{\%\})^+$

${}^{\%}w = {}^{\%}x_1 x_2 \ldots x_n,\ w^{\%} = x_1 \ldots x_{n-1} x_n{}^{\%}$,

${}^{\%}w^{\%} = {}^{\%}x_1 x_2 \ldots x_{n-1} x_n{}^{\%}$. Nun definiere eine Grammatik G durch

$T(G)=T(G_R);\ A(G)=(A(G_R) \setminus \{\%\}) \cup \{{}^{\%}x, x^{\%}, {}^{\%}x^{\%} \;/\; x \in A(G_R)\setminus\{\%\}\}$;

$S(G)=\{{}^{\%}\sigma^{\%} \;/\; \sigma \in S(G_R)\};\ P(G)=P_1 \cup P_2 \cup P_3 \cup P_4$ mit:

$P_1 = \{(p,q),({}^{\%}p,{}^{\%}q),(p^{\%},q^{\%}),({}^{\%}p^{\%},{}^{\%}q^{\%}) \;/\; (p,q) \in P(G_R)\}$

$P_2 = \{({}^{\%}p,{}^{\%}q),({}^{\%}p^{\%},{}^{\%}q^{\%}) \;/\; (\%p,\%q) \in P(G_R)\}$

$P_3 = \{(p^{\%},q^{\%}),({}^{\%}p^{\%},{}^{\%}q^{\%}) / (p\%,q\%) \in P(G_R)\}$

$P_4 = \{(x^{\%},x),({}^{\%}x,x),({}^{\%}x^{\%},x) \;/\; x \in T(G_R)\}$

(Dabei sei stets $|p|_{\{\%\}} = |q|_{\{\%\}} = 0$.)

G ist vom schwachen Erweiterungstyp und folglich nach Satz II.3.1 zu einer kontextsensitiven Grammatik äquivalent.

Wir überzeugen uns davon, daß $\mathcal{L}(G) = \mathcal{L}(G_R)$ gilt. Dazu weisen wir nach, daß gilt:

$\%w\% \vdash_{\overline{P(G_R)}} \%v\% \iff {}^{\%}w^{\%} \vdash_{\overline{P(G)}} {}^{\%}v^{\%}$

Betrachten wir einen direkten Ableitungsschnitt in G_R mit einer Regel r: $\%w\% \vdash_{\{r\}} : \%w_1\%$

1. Fall: $r = (p,q)$ und $|p|_{\{\%\}} = |q|_{\{\%\}} = 0$

Dann gilt mit $x \neq \square, y \neq \square$ entweder $w=xpy, w_1=xqy$ oder $w=py, w_1=qy$ oder $w=xp, w_1=xq$ oder $w=p, w_1=q$.

Da mit (p,q) auch $(\%p,\%q), (p\%,q\%)$ und $(\%p\%,\%q\%)$ in P(G) sind, gilt auch $\%w\% \vdash_{P(G)} : \%w_1\%$.

2. Fall: $r = (\%p,\%q), (p\%,q\%), (\%p\%,\%q\%)$ behandelt man ganz analog.

Auch die Rückrichtung, daß also jede Ableitung in G ein Pendant in G_R hat, zeigt man entsprechend. Damit ist bewiesen, daß G und G_R äquivalent sind.

qed(Lemma III.2.1)

Als nächstes zeigen wir nun, daß die von einem nlba akzeptierte Menge bis auf das leere Wort eine kontextsensitive Sprache ist.

Satz III.2.1:

Sei α ein nlba, $M(\alpha)$ die von ihm akzeptierte Wortmenge. Dann ist $M(\alpha) \setminus \{\square\}$ kontextsensitiv.

Beweis:

Wir geben eine sE-Grammatik G mit Randmarken an, die im wesentlichen die Arbeitsweise des Automaten in umgekehrter Richtung simuliert. Dazu müssen wir das gerade gelesene Zeichen und den momentanen Zustand des Automaten in einem einzigen Symbol darstellen, d.h., wir benötigen neue Hilfszeichen $\underline{sa}$ für alle $s \in S(\alpha)$ und alle $a \in B(\alpha) \cup \{\%\}$. Ein weiteres Symbol s_∞ dient zur Behandlung der Situation, in welcher der Automat rechts vom Band geht, und schließlich brauchen wir noch zwei Zeichen σ und ξ, um eine geeignete Anfangssituation herstellen zu können. Dann definieren wir die Randmarkengrammatik G durch:

$T(G) = B(\alpha)$, $A(G) = T(G) \cup \{\underline{sa} \mathbin{/} a \in B(\alpha) \cup \{\%\}, s \in S(\alpha)\} \cup$
$\cup \{\sigma, \xi, s_\infty\}$,
$S(G) = \{\sigma\}$, $P(G) = P1 \cup P2$.

Dabei stellt P1 das Anfangsstück einer jeden Ableitung her und P2 simuliert den Arbeitsablauf des nlba in umgekehrter Richtung.

$P1 := \{\sigma \to \xi s_\infty\} \cup \{\xi \to b\xi,\ \xi \to b \mathbin{/} b \in B(\alpha)\} \cup$
$\cup \{s_\infty \to \underline{s\%} \mathbin{/} (\%, en(\alpha), R) \in \Delta_\alpha\ (\%, s)\}$

$P2 := \{\underline{s'a'} \to \underline{sa} \mathbin{/} (a', s', O) \in \Delta_\alpha\ (a,s)\} \cup$
$\cup \{a'\underline{s'b} \to \underline{sa}b \mathbin{/} (a', s', R) \in \Delta_\alpha\ (a,s), b \in B(\alpha)\} \cup$
$\cup \{\underline{s'b}a' \to b\underline{sa} \mathbin{/} (a', s', L) \in \Delta_\alpha\ (a,s), b \in B(\alpha)\} \cup$
$\cup \{a'\underline{s'\%} \to \underline{sa} \mathbin{/} (a', s', R) \in \Delta_\alpha\ (a,s)\} \cup$
$\cup \{\%\underline{sb} \to \%b \mathbin{/} b \in B(\alpha)\}$

Wir bemerken zunächst, daß G eine sE-Grammatik mit Randmarken ist und daher die erzeugte Sprache $\mathcal{L}(G)$ kontextsensitiv ist. Wir wollen die Konstruktion von G nun genauer erklären, womit wir gleichzeitig einen informellen Beweis für die Tatsache, daß $\mathcal{L}(G) = M(\alpha) \setminus \{\square\}$ ist, erhalten. Die formale Durchführung des Beweises überlassen wir dem Leser.

Betrachten wir ein Wort $w \in \mathcal{L}(G)$, so beginnt eine Ableitung für w stets mit Regeln aus P1:
$\%\sigma\% \vdash: \%\xi s_\infty\% \vdash \%vs_\infty\% \vdash \%v\underline{s\%}\%$ mit $v \in B(\alpha)^+$ und $(\%, en(\alpha), R) \in \Delta_\alpha\ (\%, s)$. D.h., wir haben eine mögliche Endsituation des Automaten abgeleitet. Die Überprüfung, ob $\%v\underline{s\%}\%$ tatsächlich eine Endsituation ist, nehmen wir mit den Regeln aus P2 vor, indem wir untersuchen, ob es für den Automaten α ein Eingabewort w und eine mögliche Berechnung gibt, die von w zu der Endsituation $\%v\underline{s\%}\%$ führt. (Dies würde bedeuten, daß $w \in M(\alpha)$ ist.) Auf $\%v\underline{s\%}\%$ ist nur eine Regel des vorletzten Typs in P2 anwendbar. Nun lassen wir durch sukzessives Anwenden der Regeln aus P2 den Automaten quasi rückwärts laufen.(Man beachte, daß eine Regel aus P2 die zugrunde liegende Operation von α gerade umkehrt.) Als Schlußregel in

der Ableitung von w muß eine Regel des letzten Typs aus P2 angewendet werden. D.h. aber gerade, daß der rückwärts laufende Automat zu einer Anfangssituation gelangt ist. Das bedeutet, daß das Wort w von α akzeptiert wird.

Entsprechend prüft man nach, daß sich Worte $w \in M(\alpha)$ mittels G aus σ ableiten lassen.

qed(Satz III.2.1)

Wir sehen an dem Beweis des obigen Satzes wiederum sehr deutlich die Dualität zwischen dem Automatenansatz und dem Grammatikansatz. Dies wird vollends unterstrichen durch die Tatsache, daß jede kontextsensitive Sprache von einem nlba akzeptiert werden kann, wie wir nun beweisen wollen.

Satz III.2.2:

Sei L eine kontextsensitive Sprache. Dann gibt es einen nlba α, der genau die Menge L akzeptiert, d.h. $M(\alpha) = L$.

Beweis:

Sei G eine Ch-1-Grammatik, die L erzeugt. Wegen Satz II.3.2 können wir o.B.d.A. voraussetzen, daß G in Kuroda-Normalform vorliegt. D.h., die Regeln von G können nur die folgenden Formen haben:

(i) $\xi \to \eta$; $\xi \in Z(G)$, $\eta \in A(G) \setminus \{\sigma\}$

(ii) $\xi_1\xi_2 \to \eta_1\eta_2$; $\xi_1,\xi_2 \in Z(G)$; $\eta_1,\eta_2 \in A(G) \setminus \{\sigma\}$

(iii) $\sigma \to \sigma\eta$; $\eta \in A(G)$

Man überlegt sich nun leicht, daß es für jedes $w \in \mathcal{L}(G)$ eine Ableitung der Form $\sigma \vdash_{\overline{(iii)}} \sigma\eta_1\eta_2 \cdots \eta_{|w|-1} \vdash_{\overline{(i),(ii)}} w$ mit $\eta_j \in A(G)$ $(1 \leq j < |w|)$ gibt. Wir geben nun einen nlba α an, der ausgehend von der Eingabe %w% versucht, eine solche Ableitung von hinten her aufzubauen. Gelingt es ihm, zum Startsymbol σ herunterzukommen, so wird w akzeptiert, andernfalls nicht. Der Automat sieht dann wie folgt aus:

$B(\alpha) := A(G)$

$S(\alpha) := \{t_o,t_1,s_o,s_1,r_o,r_1\} \cup \{s_\xi \;/\; \exists\; \xi\eta \rightarrow \delta_1\delta_2 \;\varepsilon\; P(G)\}$

$an(\alpha) = t_o$; $en(\alpha) = t_o$

Die Überführungsfunktion Δ_α geben wir nachstehend an. Der Übersichtlichkeit wegen schreiben wir $(x,s) \rightarrow (x',s',\omega)$ für $(x',s',\omega) \;\varepsilon\; \Delta_\alpha(x,s)$.

1.	$(\%,t_o) \rightarrow (\%,t_1,R)$	
2.	$(a,t_1) \rightarrow (a,t_1,R)$	für alle $a \;\varepsilon\; T(G)$
3.	$(\%,t_1) \rightarrow (\%,s_o,L)$	
4.	$(\xi,s_o) \rightarrow (\xi,s_o,L)$	für alle $\xi \;\varepsilon\; A(G)$
5.	$(\xi,s_o) \rightarrow (\xi,s_o,R)$	
6.	$(\eta,s_o) \rightarrow (\xi,s_o,0)$	für alle $\xi \rightarrow \eta \;\varepsilon\; P(G)$
7.	$(\eta_1,s_o) \rightarrow (\xi_1,s_{\xi_1},R)$	für alle $\xi_1\xi_2 \rightarrow \eta_1\eta_2 \;\varepsilon\; P(G)$
8.	$(\eta_2,s_{\xi_1}) \rightarrow (\xi_2,s_o,0)$	
9.	$(\sigma,s_o) \rightarrow (\sigma,r_o,L)$	
10.	$(\%,r_o) \rightarrow (\%,r_1,R)$	
11.	$(\sigma,r_1) \rightarrow (\%,s_1,R)$	für alle $\sigma \rightarrow \sigma\xi \;\varepsilon\; P(G)$
12.	$(\xi,s_1) \rightarrow (\sigma,s_o,0)$	
13.	$(\%,s_1) \rightarrow (\%,t_o,R)$	
14.	$(\gamma,s) \rightarrow (\gamma,s,0)$	für alle anderen Paare (γ,s)

Wir kontrollieren, ob α wirklich das Gewünschte leistet.

Mit den ersten beiden Befehlen wird geprüft, ob bei einer Eingabe %w% das Wort w ganz aus Terminalzeichen aufgebaut ist. Erst wenn das sichergestellt ist, kann eine weitere Verarbeitung erfolgen (s-Zustände), anderenfalls wird die Eingabe zurückgewiesen. Die Befehle 4 und 5 gestatten es, den Lese-Schreibkopf an jede beliebige Stelle des Bandes zu manövrieren, an der danach ein G-Ableitungsschritt rückwärts ausgeführt werden soll (Befehle 6-8, 11, 12). Die Befehle 9 und 10 sorgen dafür, daß wir eine Regel $\sigma \to \sigma\xi$ immer nur am linken Rand der Bandinschrift anwenden. Nach der eingangs gemachten Bemerkung über die Gestalt von Ableitungen für Worte aus $\mathcal{L}(G)$ ist das zulässig. Diese Regel immer nur am linken Rand anzuwenden, erweist sich insofern als nützlich, als das vollständige Abarbeiten der Eingabe erleichtert wird. Ist nämlich $w \in \mathcal{L}(G)$, so gibt es für den nichtdeterministischen arbeitenden Automaten α eine Möglichkeit, eine Berechnung so vorzunehmen, daß er aus %w% schließlich %%...%σ% erzeugt und daraus %...% (Rückwärtsdurchlaufen einer Ableitung für w), worauf er das Band nach rechts verläßt und akzeptiert. D.h. $\mathcal{L}(G) \subseteq M(\alpha)$. Hat umgekehrt der Automat im Zustand s_o eine Bandinschrift %x% und wird daraus nach einigen Schritten %y% im Zustand s_o, so gilt $y \vdash_{P(G)} x$. D.h., wird aus %w% die Bandinschrift %%...%σ% und liest α im Zustand s_o das Zeichen σ, so ist $w \in \mathcal{L}(G)$. Da o.B.d.A P(G) eine Regel $\sigma \to \sigma\xi$ enthält (sonst ist $\mathcal{L}(G)$ eine triviale Sprache), wird aus %...%σ% schließlich %...% und der Automat verläßt das Band nach rechts im Endzustand. Dies ist auch gleichzeitig der einzige Fall, daß α das Band rechts im Endzustand verläßt, also: $M(\alpha) \subseteq \mathcal{L}(G)$.

qed(Satz III.2.2)

III.3 Der Kellerautomat

III.3.1 DEFINITION DES AUTOMATEN

Wenden wir uns nun einem Automatentyp zu, der in der Lage ist, die kontextfreien Sprachen zu akzeptieren. Dies ist der Kellerautomat (pushdown-automaton). Bei ihm ist das Band aufgespalten in ein reines Eingabeband und ein spezielles Arbeitsband. Von dem Eingabeband kann nur gelesen werden, ein Beschriften ist nicht erlaubt. Das Arbeitsband dagegen ist mit einem Lese-Schreibkopf bestückt, ist dabei allerdings einem sehr restriktiven Mechanismus unterworfen, dem sogenannten Kellerprinzip, weshalb dieses Band auch Kellerband (pushdown-store) genannt wird. Zur Veranschaulichung zunächst eine Skizze:

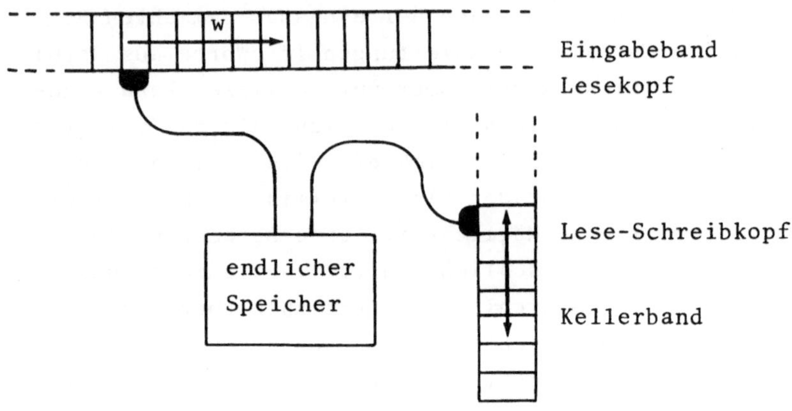

Das Kellerband ähnelt in seiner Funktionsweise den Tablettstapeln, wie sie in Selbstbedienungsrestaurants zu finden sind: Der Stapel wird von einer darunter befindlichen Feder so weit nach oben gedrückt, daß gerade das oberste Tablett über der Theke zugreifbar ist. Wird es entnommen, so wird durch Federdruck automatisch das nächste nachgeschoben. Wird ein neues Tablett auf den Stapel gelegt, so sinkt dieser nach unten und läßt nur noch dieses Tablett oben herausgucken. Für unsere Zwecke wollen wir annehmen, daß beliebig viele Tabletts auf dem Stapel untergebracht werden können. Auf unser Kellerband übertragen heißt das, daß der Lese-Schreibkopf immer nur am oberen Ende des beschrifteten Kellerbandteils zugreifen kann: Nur der oberste Buchstabe der Kellerbeschriftung kann gelesen werden und ggf. auch durch ein ganzes Wort (evtl. auch das leere Wort) ersetzt werden; dabei werden entsprechend viele neue Felder oben am Band zur Beschriftung herangezogen. Will der Automat also an Informationen heran, die unten im Keller notiert sind, so muß er zuerst alle darüber befindlichen Informationen abräumen, d.h. löschen.

Das Eingabeband wird buchstabenweise von links nach rechts gelesen. Dabei ist auch zugelassen, daß der Lesekopf hin und wieder einmal stehenbleibt (formal erfaßt als das Lesen des leeren Wortes), damit beispielsweise Zwischenrechnungen auf dem

Kellerband abgewickelt werden können. Es wäre durchaus legitim, dem Lesekopf zu gestatten, nicht nur einzelne Buchstaben sondern auch ganze Worte zu lesen, denn man kann leicht zeigen, daß dies keine echte Verallgemeinerung darstellt.

Zu Beginn einer Rechnung steht auf dem Eingabeband das Eingabewort, auf dem Kellerband ein gewisses ausgezeichnetes Symbol, und der Automat befindet sich im Anfangszustand. Die Arbeitsweise des Automaten wird geregelt durch ein Programm, das vorschreibt, wie in Abhängigkeit vom momentanen Zustand, vom auf dem Eingabeband gerade gelesenen Zeichen und vom gegenwärtig gelesenen obersten Kellersymbol, der neue Zustand und die neu in den Keller zu schreibende Information ermittelt wird.

Damit haben wir alles parat, was wir zur formalen Definition dieses Automatentyps benötigen.

Definition III.3.1:

Ein *KELLERAUTOMAT* (Pushdown-Automat) α ist ein 7-Tupel $\alpha = (I(\alpha), S(\alpha), K(\alpha), \delta_\alpha, k_{an}(\alpha), s_{an}(\alpha), F(\alpha))$, wobei gilt:

(i) $I(\alpha), S(\alpha), K(\alpha)$ sind nichtleere, disjunkte, endliche Mengen von *EINGABESYMBOLEN*, *ZUSTÄNDEN* bzw. *KELLERSYMBOLEN*.

(ii) $k_{an}(\alpha) \in K(\alpha)$ ist das ausgezeichnete *ANFANGSKELLERSYMBOL*.

(iii) $s_{an}(\alpha) \in S(\alpha)$ ist der *ANFANGSZUSTAND*.

(iv) $F(\alpha) \subseteq S(\alpha)$ ist die Menge der *ENDZUSTÄNDE*.

(v) $\delta_\alpha : (I(\alpha) \cup \{\Box\}) \times S(\alpha) \times K(\alpha) \to$
$\to \{M \mathbin{/} M \subseteq S(\alpha) \times K(\alpha)^* \text{ endliche Menge}\}$
ist eine Abbildung, das *PROGRAMM* von α.

Die Arbeitsweise des Kellerautomaten erklären wir über den Begriff der Konfiguration. Haben wir diesen Begriff in den vorangegangenen Abschnitten nur sehr informell eingeführt, so wollen wir hier eine exakte Definition geben, teils um dem Leser wenigstens einmal die Formalisierung vorzuführen (Die Übertragung auf die anderen Maschinenmodelle möge der Leser zur Übung selbst versuchen.), teils aber auch, weil uns dies für die weiter unten durchzuführenden Beweise notwendiger erscheint als etwa im Fall der Turing-Maschine oder des lba.

Eine *KONFIGURATION* κ ist ein Element der Menge $I(\alpha)^* \times S(\alpha) \times K(\alpha)^*$. Ist $\kappa = (w,s,v)$, so ist w der noch nicht eingelesene Teil des Eingabewortes, s der momentane Zustand und v die augenblickliche Kellerbandinschrift. Wenn wir den Kellerinhalt durch ein Wort darstellen, so soll das obere Kellerende das rechte Wortende sein und der Kellerboden das linke. Den Verlauf einer Berechnung beschreiben wir durch den sukzessiven Übergang von einer Konfiguration zur jeweiligen Folgekonfiguration. Dazu führen wir zwei Relationen auf der Menge der Konfigurationen ein:

Seien also $\kappa = (w,s,v)$ und $\kappa' = (w',s',v')$ zwei Konfigurationen, dann sagen wir

(i) κ' ist *DIREKTE FOLGEKONFIGURATION* von κ (in Zeichen: $\kappa \vdash_{\alpha} : \kappa'$), wenn es Zerlegungen $w=xw_o$, $v=v_ok$, $v'=v_om$ gibt mit:

a) $x \in I(\alpha) \cup \{\square\}$, $w'=w_o$

b) $(s',m) \in \delta_{\alpha}(x,s,k)$

D.h., durch Ausführen einer einzigen Operation wird die Konfiguration κ in κ' übergeführt.

(ii) κ' ist *FOLGEKONFIGURATION* von κ (in Zeichen: $\kappa \vdash_{\alpha} \kappa'$), wenn es eine Folge von Konfiguration $\kappa = \kappa_o, \kappa_1, \ldots, \kappa_t = \kappa'$ gibt mit $t \in \mathbb{Z}_+$ und $\kappa_i \vdash_{\alpha} : \kappa_{i+1}$ $(0 \leq i < t)$, d.h., "$\vdash_{\alpha}$" ist reflexiver und transitiver Abschluß von "$\vdash_{\alpha}:$".

Durch diese Relationen haben wir die Arbeitsweise der Maschine festgelegt. (Man beachte, daß infolge der Nichtdeterminiertheit des Kellerautomaten die jeweilige direkte Folgekonfiguration keineswegs eindeutig festgelegt ist.) Nun müssen wir uns noch über Anfangs- und Endsituationen des Automaten unterhalten, d.h., wir haben anzugeben, wie die akzeptierte Menge aussieht. Wir sagen: Ein Wort $w \in I(\alpha)^*$ wird von α *AKZEPTIERT*, falls $(w, s_{an}(\alpha), k_{an}(\alpha)) \vdash_{\alpha} (\square, s, v)$ gilt, mit $s \in F(\alpha)$, $v \in K(\alpha)^*$.

Entsprechend nennen wir $T(\alpha) := \{w \in I(\alpha)^* \ / \ w$ wird von α akzeptiert$\}$ die von α *AKZEPTIERTE MENGE*.

Stellen wir nun einige charakteristische Eigenschaften des Kellerautomaten noch einmal gesondert heraus, da sie im folgenden von Bedeutung sind:

(i) Der Automat ist im allgemeinen unvollständig; d.h., nicht jede Konfiguration besitzt eine direkte Folgekonfiguration. (Beachte: $\delta_\alpha(x,s,k)=\emptyset$ ist möglich!)

(ii) Der Automat ist im allgemeinen nicht determiniert, d.h., eine Konfiguration kann mehrere direkte Folgekonfigurationen haben.

(iii) Der Einlesevorgang erfolgt buchstabenweise von links nach rechts. Während des Einlesens sind Stops möglich, formalisiert dadurch, daß das leere Wort eingelesen wird. Dies bedeutet, daß der Automat seinen Zustand ändern und auf dem Kellerband operieren kann, ohne neue Buchstaben aus der Eingabe lesen zu müssen.

III.3.2 KELLERAUTOMATEN UND KONTEXTFREIE SPRACHEN

Wir zeigen als erstes, daß jede kontextfreie Sprache von einem Kellerautomaten akzeptiert wird. Der Beweis wird in der Literatur vielfach unter Benutzung der Greibach-Normalform für Ch-2-Grammatiken geführt: Man kann nämlich zeigen, daß jede kontextfreie, das leere Wort nicht enthaltende Sprache durch eine Grammatik mit Regeln $r \in Z(G)\times(T(G)\cdot Z(G)^*)$ erzeugt werden kann. Grammatiken diesen Typs heißen in "Greibach-Normalform". Wir verschieben diesen Beweis auf das Kapitel "Syntaxanalyse" und machen daher im folgenden auch keinen Gebrauch von dieser Normalform.

Satz III.3.1:

Zu jeder kontextfreien Sprache L gibt es einen Kellerautomaten α, der L akzeptiert, d.h. für den $T(\alpha)=L$ gilt.

Beweis:

Sei G = (A(G),P(G),S(G),T(G)) eine Ch-2-Grammatik, die L erzeugt. Nach Hilfssatz II.3.1 sei o.B.d.A. S(G) = {σ}. Der Kellerautomat α verfährt nun nach folgender Methode: Am Anfang steht im Keller das Startsymbol der Grammatik G. Auf dem Kellerband wird nun versucht, eine linkskanonische Ableitung (vgl. Kapitel VI) aufzubauen, die zu dem auf dem Eingabeband stehenden Wort führt. Der Automat sieht dann wie folgt aus:

$I(\alpha) = T(G)$, $S(\alpha) = \{s_o,s_1,s_2\}$, $K(\alpha) = A(G) \cup \{\%\}$, $k_{an}(\alpha) = \sigma$.

$s_{an}(\alpha) = s_o$, $F(\alpha) = \{s_2\}$

(1) $\delta_\alpha(\square,s_1,\xi) = \{(s_1,sp(w)) \,/\, \xi \to w \in P(G)\}$ für jedes $\xi \in Z(G)$

(2) $\delta_\alpha(a,s_1,a) = \{(s_1,\square)\}$ für jedes $a \in T(G)$

(3) $\delta_\alpha(\square,s_1,\%) = \{(s_2,\%)\}$

(4) $\delta_\alpha(\square,s_o,\sigma) = \{(s_1,\%\sigma)\}$

Das spezielle Kellersymbol % $\notin$ A(G) haben wir eingeführt, um zu vermeiden, daß während des Rechenganges der Keller vollständig geleert wird; denn das hätte den sofortigen Stillstand des Automaten zur Folge, der bei leerem Keller nicht mehr reagieren kann. Daher wird zu Beginn der Berechnung durch den Befehl (4) das Symbol % auf den Kellerboden geschrieben.

Bevor wir an den formalen Beweis gehen, schauen wir uns an, wie α operiert. Sei $w=a_1...a_n \in T(G)^*$ auf dem Eingabeband und α in der Startsituation. Ist dann durch Befehl (4) der Kellerboden markiert worden, so kann α nur einen Befehl des ersten Typs ausführen, etwa $(s_1,sp(u)) \in \delta_\alpha(\square,s_1,\sigma)$, wobei $\sigma \to u \in P(G)$. Ist u von der Form $b_1...b_m\xi v$, $b_i \in T(G)(1 \leq i \leq m)$, $\xi \in Z(G), v \in A(G)^*$, so steht nach Ausführung des Befehls auf dem Kellerband $\%sp(v)\xi b_m...b_1$. Nun können wir durch Befehle des zweiten Typs feststellen, ob die ersten m Buchstaben von w mit den $b_1...b_m$ übereinstimmen. Ist das der Fall, so löschen wir sie und versuchen, auf ξ einen weiteren Ableitungsschritt aufzusetzen. Da wir immer nur auf das obere Kellerende zugreifen und das Eingabeband nur von links nach rechts lesen können, mußten wir, um diesen Vergleich zu ermöglichen, das Spiegelbild der rechten Regelseite im Keller notieren. Stimmen die Buchstaben nicht überein, so kann $\sigma \to u$ sicher nicht der Beginn einer Ableitung für w sein. Wir befinden uns in einer Sackgasse, der Automat bleibt stehen, ohne zu akzeptieren. Da α immer das oberste Nichtterminalzeichen im Keller weiterverarbeitet, simuliert der Automat eine linkskanonische Ableitung.

Setzen wir diese Überlegungen nun um in einen exakten Beweis für die Tatsache, daß $T(\alpha) = L$ gilt.

"$L \subseteq T(\alpha)$":

Sei $w \in L = \mathcal{L}(G)$. Dann gibt es eine linkskanonische Ableitung

(5) $\sigma \vdash_G : u_1\xi_1v_1 \vdash_G : u_1u_2\xi_2v_2 \vdash_G u_1\ldots u_{n-1}\xi_{n-1}v_{n-1} \vdash_G :$
$u_1\ldots u_n=w$,
wobei die $\xi_i \in Z(G)$, $u_i \in T(G)^*$, $v_i \in A(G)^*$ $(1 \leq i \leq n-1)$,
$u_n \in T(G)^*$ sind.

Wir geben eine Berechnung für α an, die zum Akzeptieren von w führt:

Aus obiger Ableitung entnimmt man, daß $(s_1, sp(v_1)\xi_1 sp(u_1)) \in \in \delta_\alpha(\square, s_1, \sigma)$. Nach Ausführung dieses Befehls steht auf dem Eingabeband $u_1\ldots u_n$ und im Keller $\%sp(v_1)\xi_1 sp(u_1)$.

Durch Befehle des Typs (2) kann u_1 und $sp(u_1)$ jeweils gelöscht werden.

Weiter entnimmt man aus (5), daß es Regeln, $\xi_i \to z_i \in P(G)$ gibt mit $z_iv_i=u_{i+1}\xi_{i+1}v_{i+1}$, da ja $\xi_iv_i \vdash_G : u_{i+1}\xi_{i+1}v_{i+1}$ $(1 \leq i \leq n-2)$

Daher ist $(s_1, sp(z_i)) \in \delta_\alpha(\square, s_1, \xi_i)$. Verwendet man weiter wiederum (2), so ergibt sich insgesamt:

$(w, s_1, \%\sigma) = (u_1\ldots u_n, s_1, \%\sigma) \vdash_\alpha : (u_1\ldots u_n, s_1, \%sp(v_1)\xi_1 sp(u_1) \vdash_\alpha$
$(u_2\ldots u_n, s_1, \%sp(v_1)\xi_1) \vdash_\alpha : (u_2\ldots u_n, s_1, \%sp(v_1)sp(z_1)) =$

$(u_2 \ldots u_n, s_1, \% sp(v_2)\xi_2 sp(u_2)) \vdash_{\alpha} (u_3 \ldots u_n, s_1 \% sp(v_2)\xi_2) \vdash_{\alpha}$
$(u_n, s_1, \% sp(v_{n-1})\xi_{n-1})$

Schließlich gibt es nach (5) eine Regel $\xi_{n-1} \to z_{n-1} \in P(G)$ mit $z_{n-1}v_{n-1}=u_n$ und daher ist

$(u_n, s_1, \% sp(v_{n-1})\xi_{n-1}) \vdash_{\alpha} :$

$\vdash_{\alpha} : (u_n, s_1, \% sp(v_{n-1}) sp(z_{n-1})) = (u_n, s_1, \% sp(u_n)) \vdash_{\alpha} (\square, s_1, \%)$.

Nach (3) ist $(\square, s_1, \%) \vdash_{\alpha} : (\square, s_2, \%)$.

Insgesamt ist also $(w, s_1, \%\sigma) \vdash_{\alpha} (\square, s_2, \%)$, d.h. $w \in T(\alpha)$.

"$T(\alpha) \subseteq L$":
Sei $w \in T(\alpha)$. Eine Konfigurationsfolge, die zum Akzeptieren von w führt, sieht dann wie folgt aus:

(6) $(x_o x_1 \ldots x_n, s_1, \%\sigma = \% v_o) \vdash_{\alpha, b_o} : (x_1 \ldots x_n, s_1, \% v_1) \vdash_{\alpha, b_1} :$

$(x_2 \ldots x_n, s_1, \% v_2) \vdash_{\alpha, b_2} (x_{n-1} x_n, s_1, \% v_{n-1}) \vdash_{\alpha, b_{n-1}} :$

$(x_n, s_1, \% v_n) = (\square, s_1, \%) \vdash_{\alpha, b_n} : (\square, s_2, \%)$; $v_i \in A(G)^*$,

$b_i \in \{1,2,3\}$ $(0 \leq i \leq n)$.

Dabei bedeutet $\vdash_{\alpha, b} :$ mit $b \in \{1,2,3\}$, daß der Übergang durch Ausführung eines Befehls vom Typ (b) erzielt wird. Um eine einheitliche Schreibweise verwenden zu können, haben wir die Eingabe $w = x_o \ldots x_n, x_i \in T(\alpha) \cup \{\square\}$ $(0 \leq i \leq n)$ an den entsprechenden Stellen formal mit $\square$ aufgefüllt, da wir dadurch Befehle des Typs (1) und (2) gleichartig behandeln können.

Wir stellen zunächst fest: $b_o = 1$, $b_n = 3$.

1. Fall: $w = \square$, d.h. $x_i = \square$ für alle $0 \leq i \leq n$. Das bedeutet, daß in (6) alle $b_i = 1$ sind $(0 \leq i \leq n-1)$. Da das Kellerband am Schluß bis auf das Bodensymbol % geleert ist, folgt daraus $\sigma \vdash_G \square = w$, also $w \in L$.

2. Fall: $w \neq \square$, d.h., es gibt $0 < j < n$ mit $x_j \neq \square$.

Betrachten wir in (6) die Stelle m, wo zum letztenmal ein Befehl (1) angewendet wird: $m := \mathrm{Max}\{k \,/\, 0 \leq k \leq n \;\&\; b_k = 1\} = \mathrm{Max}\{k \,/\, 0 \leq k \leq n \;\&\; x_k = \square\}$. D.h. $b_{m+1} = b_{m+2} = \ldots = b_{n-1} = 2$. Daher überlegt man sich sofort, daß $v_{m+1} = x_n x_{n-1} \ldots x_{m+1}$ ist. Wegen $(x_m \ldots x_n, s_1, \% v_m) \vdash_{\alpha,1} : (x_{m+1} \ldots x_n, s_1, \% v_{m+1})$ gibt es eine Regel $\xi \to u \in P(G)$ und eine Zerlegung $v_m = \tilde{u}\xi$ mit $v_{m+1} = \tilde{u} \cdot sp(u)$. D.h. $sp(v_m) = \xi sp(\tilde{u}) \vdash_G u \cdot sp(\tilde{u}) = sp(\tilde{u} \cdot sp(u)) = sp(v_{m+1}) =$
$= x_{m+1} \ldots x_n = x_m x_{m+1} \ldots x_n$.
Also: $sp(v_m) \vdash_G x_m \ldots x_n$.

Wir zeigen nun weiter, daß auch gilt:

(6) $sp(v_i) \vdash_G x_i \ldots x_n$, für alle $0 \leq i \leq m$.

Daraus ergibt sich für den Fall i=0: $sp(v_o) = \sigma \vdash_G x_o \ldots x_n = w$, also $w \in L$, was ja zu zeigen ist.

Nehmen wir also an, daß (7) für i gilt. Wir zeigen, daß (7) dann auch für i-1 richtig ist.

Es ist $(x_{i-1} x_i \ldots x_n, s_1, \% v_{i-1}) \vdash_{\alpha, b_{i-1}} (x_i \ldots x_n, s_1, \% v_i)$.

<u>1. Fall:</u> $b_{i-1} = 2$, d.h. $x_{i-1} \in T(\alpha)$. Dann ist $v_{i-1} = v_i x_{i-1}$, also $sp(v_{i-1}) = x_{i-1} sp(v_i) \vdash_G x_{i-1} x_i \ldots x_n$.

<u>2. Fall:</u> $b_{i-1} = 1$, d.h. $x_{i-1} = \square$. Dann gibt es eine Regel $\xi \to u \in P(G)$ und eine Zerlegung $v_{i-1} = \tilde{u}\xi$ mit $v_i = \tilde{u} \cdot sp(u)$. Daher gilt $sp(v_{i-1}) = \xi \cdot sp(\tilde{u}) \vdash_G u \cdot sp(\tilde{u}) = sp(v_i) \vdash_G$
$x_i \ldots x_n = x_{i-1} \ldots x_n$.

Damit ist (7) gezeigt.

<u>qed(Satz III.3.1)</u>

Wir gehen nun daran, die Umkehrung dieses Satzes zu beweisen. Zunächst noch eine

Bezeichnung:

Sei α Kellerautomat. Dann setzen wir
$\text{Null}(\alpha) := \{w \in I(\alpha)^* \ / \ (w, s_{an}(\alpha), k_{an}(\alpha)) \vdash (\square, s, \square)$
mit $s \in S(\alpha)\}$.

Dies ist eine andere Möglichkeit, eine vom Kellerautomaten akzeptierte Sprache zu definieren. Man nennt Worte $w \in \text{Null}(\alpha)$ im Englischen *ACCEPTED BY EMPTY STORE*, weil sie im Verlauf der Rechnung das Kellerband leeren und so den Automaten in eine Stop-Situation bringen, da dieser bei leerem Keller nicht mehr weiterarbeiten kann. Wir zeigen als nächstes, daß diese beiden Festlegungen der akzeptierten Sprache gleichwertig sind im folgenden Sinn:

Lemma III.3.1:

(i) Zu jedem Kellerautomaten α existiert ein Kellerautomat α' mit $\text{Null}(\alpha') = T(\alpha)$.

(ii) Zu jedem Kellerautomaten α existiert ein Kellerautomat α'' mit $T(\alpha'') = \text{Null}(\alpha)$.

Beweis:

(i) Wir geben zunächst den Automaten α' an und erklären anschließend seine Funktionsweise.

Es seien $s'_{an}, s_\omega \notin S(\alpha)$ zwei neue Zustände $\% \notin K(\alpha)$ ein neues Kellersymbol. Dann setzen wir

$\alpha' = (I(\alpha), S(\alpha) \cup \{s'_{an}, s_\omega\}, K(\alpha) \cup \{\%\}, \delta_{\alpha'}, \%, s'_{an}, \emptyset)$,

wobei $\delta_{\alpha'}$ wie folgt definiert ist:

$\delta_{\alpha'}(\square, s'_{an}, \%) = \{(s_{an}(\alpha), \% k_{an}(\alpha))$

$\delta_{\alpha'}(x, s, k) = \delta_\alpha(x, s, k)$ für $x \in I(\alpha), s \in S(\alpha),\ k \in K(\alpha)$

$$\delta_{\alpha'}(\square, s, k) = \begin{cases} \delta_\alpha(\square, s, k) & \text{für } s \in S(\alpha) \setminus F(\alpha), k \in K(\alpha) \\ \delta_\alpha(\square, s, k) \cup \{(s_\omega, \square)\} & \text{für } s \in F(\alpha), \\ & k \in K(\alpha) \end{cases}$$

$\delta_{\alpha'}(\square, s, \%) = \{(s_\omega, \square)\}$ für $s \in F(\alpha)$

$\delta_{\alpha'}(\square, s_\omega, k) = \{(s_\omega, \square)\}$ für $k \in K(\alpha) \cup \{\%\}$

α' schreibt auf den "Boden" des Kellers als erstes das

Sonderzeichen %. Anschließend arbeitet α' genau wie α. (Dabei bleibt das % erhalten.) Geht im Verlauf dieser Rechnung α in einen Endzustand über, so hat α' die Wahl, entweder den Keller zu leeren und die Eingabe zu akzeptieren oder aber weiterhin α zu simulieren. Die Bedeutung des Sonderzeichens % ist dabei die folgende: α könnte u.U. seinen Keller leeren bei einer Eingabe w, die nicht in $T(\alpha)$ liegt. Das % verhindert nun, daß α' beim Simulieren von α ebenfalls den Keller leert und somit $w \in Null(\alpha')$ wäre.

Wir beweisen, daß $Null(\alpha')=T(\alpha)$ ist.

Sei $w \in Null(\alpha')$, d.h., es existiert eine Folge von Konfigurationen

$(w,s'_{an},\%) \vdash_{\alpha'} : \kappa_1 \vdash_{\alpha'} : \ldots \vdash_{\alpha'} : \kappa_t = (\square, s, \square)$

mit $t \geq 2, \kappa_i=(w_i,s_i,v_i), w_i \in I(\alpha)^*, s_i \in S(\alpha')$,

$v_i \in K(\alpha')^*$ $(1 \leq i \leq t)$.

Nach Konstruktion von α' gilt:

$$\kappa_1 = (w,s_{an}(\alpha),\%k_{an}(\alpha))$$
$$\kappa_t = (\square, s_\omega, \square).$$

Damit gibt es ein $i<t$ mit

$$\kappa_i = (\square, s_i, \%v'_i) \vdash_{\alpha'} : (\square, s_\omega, \%v'_{i+1}),$$
$$s_i \in F(\alpha);\ v'_i, v'_{i+1} \in K(\alpha)^*$$

und $\kappa_j = (w_j,s_j,\%v'_j) \vdash_{\alpha} : (w_{j+1},s_{j+1},\%v'_{j+1})$,

$$w_j \in I(\alpha)^*, s_j \in S(\alpha), v'_j \in K(\alpha)^* \quad (1 \leq j<i)$$

sowie $\kappa_j = (\square, s_\omega, \%v'_j), v'_j \in K(\alpha)^*$ $(i<j<t)$.

Es folgt also $(w,s_{an}(\alpha),k_{an}(\alpha) \vdash_{\alpha} (\square, s_i, v_i)$ und daher $w \in T(\alpha)$.

Ist umgekehrt $w \in T(\alpha)$, so zeigt die Konstruktion sofort, daß $w \in Null(\alpha')$. Damit ist Teil (i) gezeigt.

(ii) Es seien $s''_{an}, s_\omega \notin S(\alpha)$ wieder zwei neue Zustände, $\$ \notin K(\alpha)$

ein neues Kellersymbol. Dann setzen wir

$\alpha''=(I(\alpha),S(\alpha) \cup \{s''_{an},s_\omega\},K(\alpha) \cup \{\$\},\delta_{\alpha''},\$,s''_{an},\{s_\omega\})$

mit

$\delta_{\alpha''}(\Box,s''_{an},\$) = \{(s_{an}(\alpha),\$k_{an}(\alpha))\}$

$\delta_{\alpha''}(x,s,k) = \delta_\alpha(x,s,k)$

für $x \in I(\alpha) \cup \{\Box\},s \in S(\alpha),k \in K(\alpha)$

$\delta_{\alpha''}(\Box,s,\$) = \{(s_\omega,\Box)\}$ für $s \in S(\alpha)$.

Zunächst geht α'' in die Anfangskonfiguration von α, wobei der Kellerboden zusätzlich markiert wird. Nun wird α solange simuliert, bis α seinen Keller geleert hat (erkenntlich am Auftreten von \$ am oberen Kellerrand). Anschließend geht α'' in den Endzustand. Der formale Beweis, daß $T(\alpha'') = \text{Null}(\alpha)$, läuft analog wie unter (i) und wird dem Leser zur Übung überlassen.

qed(Lemma III.3.1):

Dieses Lemma erhält seine volle Bedeutung durch die Tatsache, daß die Mengen Null(α) kontextfreie Sprachen sind, was wir nun beweisen werden.

Lemma III.3.2:

Zu jedem Kellerautomaten α gibt es eine kontextfreie Grammatik G mit $\mathcal{L}(G) = \text{Null}(\alpha)$.

Beweis:

Sei $\alpha = (I(\alpha),S(\alpha),K(\alpha),\delta_\alpha,k_{an}(\alpha),s_{an}(\alpha),F(\alpha))$.
O.B.d.A. gelte $\Box \notin \text{Null}(\alpha)$.
Wir bestimmen die Grammatik G=(A(G),P(G),S(G),T(G)) durch:

$T(G)=T(\alpha)$; $S(G)=\{\sigma\}$, wobei σ ein neues Symbol ist;
$A(G)=\{\sigma\} \cup \{[s_1,k,s_2] \,/\, s_1,s_2 \in S(\alpha),k \in K(\alpha)\} \cup T(G)$.

(Man beachte, daß $[s_1,k,s_2]$ ein einziges Symbol des Alphabetes A(G) bedeutet, ähnlich wie <u>begin</u> in ALGOL-60 ein einziges Symbol darstellt.)

P(G) setzt sich aus drei Regeltypen zusammen:
$P(G)=P_1 \cup P_2 \cup P_3$ mit:

$P_1 = \{\sigma \to [s_{an}(\alpha),k,s] \,/\, s \in S(\alpha), k \in K(\alpha)\}$

$P_2 = \{[t_1,k,t_2] \to x[t_3,k_n,s_{n-1}][s_{n-1},k_{n-1},s_{n-2}] \ldots$

$\ldots[s_2,k_2,s_1][s_1,k_1,t_2] \,/\, \text{für } n \in \mathbb{N}, s_i \in S(\alpha)\ (1 \leq i < n),$

$t_1,t_2,t_3 \in S(\alpha), x \in I(\alpha) \cup \{\Box\}$

$\text{mit } (t_3,k_1 \ldots k_n) \in \delta_\alpha(x,t_1,k)\}$

$P_3 = \{[t_1,k,t_2] \to x \,/\, (t_2,\Box) \in \delta_\alpha\ (x,t_1,k)$
$\text{für } k \in K(\alpha);\ t_1,t_2 \in S(\alpha),\ x \in I(\alpha) \cup \{\Box\}\}$

Um die Festlegung von G und den nachfolgenden Beweis zu verstehen, sollte man sich vor Augen halten, daß A(G) und P(G) gerade so definiert wurden, daß eine linkskanonische Ableitung eines Wortes $w \in \mathcal{L}(G)$ eine Simulation des Rechenganges von α, angesetzt auf w, ist. Die Variablen, die in einem bestimmten Schritt einer linkskanonischen Ableitung in G auftreten, entsprechen den Symbolen, die im Keller von α zu dem Zeitpunkt notiert sind, wo α soviel von der Eingabe gelesen hat, wie G bis dahin schon erzeugt hat.

Wir beweisen nun folgende Äquivalenz:

$[t_1,k,t_2] \vdash_G w \in T(G)^* \cdot Z(G)^* \iff$

entweder

(1) $w=uv$ mit $u \in I(\alpha)^*, v \in (Z(G) \setminus \{\sigma\}) \cdot A(G)^*$
und es existieren Zustände $s_1,\ldots,s_m \in S(\alpha)$, sowie Kellersymbole $k_1\ldots,k_m \in K(\alpha), m \in \mathbb{N}$, so daß gilt:

$v=[s_m,k_m,s_{m-1}][s_{m-1},k_{m-1},s_{m-2}] \ldots [s_1,k_1,t_2]$ und

$(u,t_1,k) \vdash_\alpha (\Box,s_m,k_1\ldots k_m)$

oder

(2) $w \in I(\alpha)^*$ und $(w,t_1,k) \vdash_\alpha (\Box,t_2,\Box)$.

Aus dieser Aussage folgt dann weiter:

$[s_{an}(\alpha),k_{an}(\alpha),s] \vdash_G w \in T(G)^* \iff$

$(w,s_{an}(\alpha),k_{an}(\alpha)) \vdash_\alpha (\Box,s,\Box) \iff \quad w \in Null(\alpha)$

Also gilt: $w \in \mathcal{L}(G) \iff$ Es existiert $s \in S(\alpha)$ mit $\sigma \vdash_G : [s_{an}(\alpha), k_{an}(\alpha), s] \vdash_G w \iff w \in Null(\alpha)$

d.h. $\mathcal{L}(G) = Null(\alpha)$.

Nun also zum Beweis der obigen Behauptung. Wir verwenden die folgenden Symbole in ihren angegebenen Bedeutungen:

$j,m,n \in \mathbb{N}$; $x \in I(\alpha) \cup \{\square\}$; $u_i \in I(\alpha)^*$; $s,s',s_i,t_1,t_2,q_i \in S(\alpha)$; $k,y,k_i,y_i \in K(\alpha)$; $z_i \in K(\alpha)^*$ (für $1 \leq i \leq j,m,n$).

<u>"=>":</u> Wir unterscheiden entsprechend den Aussagen (1) und (2) zwei Fälle.

<u>1. Fall:</u> $[t_1,k,t_2] \vdash_G uv$, $u \in I(\alpha)^*$, $v \in (Z(G) \setminus \{\sigma\}) \cdot A(G)^*$

Hierfür können wir eine linkskanonische Ableitung

$$[t_1,k,t_2] \vdash_G : \omega_1 \vdash_G : \dots \vdash_G : \omega_j = uv \qquad (*)$$

verwenden. Wir folgern Aussage (1) durch vollständige Induktion über die Länge j dieser Ableitung (*).

<u>"j=1":</u> Es ist $[t_1,k,t_2] \rightarrow \omega_1 = uv$ eine Regel aus P_2. Daher ist (1) erfüllt.

<u>"j => j+1":</u> Wir setzen also voraus, daß

$\omega_j = u_j v_j, u_j \in I(\alpha)^*, v_j \in (Z(G) \setminus \{\sigma\}) \cdot A(G)^*$, daß

$v = [s_m,k_m,s_{m-1}] \dots [s_1,k_1,t_2]$ und daß

$(u_j,t_1,k) \vdash_\alpha (\square, s_m, k_1 \dots k_m)$.

Der (j+1). Ableitungsschritt kann mit einer Regel aus P_1 oder P_2 erfolgen. Wir untersuchen beide Fälle getrennt und beachten jeweils, daß (*) eine linkskanonische Ableitung ist.

(i) Es sei $\omega_j \vdash_{P_2} : \omega_{j+1}$. D.h., es wird eine Regel

$[s_m,k_m,s_{m-1}] \rightarrow x[q_n,y_n,q_{n-1}] \dots [q_2,y_2,q_1] \cdot [q_1,y_1,s_{m-1}]$ angewendet mit $(q_n,y_1 \dots y_n) \in \delta_\alpha(x,s_m,k_m)$.

Dann ist aber

$\omega_{j+1} = u_j x [q_n,y_n,q_{n-1}] \dots [q_1,y_1,s_{m-1}] \dots [s_1,k_1,t_2]$.

Weiter gilt unter Benutzung der Induktionsvoraussetzung:

$(u_j x, t_1, k) \vdash_{\alpha} (x, s_m, k_1 \ldots k_m) \vdash_{\alpha}^{*}$
$(\square, q_n, k_1 \ldots k_{m-1}\, y_1 \ldots y_n)$.

Das ist aber gerade Aussage (1).

(ii) Es sei $\omega_j \vdash_{P_3}^{*} \omega_{j+1}$. D.h., es wird eine Regel

$[s_m, k_m, s_{m-1}] \rightarrow x$ angewendet mit

$(s_{m-1}, \square) \in \delta_\alpha(x, s_m, k_m)$.

Damit ergibt sich

$\omega_{j+1} = u_j x [s_{m-1}, k_{m-1}, s_{m-2}] \ldots [s_1, k_1, t_2]$

und folglich

$(u_j x, t_1, k) \vdash_{\alpha} (x, s_m, k_1 \ldots k_m) \vdash_{\alpha}^{*} (\square, s_{m-1}, k_1 \ldots k_{m-1})$.

Damit ist der 1. Fall erledigt.

<u>2. Fall:</u> $[t_1, k, t_2] \vdash_G w \in I(\alpha)^*$

Eine linkskanonische Ableitung dafür sei

$[t_1, k, t_2] \vdash_G^{*} \omega_1 \vdash_G^{*} \omega_2 \vdash_G^{*} \ldots \vdash_G^{*} \omega_j = w$ (**)

Wir führen den Beweis ganz genau wie im 1. Fall.

<u>"j=1":</u> Dann ist $[t_1, k, t_2] \rightarrow w \in P_3$ und folglich gilt (2).

<u>"j => j+1:</u> Wegen $\omega_{j+1} = w \in I(\alpha)^*$ hat ω_j die Form $\omega_j = u_j v_j$ mit $u_j \in I(\alpha)^*$, $v_j = [s, y, s']$. Daher entsteht ω_{j+1} aus ω_j durch Anwendung einer Regel $[s, y, s'] \rightarrow x$, d.h.

$\omega_{j+1} = u_j x$. Nach Definition von P_3 ist $(s', \square) \in \delta_\alpha(x, s, y)$.

Wegen des schon bewiesenen ersten Falles gilt:

$(u_j, t_1, k) \vdash_{\alpha} (\square, s, y)$ und $s' = t_2$

Damit folgt:

$(u_j x, t_1 k) \vdash_{\alpha} (x, s, y) \vdash_{\alpha}^{*} (\square, s', \square) = (\square, t_2, \square)$

Das ist aber die Aussage (2).

Damit ist diese eine Richtung des Hilfssatzes vollständig bewiesen. Wir wenden uns nun der Rückrichtung zu, die wir aber etwas knapper abhandeln wollen, da es sich im wesentlichen um Schlüsse handelt, die zu den obigen analog sind.

"<=":

1. Fall: Es sei (1) erfüllt, d.h., für $w=uv, u \in I(\alpha)^*$, $v \in (Z(G) \setminus \{\sigma\}) \cdot A(G)^*$ gelte $v=[s_m,k_m,s_{m-1}] \ldots [s_1,k_1,t_2]$ und $(u,t_1,k) \vdash_{\alpha} (\square, s_m, k_1 \ldots k_m)$. Dann gibt es eine Folge von Konfigurationen:
$(u,t_1,k) \vdash_{\alpha}: (u_1,q_1,z_1) \vdash_{\alpha}: \ldots \vdash_{\alpha}: (u_j,q_j,z_j) =$
$(\square, s_m, k_1 \ldots k_m)$.
Wir führen den Beweis durch Induktion über j.

"j=1": Dann ist $u_1=\square$, $q_1=s_m$, $u \in I(\alpha) \cup \{\square\}$, $z_1=k_1 \ldots k_m$, $(s_m,k_1 \ldots k_m) \in \delta_{\alpha}(u,t_1,k)$ und $[t_1,k,t_2] \rightarrow u\ [s_m,k_m,s_{m-1}] \ldots [s_1,k_1,t_2] \in P(G)$. Also ist $[t_1,k,t_2] \vdash_{G} uv$.

"j => j+1": Aus einer Berechnung der Länge j+1
$(u,t_1,k) \vdash_{\alpha}: (u_1,q_1,z_1) \vdash_{\alpha}: \ldots \vdash_{\alpha}: (u_j,q_j,z_j) \vdash_{\alpha}:$
$(u_{j+1},q_{j+1},z_{j+1})$ mit $u_{j+1}=\square$, $q_{j+1}=s_m$, $z_{j+1}=k_1 \ldots k_m$ sondert man einen Teil der Länge j aus $((u_j \in I(\alpha) \cup \{\square\}$; $u=u'u_j$, $u' \in I(\alpha)^*)$; $(u',t_1,k) \vdash_{\alpha}: (u_j',q_1,z_1) \vdash_{\alpha}: \ldots \vdash_{\alpha}:$ (u_j',q_j,z_j) mit $u_i=u_i'u_j$ $(1 \leq i \leq j)$. Hierauf wendet man die Induktionsvoraussetzung an und untersucht den (j+1). Berechnungsschritt.

2. Fall: Es sei (2) erfüllt, d.h. $w \in I(\alpha)^*$ und $(w,t_1,k) \vdash_{\alpha} (\square, t_2, \square)$. Man bildet wieder die zugehörige Konfigurationenfolge, deren Länge zum Induktionsbeweis herangezogen wird.

qed(Lemma III.3.2)

Aus beiden Hilfssätzen folgt der

Satz III.3.2:

Ist α ein Kellerautomat, so ist $T(\alpha)$ eine kontextfreie Sprache.

III.4 Der endliche Akzeptor

Die Betrachtungen der verschiedenen Automatentypen wollen wir nun mit dem endlichen Akzeptor, dem restriktivsten Modell innerhalb dieser Reihe, abschließen. Ganz grob gesagt, ist der endliche Akzeptor nämlich ein "Kellerautomat ohne Keller". D.h., außer dem Schaltwerk ist kein weiterer Speicher vorhanden. Aus der Endlichkeit dieses Schaltwerks leitet sich auch der Name für diesen Automatentyp ab, der immerhin soviel Rechenkapazität besitzt, daß man mit ihm die einseitig-linearen Sprachen erkennen kann. Zum Beweis dieser Aussage ist es günstig, zunächst eine genaue Untersuchung der Beziehung zwischen der deterministischen und der nichtdeterministischen Version des Automaten vorzunehmen, was wir an dieser Stelle exemplarisch für diesen Problemkreis genau diskutieren und durchführen wollen.

III.4.1 DEFINITION DES ENDLICHEN AKZEPTORS

Betrachten wir zunächst den deterministischen endlichen Akzeptor, bestehend aus einer Steuereinheit, die endliche Informationsmengen aufnehmen kann, und als reinem Eingabemedium ein Band, auf welchem das Eingabewort steht. Dieses Band wird von links nach rechts in strikt sequentieller Folge, Buchstabe für Buchstabe gelesen, kann aber nicht beschriftet werden (vgl. das Lesen eines Lochstreifens). Entsprechend dem gelesenen Symbol wird die Speicherbeschriftung, der Zustand des Automaten, geändert. Ist das ganze Wort gelesen, so hält die Maschine an, entweder in einem Endzustand oder in einem anderen Zustand, je nachdem, ob sie die Eingabe akzeptiert oder nicht.

Formal definiert sich der Automat wie folgt:

Definition III.4.1:

Ein *DETERMINISTISCHER ENDLICHER AKZEPTOR* α ist ein 5-Tupel $\alpha = (I,S,s_0,\delta,E)$, wobei I das endliche Eingabealphabet, S die endliche Zustandsmenge, $s_0 \in S$ ein ausgezeichneter Anfangszustand und $E \subseteq S$ eine Menge von Endzuständen ist. $\delta: I{\times}S \to S$

ist die Zustandsüberführungsfunktion, die die Arbeitsweise der Maschine festlegt.

δ entspricht dem Programm einer Turing-Maschine.

Da dem Automaten ganze Worte und nicht nur einzelne Buchstaben eingegeben werden, müssen wir, um eine Berechnung exakt erfassen zu können, δ fortsetzen zu einer Funktion $\delta^*: I^* \times S \rightarrow S$ durch die Festlegung:

$\delta^*(\square, s) = s, \ \delta^*(wa, s) = \delta(a, \delta^*(w, s)) \quad (s \in S, a \in I, w \in I^*)$

Damit ist der Arbeitsablauf des Akzeptors bei Eingabe $w = x_1 \ldots x_n \in I^*$ wie folgt:

Lesen des ersten Buchstabens x_1 im Anfangszustand s_o

Übergang in den durch δ eindeutig bestimmten Folgezustand $\delta(x_1, s_o)$

Lesen des nächsten Buchstabens x_2

Übergang in den Zustand $\delta(x_2, \delta(x_1, s_o)) = \delta^*(x_1 x_2, s_o)$

usw., solange bis das Eingabeband leer ist. Dann befindet sich die Maschine im Zustand $\delta^*(w, s_o)$.

(Da keine Mißverständnisse auftreten können, schreiben wir in Zukunft für δ^* auch einfach δ.)

Bezeichnung:

1) $w \in I^*$ wird von α *AKZEPTIERT* $\iff \delta(w, s_o) \in E$
2) Worte, die nicht akzeptiert werden, werden *ZURÜCKGEWIESEN*.
3) $M(\alpha) := \{w \in I^* \,/\, \delta(w, s_o) \in E\}$ ist die von α *AKZEPTIERTE MENGE*.
4) Mengen, die von einem endlichen Akzeptor erkannt (=akzeptiert) werden, heißen *ERKENNBARE* Mengen.

Beispiel III.4.1:

Wir betrachten einen endlichen Akzeptor α, der wie folgt spezifiziert ist:

I = {0,1}, S = {s0,s1,s2,s3}, E = {s2}

δ(0,s0) = s1   δ(1,s0) = s3

δ(0,s1) = s1   δ(1,s1) = s2

δ(0,s2) = s3   δ(1,s2) = s2

δ(0,s3) = s3   δ(1,s3) = s3

Das Verhalten des Automaten läßt sich sehr übersichtlich in einem Diagramm der folgenden Art darstellen:

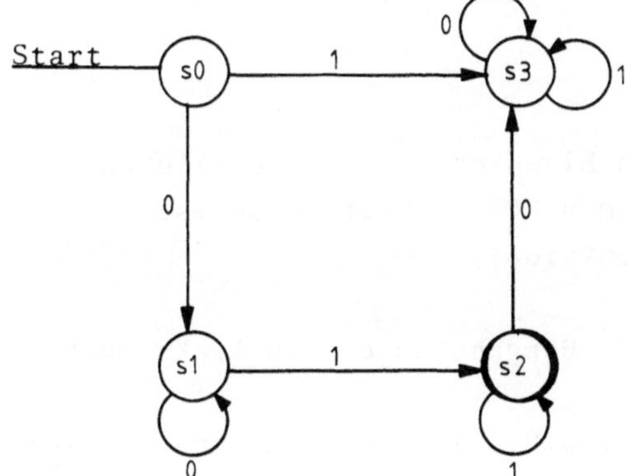

Dabei bedeuten die an den Pfeilen notierten Symbole 0 oder 1 das gelesene Zeichen, das den durch den Pfeil beschriebenen Zustandsübergang verursacht.

Man sieht nun leicht, daß dieser Automat die Menge $\{0^n 1^m \ / \ n,m \geq 1\}$ akzeptiert. Nur Worte aus dieser Menge führen nach ihrer vollständigen Abarbeitung in den Endzustand s2. Alle anderen Worte führen stets in s_1 oder in s3. Betrachtet man daher statt α den Akzeptor α', der sich von α nur durch die Endzustände E' = {so,s1,s3} unterscheidet, so akzeptiert α' gerade die von α abgelehnte Sprache, nämlich $\{0,1\}^* \setminus \{0^n 1^m \ / \ n,m \geq 1\}$, also gerade das Komplement.

Wir werden später zeigen, daß man in der Tat zu jedem endlichen Akzeptor α einen endlichen Akzeptor α' finden kann, der gerade das Komplement der von α akzeptierten Menge erkennt.

Bemerkung 1:

Wir haben oben den endlichen Akzeptor als einen ausgabelosen Automaten eingeführt. Man kann daraus durch Hinzunahme einer Ausgabefunktion λ: $I \times S \rightarrow O$ (O = Ausgabealphabet) den sogenannten *ENDLICHEN AUTOMATEN* gewinnen $\alpha = (I,O,S,\delta,\lambda,s_0)$. Dabei wird die Ausgabefunktion fortgesetzt zu λ: $I^* \times S \rightarrow O^*$ durch $\lambda(\square,s) = \square$, $\lambda(wa,s) = \lambda(w) \cdot \lambda(a,\delta(w,s))$. Ein- und Ausgabe laufen *SYNCHRON*, d.h., für jeden gelesenen Buchstaben wird ein einzelner Buchstabe ausgegeben. Ein verallgemeinertes Modell dieses Automaten werden wir in einem späteren Kapitel kennenlernen.

Bemerkung 2:

Wir stellen die wichtigsten Eigenschaften des endlichen Akzeptors (Automaten) zusammen: Die Arbeitsweise ist
DETERMINIERT (δ ist eine Funktion),
SYNCHRONISIERT,
SEQUENTIELL (Abarbeiten des Eingabebandes von links nach rechts) und
der Automat ist *VOLLSTÄNDIG*, d.h., in jedem Zustand reagiert er auf jedes gelesene Zeichen.

Als nächstes führen wir den schon angekündigten nichtdeterministischen endlichen Akzeptor ein.

Definition III.4.2:

Ein *NICHTDETERMINISTISCHER ENDLICHER AKZEPTOR* α ist ein 5-Tupel $\alpha = (I,S,s_0,\Delta,E)$. I,S,s_0,E haben die gleiche Bedeutung wie in Definition III.4.1. Δ ist eine Relation $\Delta \subseteq I \times S \times S$.

Die Maschine, die ein Zeichen x liest und sich im Zustand s befindet, hat nun also die freie Wahl, in irgendeinen Folgezustand s' mit $(x,s,s') \in \Delta$ überzugehen. Diese Auswahl ist ein nichtdeterministischer Prozeß.

Bemerkung:

Δ kann durch die Festlegung $\Delta(x,s) := \{s' \,/\, s' \in S$ und

$(x,s,s') \in \Delta$ } als eine Funktion $\Delta : I \times S \to 2^S$ aufgefaßt werden, was wir im folgenden tun wollen.

$\Delta(x,s)$ ist also die Menge der möglichen Folgezustände. Wir erweitern Δ zu einer Funktion $\Delta : I^* \times S \to 2^S$ durch:

$$\Delta(\square,s) = \{s\},\ \Delta(wx,s) = \bigcup_{p \in \Delta(w,s)} \Delta(x,p) \quad (w \in I^*, x \in I)$$

Eine Erweiterung zu $\Delta : I^* \times 2^S \to 2^S$ ist ebenfalls möglich:

$$\Delta(w,\{p_1,\dots,p_k\}) := \bigcup_{i=1}^{k} \Delta(w,p_i)$$

$\Delta(w,s_o)$ ist dann die Menge der Zustände, die nach vollständiger Abarbeitung der Eingabe w erreicht werden können.

Bezeichnung:

$w \in I^*$ heißt von α *AKZEPTIERT* $\Leftrightarrow \Delta(w,s_o) \cap E \neq \emptyset$.
D.h., es gibt eine Möglichkeit, bei geeigneter Wahl der Folgezustände, ausgehend von w und dem Startzustand s_o in einen Endzustand zu gelangen. Die von α akzeptierte Menge sei wieder mit $M(\alpha)$ bezeichnet.

Beispiel III.4.2:

Wir geben nachstehend einen nichtdeterministischen endlichen Akzeptor an, der alle die Worte $w \in \{a,b\}^*$ akzeptiert, die entweder zwei aufeinanderfolgende a's oder zwei aufeinanderfolgende b's aufweisen.

$\alpha = (\{a,b\}, \{s0,s1,s2,s3,s4\}, s0, \Delta, \{s2,s4\})$

Δ ist durch folgende Tabelle gegeben:

Δ	a	b
s0	{s0,s3}	{s0,s1}
s1	$\emptyset$	{s2}
s2	{s2}	{s2}
s3	{s4}	$\emptyset$
s4	{s4}	{s4}

Für α haben wir also folgendes Diagramm:

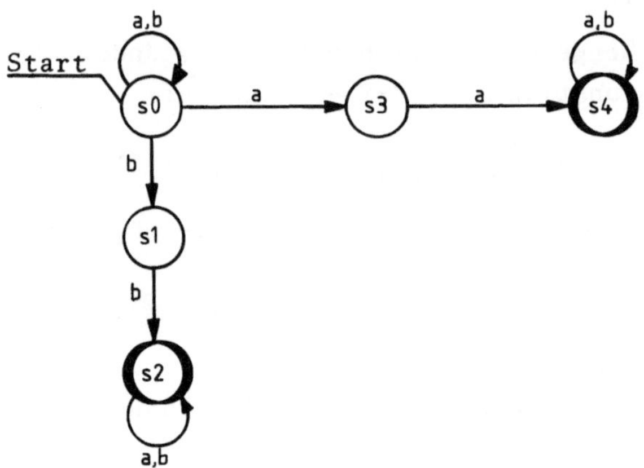

Wir diskutieren den Akzeptierungsvorgang am Beispiel der Eingabe babaab. Nach Lesen des führenden b, kann α entweder in s0 bleiben oder in den Zustand s1 wechseln. Da das zweite Zeichen ein a ist, kommt er aber aus s1 nicht mehr heraus. Von s0 aus jedoch kann er entweder s3 erreichen oder aber in s0 bleiben. Mit dem dritten Zeichen, dem b, geht es von s3 aus aber auch nicht mehr weiter, wohl aber von s0 aus, und zwar sind wieder s0 und s1 die möglichen Folgezustände. s1 erweist sich auch wieder als Sackgasse usw. Man sieht, daß der Akzeptor α folgende Möglichkeit hat, das Wort babaab zu akzeptieren:

$s0 \overset{b}{\to} s0 \overset{a}{\to} s0 \overset{b}{\to} s0 \overset{a}{\to} s3 \overset{a}{\to} s4 \overset{b}{\to} s4.$

Bemerkung:

Da eine Funktion eine Relation mit einer speziellen Eigenschaft ist, ist die Überführungsfunktion eines deterministischen Akzeptors auch eine Überführungsrelation und mithin stellen die deterministischen Akzeptoren eine Unterklasse der nichtdeterministischen dar.

Die Überführungsrelation eines nichtdeterministischen Akzeptors läßt sich auch als Funktion auffassen, die in die Potenzmenge der Zustandsmenge abbildet. Diese Tatsache gibt Anlaß zu der Hoffnung, daß wir zu einem nichtdeterministischen einen deterministischen Automaten angeben können, der die gleiche Menge akzeptiert. Die Zustandsmenge dieses letzteren müßte gerade die Potenzmenge der Zustandsmenge des nichtdeterministischen sein. Daß diese Hoffnung nicht trügt, zeigt der

Satz III.4.1:

Sei L eine von einem nichtdeterministischen endlichen Akzeptor akzeptierte Menge. Dann gibt es einen deterministischen endlichen Akzeptor, der L akzeptiert.

Beweis:

Sei $\alpha = (I,S,s_o,\Delta,E)$ ein nichtdeterministischer endlicher Akzeptor mit $M(\alpha) = L$. Dann definieren wir einen deterministischen endlichen Akzeptor α' durch:

$I' = I$, $S' = 2^S$, $E' = \{Q \in S' \,/\, E \cap Q \neq \emptyset\}$, $s_o' = \{s_o\}$.

Wir wollen die Elemente von S' mit $[q_1,\ldots,q_k]$ bezeichnen und setzen $\delta'(x,[q_1,\ldots,q_k]) = [p_1,\ldots,p_j]$ genau dann, wenn $\Delta\,(x,\{q_1,\ldots,q_k\}) = \{p_1,\ldots,p_j\}$ ist. α' führt also bei einer Rechnung in seiner Zustandsmenge Buch über alle möglichen Rechenwege, die α einschlagen kann.

Wir weisen noch nach, daß α' das Gewünschte leistet. Es gilt:

$\delta'(w,s_o') = [q_1,\ldots,q_i]$ genau dann, wenn $\Delta\,(w,s_o)=\{q_1,\ldots,q_i\}$.

Beweis hierzu durch vollständige Induktion:

"$|w|=0$": $\Rightarrow w = \square \Rightarrow \delta'(\square,s_o') = s_o' = \{s_o\} = \Delta\,(\square,s_o)$

Gelte die Behauptung für Worte w mit $|w|<n$, dann gilt für $x \in I$:

$\delta'(wx,s_o') = \delta'(x,\delta'(w,s_o'))$.

Aufgrund der Induktionsvoraussetzung gilt:

$\delta'(w,s_o') = [p_1,\ldots,p_i] \iff \Delta(w,s_o) = \{p_1,\ldots p_i\}$

und weiter nach Definition von δ':

$\delta'(x,[p_1,\ldots,p_i]) = [r_1,\ldots,r_j] \iff$

$\Delta\,(x,\{p_1,\ldots,p_i\}) = \{r_1,\ldots,r_j\}$

D.h. $\delta'(wx,s_o') = [r_1,\ldots,r_j] \iff$

$\Delta\ (wx,s_o) = \{r_1,\dots,r_j\}$

Damit ist diese Behauptung bewiesen.

Beachtet man nun noch, daß $\delta'(w,s_o') \in E'$ genau dann gilt, wenn $\Delta\ (w,s_o) \cap E \neq \emptyset$ ist, so folgt, daß $M(\alpha) = M(\alpha')$ ist.

qed(Satz III.4.1)

Beispiel III.4.3:

Wir konstruieren zu dem nichtdeterministischen endlichen Akzeptor

$\alpha = (\{a,b\}, \{s_o,s_1\},s_o, \Delta,\{s_1\})$ mit

$\Delta\ (a,s_o) = \{s_o,s_1\},\quad \Delta(b,s_o) = \{s_1\},\ \Delta(a,s_1) = \emptyset,\ \Delta\ (b,s_1)=\{s_o,s_1\}$

einen deterministischen endlichen Akzeptor α', der die gleiche Menge akzeptiert. Und zwar ergibt sich mit der Konstruktion des letzten Satzes:

$I' = \{a,b\},\ S' = 2^{\{s_o,s_1\}},\ s_o' =\{s_o\},\ E' = \{[s_1],[s_o,s_1]\}$

$\delta'(a,[s_o]) = [s_o,s_1] \qquad \delta'(b,[s_o]) = [s_1]$

$\delta'(a,[s_1]) = \emptyset \qquad \delta'(b,[s_1]) = [s_o,s_1]$

$\delta'(a,[s_o,s_1])=[s_o,s_1] \qquad \delta'(b,[s_o,s_1])=[s_o,s_1]$

$\delta'(a,\emptyset) = \emptyset \qquad \delta'(b,\emptyset) = \emptyset$

Man überzeugt sich leicht, daß α und α' die gleiche Menge akzeptieren.

Da deterministische und nichtdeterministische endliche Akzeptoren dieselbe Mengenklasse akzeptieren, wollen wir in Zukunft nicht mehr zwischen beiden unterscheiden und schlicht vom endlichen Akzeptor reden. Der nichtdeterministische wird gelegentlich in Beweisen auftauchen, wo er gegenüber dem deterministischen leichter zu handhaben ist.

Nunmehr können wir, wie schon angekündigt, den Zusammenhang zwischen einseitig linearen Sprachen und erkennbaren Mengen formulieren. Wir zeigen nämlich, daß "einseitig linear" und "erkennbar" gleichwertige Eigenschaften sind.

Satz III.4.2:

Sei T ein Alphabet und $L \subseteq T^*$, so gilt:
L erkennbar <=> L einseitig linear.

Beweis:

"=>": Sei α ein endlicher Akzeptor mit $M(\alpha) = L$. Wir haben eine Typ-3-Grammatik G_α zu konstruieren, die gerade L erzeugt. Sei o.B.d.A. $\alpha = (I(\alpha), S(\alpha), s_o(\alpha), \delta_\alpha, E(\alpha))$ deterministisch. Wir setzen: $Z(G_\alpha) = S(\alpha)$, $T(G_\alpha) = I(\alpha)$, $S(G_\alpha) = \{s_o(\alpha)\}$ und:

(1) $\xi \to a\eta \in P(G_\alpha) \iff \delta_\alpha(a,\xi) = \eta$
 $\qquad a \in I(\alpha)$
(2) $\xi \to a \in P(G_\alpha) \iff \delta_\alpha(a,\xi) \in E(\alpha)$

Wir zeigen, daß für alle w mit $|w| \geq 1$ gilt:

$s_o(\alpha) \vdash_{\overline{G_\alpha}} w \iff \delta_\alpha(w, s_o(\alpha)) \in E(\alpha)$

Sei also w mit $|w| \geq 1$ und $s_o(\alpha) \vdash_{\overline{G_\alpha}} w$. Man sieht sofort, daß dann die Ableitung die Form $s_o(\alpha) \vdash_{\overline{G_\alpha}} : a_1\xi_1 \vdash_{\overline{G_\alpha}} : a_1a_2\xi_2 \vdash_{\overline{G_\alpha}} : \dots \vdash_{\overline{G_\alpha}} : a_1\dots a_{n-1}\xi_{n-1} \vdash_{\overline{G_\alpha}} : a_1\dots a_{n-1}a_n=w$ besitzen muß mit $a_i \in T(G\ ), \xi_i \in Z(G_\alpha)$ für alle i.

Dabei ist zunächst (n-1)-mal eine Regel vom Typ (1) und dann einmal eine Regel vom Typ (2) angewendet worden. Aus der Definition des Regelsystems $P(G_\alpha)$ folgt nun:

$\delta_\alpha(a_1 s_o(\alpha)) = \xi_1$, $\delta_\alpha(a_2,\xi_1) = \xi_2, \dots, \delta_\alpha(a_{n-1},\xi_{n-1}) = \xi_{n-1}$,

$\delta_\alpha(a_{n-1},\xi_{n-1}) \in E(\alpha)$. Das wiederum bedeutet:

$\delta_\alpha(a_1a_2\dots a_n, s_o(\alpha)) = \delta_\alpha(w, s_o(\alpha)) \in E(\alpha)$, d.h. $w \in M(\alpha)$

Sei umgekehrt $w \in M(\alpha)|w| \geq 1$, $w=a_1\dots a_n$, $a_i \in I(\alpha)$. Dann gibt es eine Folge von Zuständen.

$s_o(\alpha), s_1, s_2, \dots, s_n$ mit $\delta_\alpha(a_1, s_o(\alpha)) = s_1$,
$\dots, \delta_\alpha(a_n, s_{n-1}) = s_n$ und $s_n \in E(\alpha)$.

Folglich enthält $P(G_\alpha)$ die Regeln $s_o(\alpha) \to a_1 s_1$, $s_i \to a_{i+1}s_{i+1} (1 \leq i \leq n-2)$ und $s_{n-1} \to a_n$. Daher ist

$s_o(\alpha) \vdash_{G_\alpha} : a_1 s_1 \vdash_{G_\alpha} : a_1 a_2 s_2 \vdash_{G_\alpha} : \ldots \vdash_{G_\alpha} :$

$a_1 \ldots a_{n-1} s_{n-1} \vdash_{G_\alpha} : w$ eine Ableitung in G_α und $w \in \mathcal{L}(G_\alpha)$.

Wir haben noch den Fall $|w| = 0$, d.h. $w = \square$, zu betrachten. Ist $s_o(\alpha) \in E(\alpha)$, so ist $\square \in M(\alpha)$ und es gilt $\mathcal{L}(G_\alpha) = M(\alpha) \setminus \{\square\}$. In diesem Fall hat man G_α zu modifizieren, damit auch $\square$ ableitbar wird. Dazu nimmt man ein neues zusätzliches Startsymbol σ auf, sowie die Regel $\sigma \to \square$. Ist $s_o(\alpha) \notin E(\alpha)$, so ist auch $\square \notin M(\alpha)$ und es gilt $\mathcal{L}(G_\alpha) = M(\alpha)$.

Damit ist diese Richtung vollständig bewiesen.

"<=": Sei $G = (A(G), P(G), S(G), T(G))$ eine Typ-3-Grammatik, die L erzeugt. O.B.d.A. bestehe $S(G)$ aus nur einem einzigen Startsymbol σ (vgl. Lemma II.3.1), welches nie rechts in einer Regel auftaucht. Wir geben einen nichtdeterministischen endlichen Automaten α an, der L akzeptiert:

$S(\alpha) := S(G) \cup \{\underline{\sigma}\}$. $\underline{\sigma}$ ist ein zusätzlicher Zustand, der als Endzustand dient.

$s_o(\alpha) := \sigma$.

Falls $\square \in L$, dann setze $E(\alpha) = \{s_o(\alpha), \underline{\sigma}\}$, sonst $E(\alpha) = \{\underline{\sigma}\}$. Beachte, daß σ nie rechts in einer Regel auftaucht.

Wir geben Δ_α an:

$$\Delta_\alpha(a,\xi) = \{\eta \mid \xi \to a\eta \in P(G)\} \cup \{\underline{\sigma} \mid \xi \to a \in P(G)\}$$

Man zeigt nun analog wie im ersten Teil des Beweises, daß für alle $w \in T^*$ gilt: $\sigma \vdash w \iff \Delta_\alpha(w, s_o(\alpha)) \in E(\alpha)$. Also gilt: $M(\alpha) = \mathcal{L}(G)$

qed(Satz III.4.2)

Beispiel III.4.4:

Wir gehen aus von der folgenden einseitig-linearen Grammatik

$G = (\{\sigma,\beta,a,b\}, P, \{\sigma\}, \{a,b\})$ mit

$P = \{\sigma \to a\beta, \beta \to a\beta, \beta \to b\beta, \beta \to a\}$.

Wie im obigen Satz konstruieren wir zu G einen nichtdeterministischen endlichen Akzeptor α, der gerade $\mathcal{L}(G)$ akzeptiert:

$I(\alpha) = \{a,b\}$, $S(\alpha) = \{\sigma,\beta,\underline{\sigma}\}$, $s_0(\alpha) = \sigma$, $E(\alpha) = \{\underline{\sigma}\}$ (da $\square \notin \mathcal{L}(G)$). Schließlich wird Δ_α festgelegt durch:

$\Delta_\alpha(a,\sigma) = \{\beta\}$ da $\sigma \to a\beta \in P$

$\Delta_\alpha(a,\beta) = \{\beta,\underline{\sigma}\}$ da $\beta \to a\beta, \beta \to a\beta, \beta \to a \in P$

$\Delta_\alpha(b,\beta) = \{\beta\}$ da $\beta \to b\beta \in P$

$\Delta_\alpha(b,\sigma) = \Delta_\alpha(a,\underline{\sigma}) = \Delta_\alpha(b,\underline{\sigma}) = \emptyset$

Man prüft nun leicht nach, daß α die Sprache $\mathcal{L}(G)$ akzeptiert. Eine Erweiterung des Beispiels findet sich in Aufgabe III.1.

Übungsaufgaben zu III.

III.1 Zu dem in Beispiel III.4.4 konstruierten endlichen Akzeptor α gebe man einen deterministischen endlichen Akzeptor γ an, der die gleiche Menge akzeptiert. (Verwende Satz III.4.1) Zu γ konstruiere man gemäß Satz III.4.2 die Grammatik G', die $M(\gamma)$ erzeugt.

Man überzeuge sich davon, daß G' zur Ausgangsgrammatik G äquivalent ist, obwohl sie komplizierter aussieht.

III.2 Man gebe eine Turing-Maschine an, die die Sprache $L = \{a^n b^n a^n \ / \ n \in \mathbb{Z}_+\}$ akzeptiert. L ist nicht mehr kontextfrei.

(Hinweis: Man wende die Methode aus Beispiel III.1.1 zweimal hintereinander an.)

III.3 Sei $T = \{a,b\}$. Man zeige durch Angabe eines Kellerautomaten, daß die folgenden Sprachen kontextfrei sind:

$\{w \cdot sp(w) \ / \ w \in R\}$, wobei $R \subseteq T^*$ einseitig linear ist.

$\{w \in T^* \ / \ |w|_{\{a\}} = |w|_{\{b\}}\}$

$\{w \in T^* \ / $ für alle Worte u mit $w = uv$ gilt: $|u|_{\{a\}} \geq |u|_{\{b\}}\}$

III.4 Man zeige, daß die Menge $\{a^p$ / p Primzahl$\}$ kontextsensitiv ist.
(Hinweis: Man gebe einen dlba an, der die Teilbarkeit systematisch durchprobiert.)

III.5 Für Mengen $X,Y \subseteq T^*$ wird das *SHUFFLE-PRODUKT* definiert durch

$$[X,Y] := \{x_1y_1 \ldots x_ny_n \;/\; n \geq 1;\; x_i,y_i \in T^* \; (1 \leq i \leq n);$$
$$x_1 \ldots x_n \in X;\; y_1 \ldots y_n \in Y\}.$$

Man zeige durch Angabe eines Kellerautomaten, daß das Shuffle-Produkt einer regulären Menge X mit einer kontextfreien Sprache Y wieder kontextfrei ist.

III.6 Man zeige, daß die Sprache
$L1 := \{wcw \;/\; w \in \{a,b\}^*\}$
kontextsensitiv und
$L2 := \{w \;/\; w = sp(w), w \in \{a,b\}^*\}$
kontextfrei ist.
Die zweite Sprache enthält die *PALINDROME*; das sind alle Wörter, die von vorne bzw. hinten gelesen gleich lauten.

III.7 Sei T ein Alphabet. Wir nennen eine Teilmenge $A \subseteq T^*$ *PRÄFIXKODE*, falls $A \cap A \cdot T^+ = \emptyset$ ist (d.h., kein Kodewort ist Anfangswort eines anderen Kodewortes). Man zeige:

1. $A' \subseteq A$ & A Präfixkode => A' Präfixkode
2. Ist $A1 \cup A2$ ein Präfixkode, so gilt für alle $B \subseteq T^*$:
   $A1 \cdot B \cap A2 \cdot B = (A1 \cap A2) \cdot B$
3. Für alle $A \subseteq T^*$ ist $A_p := A \setminus A \cdot T^+$ ein Präfixkode.
4. A Präfixkode <=> $A = A_p$
5. Ist A erkennbar, so auch A_p.

III.8 Man zeige die Äquivalenz der folgenden Aussagen:

$R \subseteq T^*$ einseitig linear <=>

Es gibt nur endlich viele verschiedene Mengen $R_z, z \in T^*$, wobei $R_z := \{x \in T^* \;/\; zx \in R\}$ ist.

III.9 Man zeige: Zu jeder kontextfreien Sprache L gibt es eine kontextfreie Grammatik G mit:

(i) $\mathcal{L}(G) = L$ und

(ii) Für jede Variable $\xi \notin S(G)$ ist $\{w \in T(G)^* \,/\, \xi \vdash w\}$ unendlich.

III.10 Sei $K = GF(p^s)$ ein Galoisfeld (endlicher Körper). Betrachte den Polynomring $K[x]$. Sei $J \subseteq K[x]$ ein Ideal. Man zeige, daß die Menge

$$\{k_n \ldots k_o \,/\, n \geq 0 \;\&\; \sum_{i=o}^{n} k_i x^i \in J \text{ für } k_i \in K,\ 0 \leq i \leq n\}$$

einseitig linear ist.

(Man gebe dazu einen Akzeptor an. Für diese Aufgabe sind einige Algebra-Kenntnisse nötig.)

III.11 Seien T ein Alphabet, $c \notin T$ und $L \subseteq T^* \cdot \{c\} \cdot T^*$ eine kontextfreie Sprache mit der Eigenschaft

$\forall y \in T^*: \#(\{x \,/\, xcy \in L\}) < \infty$.

Man zeige, daß

$\{x \,/\, \exists\, y \in T^*: xcy \in L\}$

regulär ist.

(Diese Aufgabe ist ziemlich schwer!)

IV. ABSCHLUSSEIGENSCHAFTEN

In diesem Kapitel beschäftigen wir uns zunächst mit Fragen der Art: "Wenn L1 und L2 Typ-i-Sprachen sind, ist dann auch L1 $\cup$ L2, L1 $\cap$ L2 etc. eine Typ-i-Sprache?". Hierzu beweisen wir unter anderem eine weitere Charakterisierung der einseitig linearen Sprachen, sowie Substitutions- und Durchschnittssätze.

IV.1 REGULÄRE MENGEN

Wir untersuchen als erstes die Klasse der einseitig linearen Sprachen auf ihre Abschlußeigenschaften. Die Beweise führen wir direkt unter Benutzung von Ch-3-Grammatiken bzw. endlichen Akzeptoren (vgl. Satz III.4.2). Beweise, die nur den Zugang über Automaten benutzen, findet der Leser in Hopcroft-Ullmann/HOU/.

Bezeichnung:

Sei $L \subseteq T^*$ (T ein Alphabet) eine Menge. Dann setze:

$L^* := \bigcup_{i=o}^{\infty} L^i$, der *STERN* oder *ABSCHLUSS* von L. (Dabei ist $L^o := \{\square\}$, $L^{i+1} := L^i \cdot L$.)

Die Abschlußeigenschaften der Ch-3-Sprachen dokumentieren sich in

Satz IV.1.1:

Die Klasse der einseitig linearen Sprachen ist abgeschlossen gegen Durchschnitt, Vereinigung, Komplement, Komplexprodukt und Sternbildung.

Beweis:

Seien L1, L2 $\subseteq$ T* einseitig lineare Sprachen und $G_i = (A_i, P_i, S_i, T)$, i=1,2, zugehörige Ch-3-Grammatiken (o.B.d.A. rechtslinear).

Durch Umbenennung von Hilfszeichen können wir erreichen, daß $A_1 \cap A_2 = T$ ist.

Vereinigung:
Sei nun $\sigma \notin A_1 \cup A_2$, dann setze $A_3 = A_1 \cup A_2 \cup \{\sigma\}$, $S_3 = \{\sigma\}$, $P_3 = P_1 \cup P_2 \cup \{\sigma \to s \;/\; s \in S_1 \cup S_2\}$. Dann erzeugt die Grammatik $G_3 = (A_3, P_3, S_3, T)$ gerade L1 $\cup$ L2. Man beachte dazu, daß aufgrund der Voraussetzung, daß G_1 und G_2 keine gemeinsamen Hilfszeichen haben, sich die Ableitungen von G_1 und G_2 in einer G_3-Ableitung nicht vermischen können. Dort werden entweder nur Regeln aus P_1 oder nur Regeln aus P_2 angewendet (abgesehen von der Startregel).

Produkt:
Wir erzeugen L1•L2 so, indem wir zunächst nur Produktionen aus P_1 anwenden. Statt einer abschließenden Regel $\xi \to a$, $a \in T^*$ benutzen wir jedoch eine neue Regel $\xi \to a\sigma$, $\sigma \in S_2$, sodaß wir anschließend mit P_2 weiterarbeiten können. Wir bilden also

$$P_4 = P_2 \cup \{\xi \to a\eta \;/\; \xi \to a\eta \in P_1\} \cup$$
$$\cup \{\xi \to a\sigma \;/\; \xi \to a \in P_1 \;\&\; \sigma \in S_2\}$$

Dann erzeugt $G_4 = (A_1 \cup A_2, P_4, S_1, T)$ die Sprache L1•L2.

Stern:
Wir gehen analog wie beim Produkt vor.

$$P_5 = P_1 \cup \{\xi \to a\sigma \;/\; \xi \to a \in P_1 \;\&\; \sigma \in S_1\} \cup \{\sigma \to \Box \;/\; \sigma \in S_1\}$$

$G_5 = (A_1, P_5, S_1, T)$ erzeugt L1*.

Man beachte, daß die Grammatiken G_3, G_4, G_5 wieder vom Chomsky-Typ 3 sind.

Komplement:
Dieser Beweis läßt sich ganz simpel auf dem Weg über den endlichen Akzeptor führen. Sei $\alpha = (T, S, s_0, \delta, E)$ ein endlicher Akzeptor, der L1 akzeptiert. Dann betrachte $\bar{\alpha} = (T, S, s_0, \delta, S \setminus E)$. D.h., $\bar{\alpha}$, angesetzt auf w, geht genau dann in einen Endzustand, wenn α dies nicht tut; mit anderen Worten: $\bar{\alpha}$ akzeptiert genau dann, wenn α nicht akzeptiert. Folglich ist $M(\bar{\alpha}) = T^* \setminus L_1 =: \overline{L_1}$.

Durchschnitt:
Unter Benutzung der De Morgan-Regel $L1 \cap L2 = \overline{\overline{L1} \cup \overline{L2}}$ folgt

aus dem bereits Bewiesenen, daß L1 $\cap$ L2 auch einseitig linear ist.

Um den Leser noch etwas im Umgang mit endlichen Automaten zu üben, wollen wir noch einen Beweis skizzieren, wie man durch geeignete Parallelschaltung zweier Automaten den Durchschnitt der akzeptierten Mengen erkennen kann. Seien also $\alpha_i = (T,S_i,s_{oi},\delta_i,E_i)$, i=1,2, zwei endliche Akzeptoren, die L1 bzw. L2 erkennen. Dann bilden wir α_3 durch:

$S_3 = S_1 \times S_2$, $s_{o3} = (s_{o1},s_{o2})$, $E_3 = E_1 \times E_2$, $T_3 = T$,

$\delta_3(a,(s_1,s_2)) = (\delta_1(a,s_1),\delta_2(a,s_2))$.

α_3 ist also der Automat, der entsteht, wenn man α_1 und α_2 gleichzeitig auf dem gleichen Eingabewort parallel laufen läßt. Akzeptiert wird nun genau dann, wenn sowohl α_1 als auch α_2 akzeptieren. D.h., α_3 erkennt L1 $\cap$ L2. Im Schaltbild sieht das so aus:

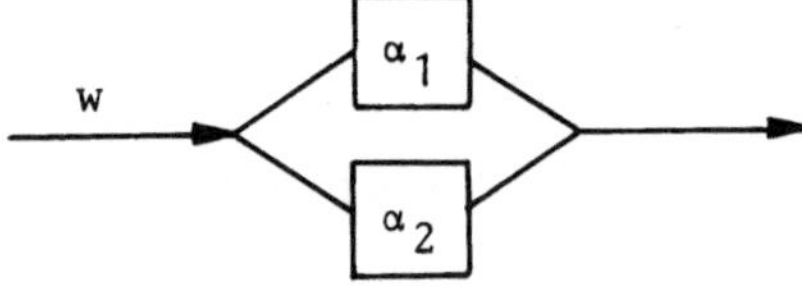

qed(Satz IV.1.1)

Lemma IV.1.1:

Die endlichen Teilmengen von T* sind einseitig linear.

Beweis:

Sei $L = \{w_1,\ldots,w_n\} \subseteq T^*$. Dann bilde eine Ch-3-Grammatik $G = (\{\sigma\} \cup T,\{\sigma \to w \,/\, w \in L\}, \{\sigma\},T)$. Es gilt $\mathcal{L}(G) = L$.

qed(Lemma IV.1.1)

Wir kommen nun zu der Charakterisierung der einseitig linearen Sprachen durch reguläre Mengen oder reguläre Ausdrücke.

Definition IV.1.1:

Sei T ein Alphabet. Wir definieren induktiv die *REGULÄREN MENGEN* über T.

(i) Ist $L \subseteq T^*$ endlich, so ist L regulär.

(ii) Sind L1, L2 regulär über T, so auch $L1 \cdot L2$ und $L1 \cup L2$.

(iii) Mit L ist auch L^* regulär über T.

(iv) Nur die Mengen, die man durch (i), (ii), (iii) in endlich vielen Schritten erzeugen kann, sind regulär.

Die regulären Mengen sind also diejenigen, die man aus den endlichen Teilmengen von T^* durch wiederholtes Anwenden von $\cup, \cdot, *$ gewinnen kann. (Dabei darf jede Operation nur endlich oft benutzt werden.) Die regulären Mengen bilden also eine sogenannte "Mengenalgebra".

Bemerkung:

Reguläre Mengen lassen sich elegant durch *REGULÄRE AUSDRÜCKE* darstellen. Diese sind Worte über $T \cup \{\emptyset, \cdot, \cup, *, (,)\}$, definiert durch:

(i) $\emptyset$,x sind reguläre Ausdrücke ($x \in T$; $\emptyset$ steht für die leere Menge)

(ii) Sind ω_1, ω_2 reguläre Ausdrücke, so auch $(\omega_1 \cup \omega_2)$, $(\omega_1 \cdot \omega_2)$ und ω_1^*.

Beispielsweise ist $((0^* \cdot (0 \cup 1)^*) \cdot ((0 \cdot 0) \cup (1 \cdot 1)))$ ein regulärer Ausdruck.

Reguläre Mengen und reguläre Ausdrücke entsprechen einander in evidenter Weise.

Unser Ziel ist nun zu zeigen, daß die regulären Mengen gerade die einseitig linearen Sprachen sind.

Satz IV.1.2:

Sei $L \subseteq T^*$, dann gilt:

L einseitig linear $\Leftrightarrow$ L erkennbar $\Leftrightarrow$ L regulär

Beweis:

Wegen Satz III.4.2 haben wir nur noch die zweite Äquivalenz zu zeigen, die auf S.C. Kleene/KLE/ zurückgeht.

Aus Satz IV.1.1, Lemma IV.1.1 und Definition IV.1.1 folgt sofort, daß die Klasse der regulären Mengen in der Klasse der einseitig linearen Sprachen enthalten ist. Deshalb brauchen wir nur noch zu beweisen, daß die erkennbaren Mengen auch regulär sind.

Sei L die von dem endlichen Akzeptor $\alpha = (T,S,1,\delta,E)$ erkannte Sprache. Der Einfachheit halber werden die Zustände mit $S = \{1,\ldots,n\}$ bezeichnet; 1 ist der Anfangszustand. Dann betrachten wir für $i,j \in S$ die Mengen

$$R^k_{ij} = \{x \in T^* \ / \ \delta(x,i)=j \ \& \ \text{für alle Anfangsworte } y \text{ von } x,\ y \neq \Box, x, \text{ gilt } \delta(y,i) \leq k\}.$$

D.h., R^k_{ij} ist die Menge all der Worte x, die den Automaten veranlassen, vom Zustand i in den Zustand j überzugehen, ohne unterwegs in einen Zustand größer als k zu gelangen. Die R^k_{ij} erfüllen folgende Rekursionsformel:

$$R^o_{ij} = \{a \in T \cup \{\Box\} \ / \ \delta(a,i) = j\}$$

$$R^k_{ij} = R^{k-1}_{ij} \cup R^{k-1}_{ik}(R^{k-1}_{kk})^* R^{k-1}_{kj}$$

Die letzte Zeile bedeutet: Eine Eingabe x, die α vom Zustand i in den Zustand j überführt, ohne daß zwischendurch ein höherer Zustand als k angenommen würde, liegt entweder in R^{k-1}_{ij} (Zustand k wird überhaupt nicht angenommen) oder aber setzt sich zusammen aus einem Anfangsstück y in R^{k-1}_{ik} (y überführt α erstmals von i nach k), gefolgt von einer Reihe von Teilworten in R^{k-1}_{kk} (die α von k nach k überführen, ohne zwischendurch k zu berühren) und schließlich einer Zeichenreihe in R^{k-1}_{kj} (die α von k nach j überführt, ohne k noch einmal zu erreichen).

Wir beachten, daß $L = \bigcup_{j \in E} R^n_{1j}$ gilt. Wenn wir also noch zeigen, daß die Mengen R^k_{ij} $(1 \leq i,j,k \leq n)$ regulär sind, so folgt, daß auch L regulär ist, was ja zu zeigen ist. Die Regularität der R^k_{ij} weisen wir durch Induktion nach:

R^o_{ij} ist als endliche Menge regulär für alle $1 \leq i,j \leq n$.

Seien nun R^{k-1}_{ij} regulär für alle $1 \leq i,j \leq n$, dann ist aufgrund der Rekursionsformel und Definition IV.1.1 auch R^k_{ij} regulär.

qed(Satz IV.1.2)

In Verbindung mit dem Satz von Bar'Hillel-Perles-Shamir läßt sich nun folgendes Resultat beweisen:

Satz IV.1.3:

Jede kontextfreie Sprache über einem 1-elementigen Alphabet ist regulär (also einseitig-linear).

Beweis:

Sei $L \subseteq \{t\}^*$ kontextfrei. Dann gibt es aufgrund des Satzes von Bar'Hillel-Perles-Shamir Zahlen p und q mit der Eigenschaft: Jedes Wort $z \in L$ mit $|z| > p$ läßt sich zerlegen in $z = xuwvy$ mit $uv \neq \square$, $|uwv| \leq q$ und $xu^k wv^k y \in L$ für alle $k \geq 1$. Im Fall des 1-elementigen Alphabets gilt weiter: $z = xwyuv = xwyt^j$ mit $j \leq q$ und $xwy(t^j)^k \in L$ für alle $k \geq 1$. Setzt man $n = q!$ (q Fakultät), so erhält man folglich

$$z \cdot \{t^n\}^* \subseteq L \subseteq \{t\}^* \qquad (1)$$

für jedes Wort $z \in L$ von mindestens der Länge p. Betrachten wir nun für jedes $1 \leq i \leq n$ die Menge $B_i = t^{p+i} \cdot \{t^n\}^* \cap L$. Es sei $I = \{i \;/\; 1 \leq i \leq n \;\&\; B_i \neq \emptyset\}$. Zu $i \in I$ sei z_i das Wort kleinster Länge aus B_i. Dann gilt für alle Worte $z \in L$ mit $|z| > p$:

$$z \in \bigcup_{i \in I} z_i \cdot \{t^n\}^* \qquad (2)$$

Man erhält aus (1) und (2):

$$L = \{z \in L \;/\; |z| \leq p\} \cup \bigcup_{i \in I} z_i \cdot \{t^n\}^*$$

Wegen der Regularität der rechts stehenden Mengen ist also L regulär.

qed(Satz IV.1.3)

IV.2 Der Substitutionssatz

Nachdem wir im letzten Abschnitt Abschlußeigenschaften einseitig linearer Sprachen direkt bewiesen haben, wollen wir nun zuerst ein allgemeines Hilfsmittel, den Substitutionssatz, herleiten. Das Verhalten der Sprachklassen Ch-0, Ch-1 und Ch-2 bei den verschiedenen Operationen läßt sich dann sehr leicht folgern.

Definition IV.2.1:

Seien A und B Alphabete. Wir nennen eine Abbildung $\tau: A^* \to 2^{B^*}$ eine *SUBSTITUTION*, wenn für alle $w,v \in A^*$ gilt:

(i) $\tau(\square) = \{\square\}$
(ii) $\tau(w \cdot v) = \tau(w) \cdot \tau(v)$

Bemerkung:

1) "Substitution" ist eine natürliche Verallgemeinerung des Begriffs "Homomorphismus". Einen jeden Homomorphismus $h: A^* \to B^*$ kann man nämlich durch die Festlegung $\tau_h(w) = \{h(w)\}$, $w \in A^*$ als Substitution $\tau_h: A^* \to 2^{B^*}$ auffassen.
2) Genau wie Homomorphismen sind auch Substitutionen schon durch die Angaben der Werte $\tau(a)$, $a \in A$ eindeutig festgelegt.

Ist τ eine Substitution und $L \subseteq A^*$, so wollen wir unter $\tau(L)$ die Menge $\bigcup_{w \in L} \tau(w)$ verstehen.

Wir zeigen nun, daß die Sprachklassen Ch-i (i=0,1,2,3) mit Terminalalphabet T abgeschlossen sind gegen solche Substitutionen τ, für die alle $\tau(a)$, $a \in T$, selbst Ch-i-Sprachen sind. Diese als *SUBSTITUTIONSSATZ* bezeichnete Aussage werden wir für die vier Chomsky-Sprachklassen beweisen. Für zwei weitere Sprachklassen findet sich der Substitutionssatz in den Übungen (Aufgaben IV.4, IV.7 und IV.8).

Satz IV.2.1:

Sei $\tau: T^* \to 2^{T'^*}$ eine Substitution mit der Eigenschaft, daß für alle $t \in T$ die Menge $\tau(t)$ kontextfrei ist. Dann ist für alle kontextfreien Sprachen $L \subseteq T^*$ auch $\tau(L)$ kontextfrei.

Beweis:

Seien L und $\tau(t)$ erzeugt durch die Ch-2-Grammatiken $G = (A,P,\{S\},T)$, $G_t = (A_t,P_t,\{S_t\},T')$ $(t \in T)$. O.B.d.A. sind also die Startsymbolmengen 1-elementig, sowie die Mengen Z, Z_t der Nichtterminalzeichen paarweise disjunkt.

Da man $\tau(L)$ erhält, indem man jedes Terminalzeichen t in einem Wort $w \in L$ ersetzt durch ein Wort $u \in \tau(t)$, konstruieren wie eine Grammatik G' für $\tau(L)$, die folgendes leistet: Statt eines Wortes $w=t_1...t_n \in L$ wird das Wort $S_{t_1}...S_{t_n}$ abgeleitet und darauf mit den Grammatiken G_{t_i} weitergearbeitet. Dazu setzen wir:

$A(G') = Z \cup T' \cup \bigcup_{t \in T} Z_t$, $T(G') = T'$, $S(G') = \{S\}$,

$P(G') = \bigcup_{t \in T} P_t \cup P1$

Dabei wird P1 aus P dadurch gewonnen, daß in jeder Regel $r \in P$ alle Terminalzeichen t ersetzt werden durch S_t. (Etwas vornehmer läßt sich P1 wie folgt definieren: Sei h der durch $h(t) = S_t$, $h(\xi) = \xi$, $t \in T$, $\xi \in Z$ festgelegte Homomorphismus. Dann wird für jede Regel $\xi \to u \in P$ die Regel $\xi \to h(u)$ in P1 aufgenommen.)

G' ist kontextfrei. Wir überprüfen ganz kurz, daß $\mathcal{L}(G') = \tau(L)$ ist.

"$\mathcal{L}(G') \subseteq \tau(L)$":

Sei $w \in \mathcal{L}(G')$. Man überlegt sich leicht, daß eine Ableitung der Form $S \vdash_{P_1} w' \vdash_{P_t} w$ mit $w' \in \{S_t \,/\, t \in T\}^*$ existiert.

1. Fall: $w' = \square$ (also $w = \square$)

Dann treten aber in der Ableitung $S \vdash_{P_1} w'$ keine Terminalzeichen auf; folglich sind alle verwendeten Regeln aus P und daher ist $\square \in L$, also auch $\square \in \tau(L)$.

2. Fall: $w' \neq \square$, d.h. $w' = S_{t_1}...S_{t_n}$ und $t_1...t_n \in L$

Dann läßt sich w zerlegen in $w = w_1...w_n$ mit $S_{t_i} \vdash_{G_{t_i}} w_i$ $(1 \leq i \leq n)$, d.h. $w_i \in \tau(t_i)$. Also ist $w \in \tau(L)$.

"$\tau(L) \subseteq \mathcal{L}(G')$":

Es sei $w \neq \square \in \tau(L)$, d.h., es gibt $y \in L$ mit $w \in \tau(y)$.

1. Fall: $y = \square$

Dann ist auch $w = \square$. Dann treten in der Ableitung $S \vdash_P \square$ keine Terminalzeichen auf, und folglich sind die verwendeten Regeln in P_1, also ist $\square \in \mathcal{L}(G')$.

2. Fall: $y = t_1 \ldots t_n \neq \square$, $t_i \in T$

Dann läßt sich w zerlegen in $w = w_1 \ldots w_n$ mit $w_i \in \tau(t_i) = \mathscr{L}(G_{t_i})$ $(1 \leq i \leq n)$. Folglich ist $S_{t_i} \vdash_{G_{t_i}} w_i$.

Da wegen $y \in L$, also $S \vdash_G t_1 \ldots t_n$, auch $S \vdash_{G'} S_{t_1} \ldots S_{t_n}$ gilt, folgt $S \vdash_{G'} w$.

qed(Satz IV.2.1)

Bemerkung:

Der obige Beweis gilt nur für den kontextfreien Fall. Bei Ch-3-Grammatiken wäre die oben konstruierte Grammatik G' nicht wieder einseitig linear. Da die Konstruktion von G' ganz wesentlich darauf beruht, daß Ersetzungen unabhängig vom Kontext vorgenommen werden, versagt sie auch in den Fällen Ch-0 und Ch-1. Ein Beispiel, das wir Maurer[/MAU1/] entnehmen, möge dies illustrieren:

Es sei $G = (\{S,a\},\{S \to aa\},\{S\},\{a\})$ mit $\mathscr{L}(G) = \{aa\}$, $\tau(a) = \mathscr{L}(G_a) = \{b\}$ mit $G_a = (\{S_a,b\},\{S_a \to b,\ S_aS_a \to bbb\},\{S_a\},\{b\})$. Dann ist $\tau(\mathscr{L}(G)) = \{bb\}$. Nach obiger Konstruktion ist aber $G' = (\{S,S_a,a,b\},\{S \to S_aS_a,\ S_a \to b,\ S_aS_a \to bbb\},\{S\},\{b\})$, also $\mathscr{L}(G') = \{bb,bbb\} \neq \tau(\mathscr{L}(G))$.

Will man den Substitutionssatz für Ch-0- oder Ch-1-Sprachen beweisen, so muß man durch geeignetes Positionieren von Hilfszeichen dafür sorgen, daß ein solches unerlaubtes Überlappen von Ableitungsschritten vermieden wird. Daß dies gelingt, zeigen die folgenden Sätze.

Satz IV.2.2:

Sei τ: $T^* \to 2^{T'^*}$ eine Substitution mit der Eigenschaft, daß für alle $t \in T$ $\tau(t)$ vom Chomsky-Typ-0 ist. Dann ist für alle Ch-0-Sprachen $L \subseteq T^*$ auch $\tau(L)$ vom Chomsky-0-Typ.

Beweis:

Wir wollen den Beweis im wesentlichen dem Leser zur Übung überlassen und nur einige Hinweise geben.

Man gehe wieder aus von Grammatiken G, G_t mit paarweise disjunkten Hilfszeichenmengen. Ferner seien die Regeln so, daß nur in den abschließenden Regeln $\xi \to t$ Terminalzeichen auftreten. Die zu konstruierende Grammatik G' verwendet ein neues Startsymbol S', eine linke und eine rechte Randmarke $\vdash, \dashv$ und ein Hilfszeichen §. Das abzuleitende Wort wird zunächst in die Randmarken eingeschlossen. Dann arbeitet man mit G. Statt $t \in T$ nur durch S_t zu ersetzen, fügen wir jeweils das Trennsymbol § mit ein, um eine Vermischung der Ableitungsschritte zu vermeiden. Dann arbeiten die Grammatiken G_t und zum Schluß werden die Sonderzeichen gelöscht. (Man mache sich klar, daß gerade dieses Löschen nicht kontextsensitiv erledigt werden kann, daß man also für den Ch-1-Fall eine andere Technik braucht.)

<u>qed(Satz IV.2.2.)</u>

<u>Satz IV.2.3:</u>

Sei $\tau: T^* \to 2^{T'^*}$ eine Substitution mit der Eigenschaft, daß für alle $t \in T$ $\tau(t)$ kontextsensitiv ist. Dann ist für alle kontextsensitiven Sprachen $L \subseteq T^*$ auch $\tau(L)$ kontextsensitiv.

<u>Beweis:</u>

Sei $L \subseteq T^*$ kontextsensitiv. Wir legen wie oben Grammatiken G, G_t $(t \in T)$ zugrunde, die vom schwachen Erweiterungstyp sind (vgl. Satz II.3.1). O.B.d.A. setzen wir außer der paarweisen Disjunktheit der Hilfszeichenmengen noch voraus, daß sämtliche Regeln entweder von der Form $\alpha \to \beta$ oder $\xi \to t$ sind, wobei α und β nur aus Hilfszeichen bestehen, ξ ein Nichtterminal- und t ein Terminalzeichen ist. G' erzeugt $\tau(L)$:

$A(G') = T' \cup \bigcup_{t \in T} Z_t \cup \{\xi_L \,/\, \xi \in Z\} \cup \{\omega_a \,/\, a \in T'\}$; ξ_L, ω_a sind neue Hilfszeichen; durch die ω_a werden Terminalzeichen auf der linken Regelseite vermieden.

$T(G') = T'$; $S(G') = \{S_L\}$; $P(G') = \bigcup_{t \in T} P_t^{\omega} \cup P1 \cup P2 \cup \{\omega_a \to a / a \in T'\}$

P_t^{ω} entsteht aus P_t durch Ersetzen von $a \in T'$ durch ω_a.

$$P1 = \{\xi_L \to S_t \,/\, \xi \to t \in P\} \cup \{a\xi \to aS_t \,/\, \xi \to t \in P,\ a \in T'\}$$

$$P2 = \{\xi\alpha \to \eta\beta \,/\, \xi\alpha \to \eta\beta \in P\} \cup \{\xi_L\alpha \to \eta_L\beta \quad \xi\alpha \to \eta\beta \in P\}.$$

G' ist vom schwachen Erweiterungstyp, also ist $\mathcal{L}(G')$ kontextsensitiv. Wir erläutern die Wirkungsweise von G'. Den formalen Beweis, daß $\mathcal{L}(G') = \tau(L)$ ist, ersparen wir uns, da er in gehabter Manier abläuft.

Der Index L einer Variablen ξ_L zeigt uns in einer G'-Ableitung immer das am weitesten links stehende Nichtterminalzeichen an. Erst wenn die Variable ξ in ein Terminalzeichen übergeführt werden sollte, verschwindet das "L", weil nun die Grammatik G_t verwendet werden kann. Dieser Mechanismus mit den L-indizierten Variablen sorgt dafür, daß zunachst nur die am weitesten links stehende Variable in ein S_t überführt werden kann. Dieses S_t kann mit P_t ins Terminalalphabet abgeleitet werden. Das dabei am weitesten rechts erzeugte Terminalzeichen verhindert beim nächsten Substitutionsschritt ein unerwünschtes Überlappen von Ableitungsschritten.

qed(Satz IV.2.3)

Es steht nun noch der Substitutionssatz für einseitig lineare Sprachen aus. In Abschnitt IV.1 haben wir dafür aber schon so gründliche Vorarbeit geleistet, daß dieser Satz als eine simple Folgerung anfällt.

Satz IV.2.4:

Ist $\tau: T^* \to 2^{T'^*}$ eine Substitution mit der Eigenschaft, daß für alle $t \in T$ die Menge $\tau(t)$ regulär ist, so ist für jede reguläre Menge L auch die Menge $\tau(L)$ regulär.

Beweis:

Sei $L \subseteq T^*$ eine reguläre Menge und α ein regulärer Ausdruck, der L beschreibt (vgl. Bemerkung nach Definition IV.1.1). α ist aufgebaut aus den Buchstaben $t \in T$ unter Verwendung von Klammern und den Operationen $\cup, \cdot, ^*$. Ersetzt man in α die Buchstaben t durch die regulären Ausdrücke für $\tau(t)$, so erhält man wieder einen regulären Ausdruck α', der gerade $\tau(L)$ beschreibt.

qed(Satz IV.2.4)

Korollar:

Für die einseitig linearen Sprachen gilt der Substitutionssatz.

Beweis: Sätze IV.1.2 und IV.2.4

Wir haben zum Beweis dieser Folgerung die Hauptarbeit in den Beweis des Satzes IV.1.2 gesteckt. Man hätte umgekehrt auch zuerst den Substitutionssatz für Ch-3-Sprachen beweisen und den Satz von Kleene (siehe Satz IV.1.2) daraus folgern können.

Nachdem wir uns nun so sehr mit dem Substitutionssatz geplagt haben, wollen wir daran gehen, die Früchte unserer Mühen zu ernten und den Satz auf einige konkrete Fragestellungen anwenden.

Satz IV.2.5:

Die Klasse der Chomsky-i-Sprachen (i=0,1,2,3) ist abgeschlossen gegen Vereinigung, Produkt und Stern.

Beweis:

Wir betrachten die folgenden Substitutionen:

τ_1: $\{a\}^* \to 2^{T^*}$ mit $\tau_1(a) = L \subseteq T^*$

τ_2: $\{a,b\}^* \to 2^{T^*}$ mit $\tau_2(a) = L1 \subseteq T^*$, $\tau_2(b) = L2 \subseteq T^*$

Für diese Substitutionen gilt:

$\tau_1(\{a\}^*) = L^*$, $\tau_2(\{a,b\}) = L1 \cup L2$, $\tau_2(\{a \cdot b\}) = L1 \cdot L2$

Man beachte, daß $\{a\}^*$, $\{a,b\}$, $\{a \cdot b\}$ jeweils Typ-i-Sprachen sind (i=0,1,2,3). Sind nun L, L1 und L2 Ch-i-Sprachen, so können wir den Substitutionssatz anwenden und erhalten direkt, daß $L1 \cdot L2$, $L1 \cup L2$, L^* ebenfalls vom Typ Ch-i sind.

qed(Satz IV.2.5)

IV.3 Der Abschluss gegen Durchschnitt und Komplement

Daß Durchschnitt und Komplement einseitig linearer Sprachen wieder einseitig linear sind, haben wir in Satz IV.1.1 schon gesehen. Als nächstes beobachten wir, daß dies für die kontextfreien Sprachen nicht zutrifft.

Satz IV.3.1:

Die Klasse der kontextfreien Sprachen ist weder abgeschlossen gegen Durchschnitt noch gegen Komplement.

Beweis:

Durchschnitt:

Die Sprachen $L1 = \{a^n b^n a^j \,/\, n,j \geq 1\}$

und $L2 = \{a^i b^n a^n \,/\, n,i \geq 1\}$ sind kontextfrei.

Sie werden nämlich erzeugt von den Grammatiken

$G1 = (\{a,b,\sigma,\xi,\eta\},\{\sigma \rightarrow \xi\eta, \xi \rightarrow a\xi b, \eta \rightarrow a\eta, \xi \rightarrow ab, \eta \rightarrow a\},$
$\{\sigma\},\{a,b\})$

bzw.

$G2 = (\{a,b\},\sigma,\xi,\eta\},\{\sigma \rightarrow \xi\eta, \xi \rightarrow a\xi, \eta \rightarrow b\eta a, \xi \rightarrow a, \eta \rightarrow ba\},$
$\{\sigma\},\{a,b\})$.

Nun ist aber $L1 \cap L2 = \{a^n b^n a^n \,/\, n \geq 1\}$ und diese Sprache ist nach Satz II.3.6 nicht kontextfrei.

Komplement:

Die kontextfreien Sprachen sind gegen Vereinigung abgeschlossen. Wären sie es auch gegen Komplement, so müßten sie es nach der De Morgan-Regel $L1 \cap L2 = \overline{\overline{L1} \cup \overline{L2}}$ auch gegen Durchschnitt sein, im Widerspruch zu dem gerade bewiesenen Ergebnis.

qed(Satz IV.3.1)

Als nächstes untersuchen wir die Komplementbildung bei Ch-0-Sprachen.

Satz: IV.3.2:

Die Klasse der Chomsky-Typ-0-Sprachen ist nicht abgeschlossen gegenüber der Komplementbildung.

Beweis:

Wir greifen auf die Folgerung aus Satz III.1.1 zurück, die besagt, daß die Ch-0-Sprachen gerade die rekursiv aufzählbaren Mengen sind. Betrachten wir nun eine Ch-0-Sprache L, die nicht entscheidbar ist (vgl. /HER,HOU/), und nehmen wir an, daß das Komplement $\overline{L}$ ebenfalls vom Chomsky-Typ-0 ist. Dann wären also sowohl L als auch $\overline{L}$ rekursiv aufzählbar, mithin also L entscheidbar. Das ist aber ein Widerspruch zur Wahl von L. Folglich kann $\overline{L}$ nicht Ch-0-Sprache sein.

qed(Satz IV.3.2)

Leider sind wir nicht in der Lage, die Frage, ob die Klasse der Ch-1-Sprachen gegenüber dem Komplement abgeschlossen ist, zu beantworten. Dies ist ein bis heute noch ungelöstes Problem der Theorie der formalen Sprachen. Man ist dieser Fragestellung von verschiedenen Ansätzen aus nachgegangen. Beispielsweise hat man nachweisen können, daß die Klasse der von deterministischen linear beschränkten Automaten akzeptierten Sprachen abgeschlossen gegen Komplementbildung ist. Leider weiß man nicht, wie an anderer Stelle schon bemerkt, ob der nichtdeterministische lba tatsächlich mehr kann als der deterministische. Kann man die Äquivalenz von der nichtdeterministischen und der deterministischen Version des linear beschränkten Automaten zeigen, so folgt sofort der Abschluß der Klasse der Ch-1-Sprachen gegenüber der Komplementbildung.

Es bleibt also nur noch, den Abschluß der Klassen Ch-0 und Ch-1 gegenüber der Durchschnittsbildung zu untersuchen.

Satz IV.3.3:

Die Klassen der Chomsky-0- und Chomsky-1-Sprachen sind abgeschlossen gegenüber der Durchschnittsbildung.

Beweis:

Für die formalen Sprachen beweisen wir die Behauptung direkt über Grammatiken, für die kontextsensitiven Sprachen gehen wir über das Automatenkonzept aus Gründen, die wir gleich noch darlegen.

Der Fall Ch-0:

Es seien L1 und L2 Ch-0-Sprachen mit zugehörigen Grammatiken G1 = (A1,P1,S1,T1) und G2 = (A2,P2,S2,T2). O.B.d.A. sei

$Z(G1) \cap Z(G2) = \emptyset$.

Wir geben eine Grammatik G für $L1 \cap L2$ an:

$T(G) = T1 \cup T2$

$A(G) = A1 \cup A2 \cup \{\xi_a \,/\, a \in T1 \cup T2\} \cup \{\sigma, \omega_1, \omega_2\}$

Dabei seien die $\xi_a, \sigma, \omega_1, \omega_2$ jeweils neue Hilfszeichen.

$S(G) = \{\sigma\}$

$P(G) = P1 \cup P2 \cup P3$

Dabei bestehe P3 aus den Regeln

$\sigma \to \omega_1\sigma_1\omega_2\sigma_2\omega_1$	für $\sigma_1 \in S1$, $\sigma_2 \in S2$	(r1)
$\omega_2 a \to \xi_a\omega_2$	für $a \in T1 \cup T2$	(r2)
$b\xi_a \to \xi_a b$	für $b, a \in T1 \cup T2$	(r3)
$\omega_1\xi_a a \to a\omega_1$	für $a \in T1 \cup T2$	(r4)
$\omega_1\omega_2\omega_1 \to \square$		(r5)

G ist keine Ch-0-Grammatik, da auf der linken Seite der Regeln Terminalzeichen auftreten. Dieser "Schönheitsfehler", denn mehr ist es nicht, kann aber schnell behoben werden: Wir benötigen für jedes Terminalzeichen $t \in T$ eine zusätzliche Variable η_t. Dann ersetzen wir in P(G) alle Terminalsymbole durch die entsprechenden η_t und fügen schließlich noch die Regeln $\eta_t \to t$ hinzu. Das so modifizierte G ist sicherlich vom Typ Ch-0. Wir überzeugen uns ganz kurz davon, daß $\mathcal{L}(G) = L1 \cap L2$ ist:

Mittels (r1) und den aus P1 und P2 entstandenen Regeln leitet man aus σ Worte der Form $\omega_1 u\omega_2 v\omega_2$ ab, wobei $u = \eta_{a_1}\ldots\eta_{a_n}$, $v = \eta_{b_1}\ldots\eta_{b_m}$ sind mit $\overline{u} = a_1\ldots a_n \in L1$ und $v = b_1\ldots b_m \in L2$.

Mit den modifizierten Regeln (r2)-(r4) gewinnt man daraus $u\omega_1\omega_2\omega_1$ für den Fall, daß $u = v$, also $\overline{u} \in L1 \cap L2$ ist. Wendet man nun noch (r5) und die abschließenden Regeln $\eta_t \to t$ an, so erhält man $\overline{u}$. Da man auf keine andere Weise ein Terminalwort ableiten kann, gilt $\mathcal{L}(G) = L1 \cap L2$.

Der Fall Ch-1:

Die eben konstruierte Grammatik G ist leider nicht kontextsensitiv, auch wenn G1 und G2 von diesem Typ sind. Man könnte zwar mittels eines Satzes, den wir hier nicht beweisen wollen (Platzbedarfssatz, work-space-theorem/MAU1,SAL/), zeigen, daß die von G erzeugte Sprache kontextsensitiv ist. Wir wollen aber stattdessen skizzieren, wie man elegant den Beweis über linear beschränkte Automaten führen kann.

Wir gehen aus von nichtdeterministischen linear beschränkten Automaten $\alpha 1$ und $\alpha 2$, die L1 bzw. L2 akzeptieren. Nun konstruieren wir einen neuen Automaten α, der zuerst $\alpha 1$ simuliert und dann, falls $\alpha 1$ akzeptiert, auch noch $\alpha 2$ simuliert. (Vergleiche dazu in Satz IV.1.1 den Beweis für den Abschluß gegen Durchschnittsbildung regulärer Mengen.) Dazu denken wir uns das Band des Automaten in drei Spuren aufgeteilt

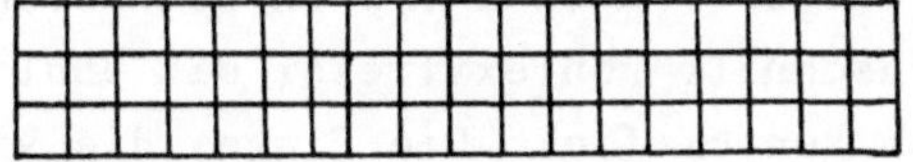

D.h., das Alphabet $B(\alpha)$ besteht aus Tripeln, etwa $B(\alpha) = B1\times B2\times B3$, wobei B_i das Beschriftungsalphabet der i.-Spur ist (i=1,2,3). Auf der ersten Spur stehe das Eingabewort $w=a_1 \ldots a_n$, die anderen Spuren seien leer. Also ist die Eingabe für α die Bandinschrift

%	a_1	a_2		a_n	%
%	§	§	...	§	%
%	§	§		§	%

Nun kopieren wir die erste Spur auf die zweite durch Befehle des Typs

$\begin{pmatrix} a & & a & & \\ §,s, & & a, & s', & R \\ § & & § & & \end{pmatrix} \varepsilon \Delta_\alpha$, was zu der Bandinschrift

%	a_1	a_2		a_n	%
%	a_1	a_2	...	a_n	%
%	§	§		§	%

führt. Jetzt führen wir auf der zweiten Spur die Befehle von $\alpha 1$ aus, d.h., wir simulieren $\alpha 1$ durch die Befehle

$$\begin{pmatrix} x & & x & & \\ a, & s, & b, & s', & \omega \\ y & & y & & \end{pmatrix} \varepsilon \Delta_\alpha \quad \text{sodaß } (a,s,b,s',\omega) \varepsilon \Delta_{\alpha_1}.$$

Akzeptiert $\alpha 1$ die Eingabe, so kopieren wir w auch auf die dritte Spur und simulieren dort $\alpha 2$. Akzeptiert auch $\alpha 2$, so liegt w in $L1 \cap L2$ und α akzeptiert. D.h., α akzeptiert gerade $L1 \cap L2$.

Wir überlassen es dem Leser, den Automaten α (der im übrigen wieder linear beschränkt ist) in allen Einzelheiten zu konstruieren. Der verwendete Trick, nämlich ein Band in mehrere Spuren zu unterteilen, wir sehr häufig bei solchen und ähnlichen Problemstellungen benutzt.

qed(Satz IV.3.3)

Als nächstes beweisen wir ein als "Durchschnittssatz" bekanntes Theorem. Zwar haben wir schon gesehen, daß der Durchschnitt einer kontextfreien Sprache mit einer beliebigen anderen kontextfreien i.allg. nicht wieder vom Ch-2-Typ zu sein braucht. Andererseits ist der Durchschnitt kontextfreier mit endlichen Sprachen sicherlich wieder kontextfrei. Die Frage, die sich daraus ergibt, ist daher die, ob eventuell eine genügend reichhaltige Teilklasse der kontextfreien Sprachen existiert, deren Durchschnitt mit Ch-2-Sprachen wieder eine Ch-2-Sprache liefert. Diese Frage ist zu bejahen, und zwar haben gerade die schon bekannten regulären Mengen diese Eigenschaft.

Satz IV.3.4:

Ist L eine kontextfreie Sprache und R eine reguläre Menge, so sind auch $L \cap R$ und $L \setminus R$ kontextfrei.

Beweis:

Es seien $L,R \subseteq T^*$. Wegen $L \setminus R = L \cap \overline{R}$ brauchen wir, da $\overline{R}$ ja auch wieder regulär ist, den Beweis nur für die Schnittmenge zu führen.

O.B.d.A. setzen wir voraus, daß weder L noch R das leere Wort enthalten. (Hat man nämlich die Kontextfreiheit von $(L \setminus \{\square\}) \cap (R \setminus \{\square\})$ gezeigt, so folgt diese für $L \cap R$ unmittelbar.) Dann gibt es eine kontextfreie Grammatik G, die L erzeugt und außerdem vom schwachen Erweiterungstyp ist (vgl. die Bemerkung im Anschluß an Satz II.2.2). Es sei $\alpha = (I(\alpha),S(\alpha),s_o(\alpha),\delta_\alpha,E(\alpha))$ ein deterministischer endlicher Akzeptor, der die Menge R erkennt, d.h. $T(\alpha) = R$.

Da $T(\alpha) = \bigcup_{q \in E(\alpha)} T(\alpha_q)$ gilt mit $\alpha_q = (I(\alpha), S(\alpha), s_o(\alpha), \{q\})$ und außerdem $L \cap R = \bigcup_{q \in E(\alpha)} (L \cap T(\alpha_q))$ ist, genügt es anzunehmen, daß $E(\alpha) = \{e(\alpha)\}$ eine 1-elementige Menge ist.

Wir geben nun eine Grammatik G' an, die $L \cap R$ erzeugt:
$A(G') = A(G) \cup (S(\alpha) \times A(G) \times S(\alpha))$, $T(G') = T$,
$S(G') = \{(s_o(\alpha), \sigma, e(\alpha)) \;/\; \sigma \in S(G)\}$, $P(G') = P1 \cup P2$
Dabei sind P1 und P2 die folgenden Regelpakete:

$$P1 = \{(p,\xi,q) \rightarrow (p,\eta_1,q_1)(q_1,\eta_2,q_2)\dots(q_{k-1},\eta_k,q) \;/\; \xi \rightarrow \eta_1\dots\eta_k \in P(G);\ p,q,q_i \in S(\alpha)\ (1 \leq i < k)\}$$

$$P2 = \{(p,\xi,q) \rightarrow \xi \;/\; \xi \in T;\ p,q \in S(\alpha);\ \delta_\alpha(\xi,p) = q\}$$

Die Grammatik G' ist so aufgebaut, daß die Ableitung eines Wortes $w \in \mathcal{L}(G')$ sowohl die G-Ableitung dieses Wortes als auch den Akzeptierungsvorgang des Automaten α, angesetzt auf w widerspiegelt. Wir überzeugen uns davon, daß $\mathcal{L}(G') = L \cap R$ gilt:

(1) Ist $\sigma \vdash_{\overline{G}} a_1\dots a_n$, $a_i \in T$ $(1 \leq i \leq n)$ eine Ableitung, so erhält man sofort in G' eine Ableitung $(s_o(\alpha),\sigma,e(\alpha)) \vdash_{\overline{P1}} (s_o(\alpha),a_1,q_1)\dots(q_{n-1},a_n,e(\alpha))$. Und umgekehrt entspricht einer jeden derartigen Ableitung eine G-Ableitung $\sigma \vdash_{\overline{G}} a_1\dots a_n$. (Einen formalen Beweis kann man durch Induktion über die Ableitungslänge führen.)

(2) Sei $w = a_1\dots a_n \in L \cap R$. Dann gibt es eine Ableitung

$(s_o(\alpha),\sigma,e(\alpha)) \vdash_{\overline{P1}} (s_o(\alpha),a_1,q_1)\dots(q_{n-1},a_n,e(\alpha))$,

wobei $\sigma \in S(G)$, $q_i = \delta_\alpha(a_i,q_{i-1})$ $(1<i<n)$, $q_1 = \delta_\alpha(a_1,s_o(\alpha))$,

$e(\alpha) = \delta_\alpha(a_n,q_{n-1})$ sind.

Daher können wir weiter ableiten
$(s_o(\alpha),a_1,q_1)\dots(q_{n-1},a_n,e(\alpha)) \vdash_{\overline{P2}} a_1\dots a_n = w$.
Also ist $w \in \mathcal{L}(G')$ und daher $L \cap R \subseteq \mathcal{L}(G')$.

(3) Sei $w = a_1\dots a_n \in \mathcal{L}(G')$. Dann gibt es für w eine G'-Ableitung der Form
$(s_o(\alpha),\sigma,e(\alpha)) \vdash_{\overline{P1}} (s_o(\alpha),a_1,q_1)\dots(q_{n-1},a_n,e(\alpha)) \vdash_{\overline{P2}}$
$\vdash_{\overline{P2}} a_1\dots a_n = w$

Nach dem unter (1) Gesagten ist daher $w \in L$. Weiterhin ist nach Festlegung von P2
$\delta_\alpha(a_1,s_0(\alpha))=q_1$, $\delta_\alpha(a_i,q_{i-1})=q_i$ $(1<i<n)$, $\delta_\alpha(a_n,q_{n-1})=e(\alpha)$
und daher auch $w \in R$. Folglich ist $w \in L \cap R$, also
$L \cap R \supseteq \mathcal{L}(G')$

qed(Satz IV.3.4)

Trivialerweise (Sätze IV.1.1, IV.3.3) sind auch die formalen, die kontextsensitiven und die einseitig linearen Spachen jeweils abgeschlossen gegenüber dem Durchschnitt mit einer regulären Menge.

IV.4 Zusammenfassung der Ergebnisse

Wir stellen nachfolgend in einer Tabelle die Abschlußeigenschaften der vier betrachteten Sprachklassen gegenüber mengentheoretischen Operationen noch einmal auf einen Blick zusammen. Weitere Abschlußeigenschaften werden wir im nächsten Paragraphen kennenlernen.

	Ch-0	Ch-1	Ch-2	Ch-3
Vereinigung	ja	ja	ja	ja
Durchschnitt	ja	ja	nein	ja
Komplement	nein	?	nein	ja
Komplexprodukt	ja	ja	ja	ja
Stern	ja	ja	ja	ja
Durchschnitt mit regulären Mengen	ja	ja	ja	ja

IV.5 Automateninduzierte Abbildungen

In diesem Paragraphen kehren wir noch einmal zu den Automaten zurück. Bislang haben wir weitgehend nur sogenannte "Akzeptoren" betrachtet. Maschinen also, die am Ende durch den erreichten Zustand angeben, ob das Eingabewort eine bestimmte Bedingung erfüllt oder nicht. Man könnte dies auch so interpretieren, daß der Akzeptor am Ende eine "Ausgabe" produziert, die entweder true oder false (ja oder nein, 0 oder 1) ist. Damit drängt sich aber förmlich eine Erweiterung des Akzeptors auf in bezug auf seine Fähigkeit, Ausgabeworte zu produzieren. Man denke etwa an einen Übersetzer (Compiler), der als Eingabe ein Wort einer bestimmten Sprache (sprich: Programm) erhält und ein entsprechendes Wort einer anderen Sprache (das übersetzte Programm) ausgibt.

IV.5.1 SEQUENTIELLE ÜBERSETZER

Nehmen wir uns als erstes den endlichen Akzeptor vor und versehen wir ihn mit einer Ausgabefunktion. Und zwar soll in Abhängigkeit vom gerade gelesenen Zeichen und dem momentanen Zustand nicht nur ein neuer Zustand angenommen, sondern gleichzeitig auch auf dem Ausgabemedium ein Symbol ausgegeben werden. Ein- und Ausgabe arbeiten also synchronisiert. Wir formalisieren dies in folgender Form:

Definition IV.5.1:

Ein *ENDLICHER (MEALY-)AUTOMAT* ist ein 5-Tupel $\alpha = (I,O,S,\delta,\lambda)$, wobei I,O,S Ein- und Ausgabealphabet bzw. Zustandsmenge sind.

δ: $I\times S \to S$ und λ: $I\times S \to O$ sind Abbildungen *(ZUSTANDSÜBERFÜHRUNGS- UND AUSGABEFUNKTION)*.

Um die sequentielle und synchronisierte Arbeitsweise des Automaten zu erfassen, setzen wir δ und λ (wie wir das ja auch früher schon getan haben) fort zu Abbildungen

δ: $I^*\times S \to S$ und λ: $I\ \times S \to O^*$. Und zwar legen wir fest:

$$\delta(\square,s) = s \qquad \delta(wx,s) = \delta(x,\delta(w,s))$$
$$\lambda(\square,s) = \square \qquad \lambda(wx,s) = \lambda(w,s)\cdot\lambda(x,\delta(w,s))$$

$(x \in I,\ w \in I^*,\ s \in S)$.

Man verzichtet üblicherweise darauf, einen speziellen Startzustand auszuzeichnen. Daher realisiert (berechnet) ein Automat für jeden Zustand $s \in S$ eine Funktion $\lambda^s: I^* \to O^*$ definiert durch $\lambda^s(w) = \lambda(w,s)$. Somit kann man aus der Menge der berechenbaren Funktionen die Teilklasse der durch endliche Automaten realisierbaren Funktionen aussondern. Man beachte, daß diese Funktionen längentreu sein müssen, da auf jedes gelesene Eingabesymbol auch ein Ausgabesymbol produziert wird.

In der Automatentheorie beschäftigt man sich sehr ausführlich mit den endlichen Automaten, besonders auch mit "Minimierungsfragen", d.h., man sucht den kleinsten (sprich: billigsten) Automaten, der eine gegebene Funktion realisiert. Es würde den Rahmen dieses Buches sprengen, auf solche auch für praktische Anwendungen enorm relevante Fragestellungen einzugehen. Wir kommen statt dessen auf den Aspekt der Übersetzung von Programmen einer Sprache in eine andere zurück. Dabei legen wir aber schon gleich einen verallgemeinerten endlichen Automaten, den "sequentiellen Übersetzer", zugrunde und widmen uns der Frage, ob bei Eingabe einer Ch-2- bzw. Ch-3-Sprache in den sequentiellen Übersetzer die auf der Ausgabenseite gewonnene Sprache wieder vom gleichen Typ ist.

<u>Definition IV.5.2:</u>

Ein *SEQUENTIELLER ÜBERSETZER* ist ein 5-Tupel $\alpha = (I,O,S,s_{an},\Delta)$, wobei I,O,S Ein- und Ausgabealphabet bzw. Zustandsmenge sind, $s_{an} \in S$ ein ausgezeichneter Startzustand und $\Delta \subseteq S \times I^* \times O^* \times S$ eine endliche Menge ist, die *ÜBERFÜHRUNGSRELATION*.

Wir bemerken folgende Unterschiede zum endlichen Automaten: Ein sequentieller Übersetzer arbeitet nicht deterministisch (Δ ist eine Relation, keine Funktion mehr); er ist nicht vollständig (er braucht also nicht auf jede Eingabe zu reagieren); er arbeitet nicht mehr synchronisiert, d.h., es können ganze Worte auf einmal gelesen und auch ausgegeben werden; speziell kann das Eingabeband angehalten werden, während Zustandsänderungen und Ausgaben erfolgen (formalisiert als das Einlesen des leeren Wortes).

Wir ordnen dem Übersetzer α eine Transformation

$F_\alpha : 2^{I(\alpha)^*} \to 2^{O(\alpha)^*}$ zu, wodurch gleichzeitig exakt die Arbeitsweise der Maschine festgelegt wird. Und zwar definieren wir F_α wie folgt:

(1) Die zu $u \in I^*$ gehörende Menge $F_\alpha(\{u\})$ bestehe aus allen Worten $v \in O^*$, für die es Zerlegungen $u=u_1 \ldots u_k$, $v=v_1 \ldots v_k$, $k \geq 1$, $u_i \in I^*$, $v_i \in O^*$ $(1 \leq i \leq k)$ und Zustände $s_{an}=s_o$, $s_1,\ldots,s_k$ in S gibt mit der Eigenschaft $(s_i,u_{i+1},v_{i+1},s_{i+1}) \in \Delta_\alpha$ $(0 \leq i \leq k-1)$

(2) Für $L \subseteq I^*$ sei $F_\alpha(L) := \bigcup_{u \in L} F_\alpha(\{u\})$

D.h., $F_\alpha(\{u\})$ enthält alle die Worte, die als mögliche Ausgabe von α produziert werden können, wenn u eingegeben wird.

Die Frage nach der Invarianz gewisser Spracheigenschaften gegenüber sequentiellen Übersetzungen wird in dem folgenden wichtigen Satz beantwortet.

Satz IV.5.1:

Sei $L \subseteq T^*$, α ein sequentieller Übersetzer mit $I(\alpha) = T$, dann gilt:
Ist L eine kontextfreie (reguläre) Sprache, so ist auch $F_\alpha(L)$ kontextfrei (regulär).

Beweis:

Wir werden ganz wesentlich den Durchschnitts- und den Substitutionssatz benutzen. Als erstes werden wir jedoch α ersetzen durch einen Übersetzer α', der das Eingabewort buchstabenweise (nicht mehr teilwortweise) liest, wobei das Lesen des leeren Wortes nach wie vor erlaubt ist.

Dazu sei $\% \notin O(\alpha)$ ein spezielles neues Ausgabesymbol. Um das Einlesen eines Wortes aufzulösen in das sukzessive Einlesen der Buchstaben, brauchen wir natürlich ein ganzes Sortiment neuer Zustände: Z. Und zwar bezeichne für einen Befehl $r = (s,u,v,s') \in \Delta_\alpha$ k_r die Länge von u, dann seien für jedes r mit $k_r \geq 2$ $t_1^r,\ldots,t_{k_r-1}^r$ neue Zustände, also $Z = \{t_j^r \mid r \in \Delta_\alpha, k_r \geq 2, 1 \leq j < k_r\}$. Dann erhält α' folgendes Aussehen:

$I(\alpha')=I(\alpha)$, $O(\alpha')=O(\alpha) \cup \{\%\}$, $S(\alpha')=S(\alpha) \cup Z$, $s_{an}(\alpha')=s_{an}(\alpha)$ und

$\Delta_{\alpha'}=\{(s,u,v,s') \in \Delta_\alpha \;/\; |u| \leq 1\} \cup \bigcup_{r \in \Delta_\alpha, k_r \geq 2} B_r$

wobei für jeden solchen Befehl $r=(s,a_1 \ldots a_{k_r},v,s')$

$B_r = \{(s,a_1,\%,t_1^r),\ldots,(t_{k_r-2}^r,a_{k_r-1},\%,t_{k_r-1}^r),(t_{k_r-1}^r,a_{k_r},v,s')\}$

ist.

α' simuliert also einen Befehl (s,u,v,s') von α dergestalt, daß u buchstabenweise eingelesen wird, für jeden Buchstaben ein Symbol % ausgegeben und erst beim letzten Buchstaben von u das Wort v ausgedruckt wird.

Betrachten wir nun den Homomorphismus $h\colon O(\alpha')^* \to O(\alpha)^*$ definiert durch

$$h(x) = \begin{cases} x & \text{falls } x \neq \% \\ \Box & \text{sonst} \end{cases} \qquad x \in O(\alpha'), \text{ so gilt } F_\alpha(L)=h(F_{\alpha'}(L)),$$

denn so ist α' gerade konstruiert worden. Infolge des Substitutionssatzes können wir also für den Beweis des Satzes o.B.d.A. annehmen, daß α höchstens Buchstaben liest, d.h., daß gilt: $(s,u,v,s') \in \Delta_\alpha \Rightarrow |u| \leq 1$.

Die weitere Vorgehensweise beruht nun auf der Idee, den Übersetzungsvorgang zu protokollieren. Man zeigt dann, daß die Menge der Protokolle kontextfrei (regulär) ist, und gewinnt mittels einer Substitution die gewünschte Sprache $F_\alpha(L)$.

Wir betrachten folgende Menge der "möglichen Protokolle"

$$R = \{(s_o,a_1,y_1,s_1)(s_1,a_2,y_2,s_2)\ldots(s_{n-1},a_n,y_n,s_n) \;/\; n \geq 1, s_o=s_{an}(\alpha),\ (s_{i-1},a_i,y_i,s_i) \in \Delta_\alpha \;\; (1 \leq i \leq n)\}$$ und

den Homomorphismus $h'\colon \Delta_\alpha^* \to O(\alpha)^*$, der definiert ist durch $h'(s,a,y,s') = y$.

Weiter ordnen wir jedem $L \subseteq I(\alpha)^*$ die Menge der zugehörigen Protokolle zu

$$P_L = \{(s_o,a_1,y_1,s_1)(s_1,a_2,y_2,s_2)\ldots(s_{k-1},a_k,y_k,s_k) \;/\; k \geq 1,\ s_o=s_{an}(\alpha),\ (s_{i-1},a_i,y_i,s_i) \in \Delta_\alpha \;\; (1 \leq i \leq k), a_1 \ldots a_k \in L\}.$$

Dann gilt offenbar $h'(P_L) = F_\alpha(L)$. Wir haben nun zu zeigen, daß P_L kontextfrei (regulär) ist, wenn L dies ist; denn dann folgt aus dem Substitutionssatz diese Eigenschaft auch für $F_\alpha(L)$.

Betrachten wir dazu das Komplement $\Delta_\alpha^* \setminus R$ von R. Dieses läßt sich wie folgt darstellen:

$$\Delta_\alpha^* \setminus R = \{\square\} \cup (\{(s,w,y,s') \in \Delta_\alpha \ / \ s \neq s_{an}(\alpha)\} \cdot \Delta_\alpha^*) \cup$$
$$\cup \ (\Delta_\alpha^* \cdot \{(s,w,y,t)(s',w',y',t') \ / \ (s,w,y,t),(s',w',y',t') \in \Delta_\alpha, \ t \neq s'\}) \cdot \Delta_\alpha^*)$$

Da diese einzelnen Bestandteile reguläre Mengen sind, ist $\Delta_\alpha^* \setminus R$ als endliche Vereinigung regulärer Mengen auch regulär. Da die regulären Mengen abgeschlossen gegen Komplementbildung sind, ist folglich auch R selbst regulär.

Nun brauchen wir eine geeignete Substitution, um die Kontextfreiheit (Regularität) von P_L nachzuweisen.

Dazu definieren wir die Substitution $\tau : T^* \to 2^{\Delta_\alpha^*}$ durch

$$\tau(t) = \{(s,\square,y,s') \in \Delta_\alpha\}^* \cdot \{(s,t,y,s') \in \Delta_\alpha\} \cdot$$
$$\cdot \ \{(s,\square,y,s') \in \Delta_\alpha\}^*$$

Da $\tau(t)$ für jedes $t \in T$ regulär ist, ist nach dem Substitutionssatz $\tau(L)$ kontextfrei (regulär) wenn L dies ist.

Zwei Fälle sind nun zu unterscheiden:

1. Fall: $\square \notin L$: Wir zeigen, daß $P_L = \tau(L) \cap R$ ist.
   Ist $z \in P_L$, also $z=(s_0,a_1,y_1,s_1,)\ldots(s_{n-1},a_n,y_n,s_n)$ mit $a_1\ldots a_n \in L$, so ist $z = \tau(a_1\ldots a_n)$ und natürlich auch $z \in R$.
   Ist umgekehrt $z \in \tau(L) \cap R$, so ist wegen $z \in R$ $z=(s_0,a_1,y_1,s_1),\ldots,(s_{n-1},a_n,y_n,s_n)$, und wegen $z \in \tau(L)$ ist $a_1\ldots a_n \in L$.

2. Fall: $\square \in L$: Man zeigt ganz analog wie eben, daß
   $P_L = (\tau(L) \cup \{(s,\square,y,s') \in \Delta_\alpha\}^*) \cap R$ gilt.

In beiden Fällen gilt: Ist L regulär, so natürlich auch $\tau(L) \cap R$, $(\tau(L) \cup \{(s,\square,y,s') \in \Delta_\alpha\}^*) \cap R$, also P_L regulär.

(Man beachte, daß $\{(s,\square,y,s') \in \Delta_\alpha\}^*$ regulär ist.) Ist L kontextfrei, folgt die entsprechende Aussage unter Zuhilfenahme des Durchschnittssatzes.

qed(Satz IV.5.1)

Ein wichtiger Spezialfall des sequentiellen Übersetzers ist die "verallgemeinerte sequentielle Maschine" (abgekürzt: gsm, von generalized sequential machine). Diese ist dadurch ausgezeichnet, daß sie deterministisch arbeitet, buchstabenweise einliest und vollständig ist, d.h. auf alle mögliche Zustand/Eingabesymbol-Kombinationen reagiert.

Definition IV.5.3:

Eine *VERALLGEMEINERTE SEQUENTIELLE MASCHINE* (gsm) ist ein 6-Tupel $\alpha = (I,O,S,s_{an},\delta,\lambda)$, wobei

(i) I,O,S Ein- und Ausgabealphabet, bzw. Zustandsmenge sind,

(ii) $s_{an} \in S$ der Anfangszustand,

(iii) $\delta : I \times S \to S$ die Zustandsüberführungsfunktion und

(iv) $\lambda : I \times S \to O^*$ die Ausgabefunktion ist.

Analog wie schon beim Mealy-Automaten werden δ und λ auf ganz $I^* \times S$ fortgesetzt durch:

$$\delta(\square,s) = s, \qquad \lambda(\square,s) = \square$$

$$\delta(wx,s) = \delta(x,\delta(w,s)), \quad \lambda(wx,s) = \lambda(w,s)\cdot\lambda(x,\delta(w,s))$$

für alle $s \in S$, $x \in I$, $w \in I^*$.

Bezeichnung:

Ist α eine gsm, so legt α eine Abbildung $F_\alpha : I^* \to O^*$ fest durch $F_\alpha(w) = \lambda_\alpha(w,s_{an}(\alpha))$. Eine solche Abbildung nennen wir *GSM-ABBILDUNG*.

Bemerkung:

(1) Jede gsm α ist auch ein sequentieller Übersetzer, dessen Überführungsrelation Δ aus folgenden Elementen besteht:

$$\Delta = \{(s,\square,\square,s) \,/\, s \in S(\alpha)\} \cup \{(s,x,\lambda_\alpha(x,s),\delta_\alpha(x,s)) \,/\, x \in I,\ s \in S\}.$$

(2) Die Definitionen sind so gemacht, daß F_α die gleiche Abbildung ist, ob man nun α als gsm oder als sequentiellen Übersetzer auffaßt.

Satz IV.5.2:

Ist $f: T_1^* \to T_2^*$ eine gsm-Abbildung und $L \subseteq T_1^*$ kontextfrei (regulär), so ist auch f(L) kontextfrei (regulär).

Beweis: Obige Bemerkung (2) und Satz IV.5.1.

Für die Umkehrung von gsm-Abbildungen gilt ein analoger Satz:

Satz IV.5.3:

Sei $\alpha = (I,O,S,s_{an},\delta,\lambda)$ eine gsm. Definiere
$F_\alpha^{-1}: 2^{O^*} \to 2^{I^*}$ durch $F_\alpha^{-1}(L) := \{w \,/\, F_\alpha(w) \in L\}$, so gilt:

Ist $L \subseteq O^*$ kontextfrei (regulär), so ist auch $F_\alpha^{-1}(L)$ kontextfrei (regulär).

Beweis:

Wir geben einen sequentiellen Übersetzer β an mit $F_\beta(L) = F_\alpha^{-1}(L)$, für alle $L \subseteq O^*$. Nach Satz IV.5.1 folgt dann die Behauptung.

$\beta = (I,O,S,s_{an},\Delta)$ mit
$\Delta = \{(s,\square,\square,s) \,/\, s \in S\} \cup \{(s,\lambda(x,s),x,\delta(x,s)) \,/\, x \in I, s \in S\}$.

qed(Satz IV.5.3)

Von Ginsburg/GIN/ wird ein Beispiel angegeben, das zeigt, daß der letzte Satz nicht für beliebige sequentielle Übersetzer gilt.

IV.5.2 KELLERÜBERSETZER

Haben wir eben den endlichen Automaten mit einer Ausgabe versehen, so wollen wir dies nun mit dem Kellerautomaten tun. Der entstehende "Kellerübersetzer" ist in der angelsächsischen Literatur als "pushdown-transducer" (abgekürzt pdt) bekannt. Kellerautomaten sind für die Syntaxanalyse sehr bedeutsam, wie wir ja schon gesehen haben. Tatsächlich verwendet man dabei aber häufig einen pdt, der im Hinblick auf später durchzuführende Übersetzungen als Ausgabe etwa den Ableitungsbaum des untersuchten Programms produziert. Leider geht im allgemeinen beim Durchgang durch einen pdt die Kontextfreiheit verloren und es gelingt uns nur für einen Spezialfall, ein Analogon zum Satz über sequentielle Übersetzer zu beweisen.

Definition IV.5.4:

Ein *KELLERÜBERSETZER (pdt)* ist ein 7-Tupel

$\alpha = (I(\alpha), O(\alpha), S(\alpha), K(\alpha), \Delta_\alpha, k_{an}(\alpha), s_{an}(\alpha))$, wobei

(i) $I(\alpha), O(\alpha), K(\alpha), S(\alpha)$ Eingabe-, Ausgabe-, Kelleralphabet bzw. Zustandsmenge sind,

(ii) $k_{an} \in K(\alpha)$ das Anfangskellersymbol, $s_{an}(\alpha)$ der Anfangszustand ist und

(iii) Δ_α: $(I(\alpha) \cup \{\square\}) \times S(\alpha) \times K(\alpha) \to \{M \,/\, M \subseteq S(\alpha) \times K(\alpha)^* \times O(\alpha)^*$ endliche Teilmenge$\}$ eine Abbildung ist.

Die Arbeitsweise dieser Maschine ist analog der des Kellerautomaten, nur daß zusätzlich in jedem Schritt noch eine Ausgabe produziert werden kann. Entsprechend führen wir auch hier wieder die Begriffe Konfiguration und Folgekonfiguration ein.

Die Menge der Konfigurationen von α sei $S \times I^* \times K^* \times O^*$. Eine Konfiguration κ beinhaltet also den momentanen Zustand, den noch nicht gelesenen Teil der Eingabe, die Kellerinschrift und die bislang produzierte Ausgabe. Sind $\kappa = (s,w,u,v)$ und $\kappa' = (s',w',u',v')$ Konfigurationen, so sagen wir

(i) $\kappa \vdash_\alpha : \kappa'$ (κ' ist direkte Folgekonfiguration von κ), wenn $w = xw_o$ ($x \in I \cup \{\square\}$), $u = u_o k$ ($k \in K$), $u' = u_o m$, $v' = vv_o$ gilt mit $(s', m, v_o) \in \Delta\,(x,s,k)$. Mit anderen Worten: κ' entsteht aus κ durch Ausführung einer einzigen Operation.

(ii) $\kappa \vdash_\alpha \kappa'$ (κ' ist Folgekonfiguration von κ), wenn es eine Folge von Konfigurationen $\kappa = \kappa_o, \kappa_1, \ldots, \kappa_t = \kappa'$ gibt mit $t \in \mathbb{Z}_+$ und $\kappa_i \vdash_\alpha : \kappa_{i+1} (o \leq i < t)$.

Dem pdt α ordnen wir eine Abbildung $F_\alpha : I(\alpha)^* \to 2^{O(\alpha)^*}$ zu durch

$F_\alpha(w) := \{v \in O^* \,/\, (s_{an}(\alpha), w, k_{an}(\alpha), \square) \vdash_\alpha (s, \square, u, v)$ mit $s \in S(\alpha), u \in K(\alpha)^*\}$.

Leider gilt nun für pdt-Abbildungen kein zum Sequentiellen-Übersetzer-Theorem analoger Satz, zumindestens nicht in der vollen Allgemeinheit, denn:

Satz IV.5.4:

Ist α ein pdt, L eine kontextfreie Sprache, so ist $F_\alpha(L)$ im allgemeinen nicht mehr kontextfrei.

Beweis:

Wir geben als Gegenbeispiel einen pdt α an, der die Sprache $L1 = \{a^i b^j a^i \,/\, j,i \in \mathbb{N}\}$ in die Sprache $L2 = \{a^i b^i a^i / i \in \mathbb{N}\}$ überführt, deren erstere sicher kontextfrei ist, deren letztere aber nicht (Satz II.3.6). Es ist $I(\alpha)=O(\alpha)=\{a,b\}$, $K(\alpha)=\{a,\%\}$, $k_{an}(\alpha)=\%$, $S(\alpha)=\{s_0,s_1,s_2,s_3\}$, $s_{an}(\alpha)=s_0$. Die Überführungsrelation Δ_α ist wie folgt definiert:

$\Delta_\alpha(a,s_0,\%) = (s_0,\%a,a)$ $\quad$ $\Delta_\alpha(a,s_0,a) = (s_0,aa,a)$

$\Delta_\alpha(b,s_0,a) = (s_1,\square,b)$ $\quad$ $\Delta_\alpha(\square,s_1,a) = (s_1,\square,b)$

$\Delta_\alpha(\square,s_1,\%) = (s_2,\%,\square)$ $\quad$ $\Delta_\alpha(b,s_2,\%) = (s_2,\%,\square)$

$\Delta_\alpha(a,s_2,\%) = (s_3,\%,a)$ $\quad$ $\Delta_\alpha(a,s_3,\%) = (s_3,\%,a)$

In allen anderen Fällen sei $\Delta_\alpha(x,s,y) = \emptyset$.

α ist so konstruiert, daß $F_\alpha(a^i b^i a^i) = \{a^i b^i a^i\}$,

$F_\alpha(a^i b^j a^i) = \{a^i b^i a^i\} (i \neq j)$, also ist $F_\alpha(L1) = L2$.

qed(Satz IV.5.4)

Dieses Ergebnis wäre natürlich vor allem im Hinblick auf Übersetzungen von Programmiersprachen sehr betrüblich, gäbe es nicht einen wichtigen Spezialfall, in welchem die Kontextfreiheit durch den pdt erhalten bleibt. Und zwar ist das gerade dann der Fall, wenn der pdt aus einem Kellerautomaten, der die Sprache L akzeptiert, durch Hinzufügen einer Ausgabe entstanden ist. pdt und Kellerautomat heißen dann "assoziiert".

Definition IV.5.5:

Ein Kellerautomat $\alpha = (I,S,K,\delta_\alpha,k_{an},s_{an},F)$ und ein pdt $\beta = (I,O,S,K,\Delta_\beta,k_{an},s_{an})$ heißen *ASSOZIIERT* genau dann, wenn für alle $(x,s,k) \in (I \cup \{\square\})\times S\times K$ gilt:

$$\delta_\alpha(x,s,k) = \{(s',w) \;/\; \text{es existiert } y \in O^* \text{ mit } (s',w,y) \in \Delta_\alpha(x,s,k)\}.$$

Bemerkung:

Für jeden pdt gibt es nur endlich viele assoziierte Kellerautomaten, nämlich für jede mögliche Menge von Endzuständen $F \subseteq S$ einen, während es zu jedem Kellerautomaten unendlich viele assoziierte pdt's gibt.

Nun gilt also die folgende Aussage:

Satz IV.5.5:

Seien α ein Kellerautomat mit $T(\alpha) = L$ (also L kontextfrei) und β ein pdt. Sind α und β assoziiert, so ist auch $F_\alpha(L)$ kontextfrei.

Beweis:

Es sei $\alpha = (I,S,K,\delta_\alpha,k_{an},s_{an},F)$ und $\beta = (I,O,S,K,\Delta_\beta,k_{an},s_{an})$. Wir geben nun einen Kellerautomaten α' an, der Worte der Form $(x_1,y_1)\ldots(x_n,y_n)$ mit $x_1\ldots x_n \in L$, $y_1\ldots y_n \in F_\beta(x)$ akzeptiert. Das Ausblenden der jeweils zweiten Komponenten dieser Paarmenge durch einen Homomorphismus liefert $F_\beta(L)$.

Dazu betrachte man die endliche Menge

$$I' = \{(x,y) \in (I\cup\{\square\})\times O^* \;/\; \text{es gibt } s,s' \in S, k \in K, w \in K^* \text{ mit } (s',w,y) \in \Delta_\beta(x,s,k)$$

Dann sei $\alpha' = (I',S,K,\delta_{\alpha'},k_{an},s_{an},F)$ wobei

$$\delta_{\alpha'}((x,y),s,k) = \{(s',w) \;/\; (s',w,y) \in \Delta_\beta(x,s,k)\}$$

für alle $(x,y) \in I'$, $s \in S$, $k \in K$. Sei weiter der Homomorphismus $f: I'^* \to O^*$ definiert durch $f((x,y)) = y$.

Wir haben nun zu zeigen: $f(T(\alpha')) = F_\beta(L)$.

Es gilt:

$y \in f(T(\alpha')) \iff$ entweder (1) $y = \square$ & $s_{an} \in F$

d.h. $\square \in L$, $\square \in F_\beta(L)$, $\square \in f(T(\alpha'))$

oder (2) es gibt $x_1,\dots,x_n \in I \cup \{\square\}$, $n \geq 1$, und $y_1,\dots,y_n \in O^*$ mit $y = y_1 \dots y_n$ und $(x_1,y_1)\dots(x_n,y_n) \in T(\alpha')$.

Wir verfolgen den Fall (2) weiter.

$(x_1,y_1)\dots(x_n,y_n) \in T(\alpha') \iff$

$\iff$ Es gibt Zustände $s_1,\dots,s_n (s_n \in F)$ und $w_1,\dots,w_n$ in K^* mit $(s_{an},(x_1,y_1)\dots(x_n,y_n),k_{an}) \vdash_{\alpha'}:$ $(s_1,(x_2,y_2)\dots(x_n,y_n),w_1) \vdash_{\alpha'}: (s_n,\square,w_n)$

(Da α' wegen $\delta_{\alpha'}(\square,s,k) = \emptyset, s \in S, k \in K$ das Eingabeband nicht anhalten kann, kommt man mit n Zuständen aus.)

$\iff (s_{an},x_1\dots x_n,k_{an},\square) \vdash_\beta: (s_1,x_2\dots x_n,w_1,y_1) \vdash_\beta:$ $\dots \vdash_\beta: (s_{n-1},x_n,w_{n-1},y_1\dots y_{n-1}) \vdash_\beta: (s_n,\square,w_n,y_1\dots y_n)$

und $(s_{an},x_1\dots x_n,k_{an}) \vdash_\alpha: (s_1,x_2\dots x_n,w_1) \vdash_\alpha:$ $\dots \vdash_\alpha: (s_{n-1},x_n,w_{n-1}) \vdash_\alpha: (s_n,\square,w_n)$

(aufgrund der Konstruktion von α', und da α und β assoziiert sind)

$\iff x_1\dots x_n \in L$ und $y_1\dots y_n = f((x_1,y_1)\dots(x_n,y_n)) \in F_\beta(L)$

D.h. also $f(T(\alpha')) = F_\beta(L)$.

Da α' Kellerautomat, ist $T(\alpha')$ kontextfrei. Da f Homomorphismus, ist $f(T(\alpha'))$ auch kontextfrei (Substitutionssatz), also auch $F_\beta(L)$.

qed(Satz IV.5.5)

Übungsaufgaben zu IV.

IV.1 Sei der endliche Automat α gegeben durch: $I = \{a,b\}$, $S = \{1,2,3,4,5\}$, $s_o = 1$, $E = \{1,4\}$,

δ	1	2	3	4	5
a	2	5	4	5	5
b	3	1	5	3	5

Man stelle die von α akzeptierte Sprache durch einen regulären Ausdruck dar (Verwende die Konstruktion aus Satz IV.1.2).

IV.2 Man zeige unter Benutzung des Substitutionssatzes:

1. Ist $L \subseteq T^*$ kontextfrei und $t \in T$; so ist auch $\{t^{|w|} / w \in L\}$ kontextfrei.
2. Sind $L1, L2 \subseteq T^*$ kontextfrei, so auch $\bigcup_{n \in \mathbb{N}} (L1)^n (L2)^n$.

IV.3 Sei $T = \{a,b\}$. Man zeige, daß für die Sprachen

$L1 := \{a^i b^j a^k / i,j,k \geq 1\}$ (regulär) und

$L2 := \{a^n b^n a^n / n \geq 1\}$ (kontextsensitiv) die Differenzmenge

$L1 \setminus L2$ kontextfrei ist.

(Man gebe einen nichtdeterministischen Kellerautomaten an.)

IV.4 Es seien $L, L1, L2 \subseteq T^*$ lineare Sprachen (vgl. Aufgabe II.5).
Man zeige:
1. $L1 \cup L2$ ist linear.
2. sp(L) ist linear.
3. Ist R eine reguläre Menge, so ist $L \cap R$ linear.
4. Ist $\tau : T^* \to 2^{T'^*}$ eine Substitution, für die alle $\tau(t)$ regulär sind ($t \in T$), so ist $\tau(L)$ linear.
5. Ist α eine gsm, so sind $F_\alpha(L)$ und $F_\alpha^{-1}(L)$ linear.

IV.5 Man gebe zwei lineare Sprachen L1 und L2 an, für die $L1 \cdot L2$ nicht linear ist.

IV.6 Man zeige, daß es keine gsm α gibt, für die gilt:
$F_\alpha(w) = sp(w)$ für alle $w \in T^*$.

IV.7 Eine Grammatik G heißt *EXPANSIV*, falls es ein Hilfszeichen $\xi \in Z(G)$ und Worte $u_i \in T(G)^*$, $1 \leq i \leq 6$, gibt mit:
$\sigma \vdash u_1 \xi u_2 \vdash u_1 u_3 \xi u_4 \xi u_5 u_2 \vdash u_1 u_3 u_6 u_4 u_6 u_5 u_2$ $(\sigma \in S(G))$
Eine Grammatik G heißt *NICHTEXPANSIV*, falls G nicht

expansiv ist.
Sei $\mathcal{L}_{nexp}$ die Klasse der durch nichtexpansive Grammatiken erzeugten Sprachen. Man beweise den Substitutionssatz für $\mathcal{L}_{nexp}$.

IV.8 Sei $\mathcal{L}$ die kleinste Sprachklasse, die abgeschlossen ist gegenüber Substitutionen und die die linearen Sprachen enthält. Man beweise, daß $\mathcal{L} = \mathcal{L}_{nexp}$ gilt.

IV.9 Man zeige für $\mathcal{L}_{nexp}$ die folgenden Abschlußeigenschaften:

1. $L \in \mathcal{L}_{nexp}$, R regulär $\Rightarrow$ $L \cap R \in \mathcal{L}_{nexp}$
2. $L \in \mathcal{L}_{nexp}$, α gsm $\Rightarrow$ $F_\alpha(L)$, $F_\alpha^{-1}(L) \in \mathcal{L}_{nexp}$
3. $L \in \mathcal{L}_{nexp}$, $\Rightarrow$ $sp(L) \in \mathcal{L}_{nexp}$

IV.10 Man betrachte die folgenden Operationen auf 2^{T^*}:

$INIT(L) := \{u \in T^* \,/\, \exists v: uv \in L\}$

$L1/L2 := \{u \in T^* \,/\, \exists v \in L2: uv \in L1\}$

$[L1,L2] := \{x_1y_1x_2y_2 \ldots x_ky_k \,/\, x_1 \ldots x_k \in L1, y_1 \ldots y_k \in L2\}$.

Welche Abschlußeigenschaften gelten für die Sprachklassen Ch-2 und Ch-3 bzgl. dieser Operationen?

Welche Abschlußeigenschaften gelten nicht?

(Man studiere auch Fälle wie L1 kontextfrei und L2 regulär für die letzten beiden Operationen.)

IV.11 Es seien $T = \{a,b\}$, $T' = \{a',b'\}$, $T_o = T \cup T' \cup \{c,¢\}$, $T_1 = T_o \cup \{d\}$. Man gebe einen Kellerautomaten an, der die Menge $L_o = \{\square\} \cup \{x_1cy_1cz_1d \ldots dx_ncy_ncz_nd \,/$

$n \geq 1, y_1 \ldots y_n \in ¢ \cdot D_T; x_i, z_i \in T_o^* \ (1 \leq i \leq n)$,

$y_i \in (T \cup T') \ (2 \leq i \leq n)\}$, die *GREIBACH-SPRACHE*,

akzeptiert. (D_T ist die Dyck-Sprache aus Aufgabe II.8.)

Hinweis: Verwende Aufgabe III.5.

V. ENTSCHEIDBARKEIT

Wir haben im einleitenden Kapitel schon skizziert, welche Entscheidbarkeitsfragen sich im Rahmen der Theorie der formalen Sprachen auftun. Wir untergliedern die Probleme in die entscheidbaren und die nichtentscheidbaren. Die Nichtentscheidbarkeit wird letztlich bewiesen, indem wir das jeweilige Problem zurückführen auf nichtentscheidbare Probleme in einem Berechenbarkeitskalkül (Halteproblem bei Turing-Maschinen bzw. Postsches Korrespondenzproblem).

V.1 ENTSCHEIDBARE PROBLEME

V.1.1 DAS WORTPROBLEM FÜR KONTEXTSENSITIVE SPRACHEN

Das Problem lautet: Gibt es einen Algorithmus, der für eine beliebige kontextsensitive Grammatik G und ein beliebiges Wort $w \in T(G)^*$ feststellt, ob $w \in \mathcal{L}(G)$ ist oder nicht?

Man beachte, daß der Algorithmus für alle möglichen Ch-1-Grammatiken die Entscheidung liefern muß, nicht nur für eine spezielle. Deshalb sprechen wir bei obiger Formulierung auch von dem "allgemeinen Problem". Existiert ein solcher Algorithmus, so sprechen wir von *GENERELLER ENTSCHEIDBARKEIT*.

Die Lösbarkeit des Wortproblems für Ch-1-Grammatiken folgt aus dem

Satz V.1.1:

Es ist für Grammatiken G vom schwachen Erweiterungstyp generell entscheidbar, ob $w \vdash_{\overline{P(G)}} w'$ gilt oder nicht, für beliebige $w, w' \in A(G)^*$.

Beweis:

Es gilt: $w \vdash_{\overline{P(G)}} w' \Rightarrow |w| \leq |w'|$

Diese Eigenschaft werden wir für das Entscheidungsverfahren ausnutzen. $R := \# A(G)$ sei die Alphabetmächtigkeit und $F_{w'} := \{v \in A(G)^* \,/\, |v| \leq |w'|\}$ die Menge der Worte, die höchstens so lang sind wie w'. $F_{w'}$ ist eine endliche Menge, und zwar gilt:

$$\# F_{w'} = \sum_{i=o}^{|w'|} R^i = (R^{|w'|+1}-1) / (R-1) =: R(w')$$

Wir definieren induktiv die Menge der Worte, die sich in i Schritten aus w ableiten lassen:

$M_o(w) = \{w\}$

$M_{i+1}(w) = \{u \ / \text{ es gibt } v \in M_i \text{ mit } v \vdash_{\overline{P(G)}} : u\},\ i \geq 1$

Diese Mengen sind endlich und können effektiv konstruiert werden. Daher trifft dies auch auf die Menge

$N(w,w') := \{v \ / \text{ es gibt } 1 \leq i \leq R(w') \text{ mit } v \in M_i(w)\}$

zu. N(w,w') besitzt folgende Eigenschaft:

<u>Behauptung:</u>

$w' \in N(w,w') \iff w \vdash_{\overline{P(G)}} w'$

<u>Beweis:</u>

<u>"=>":</u> trivial nach Konstruktion

<u>"<=":</u>

Es sei $w = w_o \vdash: w_1 \vdash: \dots \vdash: w_r = w'$ eine Ableitung. Dann ist $w' \in M_r(w)$. Im Fall, daß $r \leq R(w')$ ist, ist nichts zu beweisen. Ist $r > R(w')$, so können wir die Ableitung verkürzen, wie aus der folgenden Betrachtung hervorgeht:

Es ist $|w_i| \leq |w'|$, $o \leq i \leq r$, da G vom sE-Typ ist. Daher sind die $w_i \in F_{w'}$, und weil $\# F_{w'} = R(w') < r$ ist, muß es Indizes $o \leq i < j \leq r$ geben mit $w_i = w_j$. Dann ist aber

$w = w_o \vdash: w_1 \vdash w_i \vdash: w_{j+1} \vdash w_r = w'$

eine um mindestens einen Schritt verkürzte Ableitung. Setzt man dieses Verfahren fort, so erhält man schließlich eine Ableitung von höchstens der Länge R(w').

<u>qed(Behauptung)</u>

Da N(w,w') effektiv konstruiert werden kann und endlich ist, kann man das Problem "$w \vdash_{\overline{P(G)}} w'$?" dadurch entscheiden, daß man nachprüft, ob w' in N(w,w') liegt oder nicht.

qed(Satz V.1.1)

Korollar:

Das Wortproblem ist für die Klassen sE, E, Ch-1 entscheidbar.

Beweis:

Der Beweis obigen Satzes gilt auch für Grammatiken vom E-Typ. Wählt man in diesem Satz für w stets das Startsymbol σ der Grammatik, so erhält man das Entscheidungsverfahren für "$\sigma \vdash_{P(G)}$ w'?", was ja dasselbe wie "w' ε $\mathcal{L}$(G)?" ist. Da jede kontextsensitive Grammatik auch vom sE-Typ ist, ist das Wortproblem auch für kontextsensitive Grammatiken entscheidbar.

qed(Korollar)

V.1.2 DAS WORTPROBLEM UND VERWANDTE PROBLEME BEI KONTEXTFREIEN SPRACHEN

In diesem Abschnitt weisen wir für kontextfreie Grammatiken die Entscheidbarkeit der folgenden Probleme nach:

- "w ε $\mathcal{L}$(G)?" *(WORTPROBLEM)*
- "$\mathcal{L}$(G) = $\emptyset$?" *(LEERHEITSPROBLEM)*
- "$\#\mathcal{L}(G) < \infty$?" *(ENDLICHKEITSPROBLEM)*

Die letzten beiden Probleme sind schon im kontextsensitiven Fall nicht mehr entscheidbar (vgl. Abschnitt V.2.4).

Satz V.1.2:

Es ist für kontextfreie Grammatiken G generell entscheidbar, ob w ε $\mathcal{L}$(G) ist oder nicht, für beliebige w ε T(G)*.

Beweis:

Nach Satz II.2.2 kann man aus G eine sE-Grammatik konstruieren, die $\mathcal{L}(G)\setminus\{\Box\}$ erzeugt. Für sE-Sprachen ist das Wortproblem entscheidbar (Korollar zu Satz V.1.1). Deshalb brauchen wir nun nur noch das Problem " $\Box$ ε $\mathcal{L}$(G)?" zu untersuchen. Dazu betrachten wir die folgenden Mengen:

$K_1 \quad := \{z \; / \; z \in A(G) \text{ und } (z,\square) \in P(G)\}$

$K_{i+1} := \{z \; / \; z \in A(G) \text{ und es gibt ein } q \in K_i^* \text{ mit } (z,q) \in P(G)\} \cup K_i, \; i \geq 1$

Die Elemente von K_i sind in höchstens $i \cdot Max\{|q| / \exists \, p \to q \in P(G)\}$ Schritten mittels P(G) in das leere Wort ableitbar.

Es ist $K_1 \subseteq K_2 \subseteq \ldots \subseteq K_i \subseteq \ldots \subseteq Z(G)$. Da Z(G) endlich ist, muß die Folge der K_i abbrechen. Es gilt etwa mit $n = \# P(G)$: $K_n = K_{n+j}$ $(j \geq 0)$.

K_n enthält genau die Nichtterminalzeichen, aus denen sich mittels P(G) das leere Wort ableiten läßt. Also gilt:

$\square \in \mathcal{L}(G) \iff K_n \cap S(G) \neq \emptyset$

Da K_n endlich und effektiv konstruierbar ist, folgt, daß "$K_n \cap S(G) \neq \emptyset$?" und daher auch "$\square \in \mathcal{L}(G)$?" entscheidbar ist.

qed(Satz V.1.2)

Ganz ähnlich erledigen wir das Leerheitsproblem.

Satz V.1.3:

Für kontextfreie Grammatiken G ist es generell entscheidbar, ob $\mathcal{L}(G) = \emptyset$ ist oder nicht.

Beweis:

Wir konstruieren, ausgehend vom Terminalalphabet, Schritt für Schritt alle die Nichtterminalzeichen, die man ins Terminalalphabet überführen kann. Ist unter diesen kein Startsymbol, so ist die erzeugte Sprache leer.

Wir definieren also Mengen

$N_o \quad := T(G)$

$N_{i+1} := N_i \cup \{\xi \; / \; \xi \in Z(G) \text{ und es gibt } \eta \in N_i^* \text{ mit } (\xi,\eta) \in P(G)\}.$

Es ist $N_o \subseteq N_1 \subseteq \ldots \subseteq N_i \subseteq \ldots \subseteq A(G)$, und folglich muß die Folge abbrechen. Es gilt etwa mit $n = \# P(G)$, daß $N_n = N_{n+k}$ $(k \geq 0)$ ist. Weiterhin ist offenbar:

$\mathscr{L}(G) = \emptyset \Longleftrightarrow N_n \cap S(G) = \emptyset$. Letzteres ist aber wieder effektiv nachprüfbar.

qed(Satz V.1.3)

Es steht noch das Endlichkeitsproblem aus.

Satz V.1.4:

Für kontextfreie Grammatiken G ist es generell entscheidbar, ob $\#\mathscr{L}(G) < \infty$ ist oder nicht.

Beweis:

Wir greifen den Gedankengang des Satzes von Bar'Hillel-Perles-Shamir (Satz II.3.5) auf.

Und zwar sei p wie im Beweis dieses Satzes bestimmt. Dann gilt mit $L_p := \{w \in T(G)^* \,/\, |w| \leq p\}$ die Äquivalenz:

$\#\mathscr{L}(G) < \infty \Longleftrightarrow \mathscr{L}(G) \setminus L_p = \emptyset$

L_p ist als endliche Menge regulär. Folglich ist nach Satz IV.3.4 $\mathscr{L}(G) \setminus L_p$ kontextfrei, so daß nach obigem Satz das Leerheitsproblem für diese Menge und mithin das Endlichkeitsproblem für $\mathscr{L}(G)$ entscheidbar ist.

Eine andere Argumentation ist wie folgt: Gemäß der Bemerkung nach Satz II.2.3 gibt es eine (p+1)-af-Grammatik G' mit $\mathscr{L}(G') = \mathscr{L}(G) \setminus L_p$, woraus ebenfalls die Kontextfreiheit von $\mathscr{L}(G) \setminus L_p$ folgt.

qed(Satz V.1.4)

V.1.3 DAS ÄQUIVALENZPROBLEM FÜR EINSEITIG-LINEARE GRAMMATIKEN

Das Problem lautet: Ist es für einseitig-lineare Grammatiken G1 und G2 generell entscheidbar, ob $\mathscr{L}(G1) = \mathscr{L}(G2)$ ist oder nicht?

Satz V.1.5:

Es ist für einseitig-lineare Grammatiken G1 und G2 generell entscheidbar, ob $\mathscr{L}(G1) = \mathscr{L}(G2)$ ist oder nicht.

Beweis:

Nach Satz IV.1.1 ist $(\mathscr{L}(G1) \cap \overline{\mathscr{L}(G2)}) \cup (\overline{\mathscr{L}(G1)} \cap \mathscr{L}(G2))$

einseitig linear und wird daher von einer Ch-3-Grammatik G3 erzeugt. Offensichtlich gilt:

$\mathcal{L}(G1) = \mathcal{L}(G2) \Longleftrightarrow \mathcal{L}(G3) = \emptyset$

Letzteres Leerheitsproblem ist aber entscheidbar, da G3 als Ch-3-Grammatik auch kontextfrei ist.

qed(Satz V.1.5)

Korollar:

Die Äquivalenz endlicher Automaten ist entscheidbar.

V.2 NICHTENTSCHEIDBARE PROBLEME

Im Rahmen der Nichtentscheidbarkeit unterscheiden wir zwei Arten von Problemen:

1. Das *ALLGEMEINE PROBLEM* ist von dem Typ: "Gibt es einen Algorithmus, der, angesetzt auf eine beliebige Grammatik G aus einer bestimmten Klasse (z.B. Ch-O) und ein Wort $w \in T^*$ entscheidet, ob $w \in \mathcal{L}(G)$ ist oder nicht?".
2. Das *SPEZIELLE PROBLEM* ist von dem Typ: "Gibt es für jede spezielle Grammatik G in der betrachteten Klasse (z.B. Ch-O), einen Algorithmus, der, angesetzt auf beliebiges $w \in T^*$ entscheidet, ob $w \in \mathcal{L}(G)$ ist oder nicht?".

Die Unlösbarkeit des speziellen Problems ist natürlich viel gravierender, denn aus ihr folgt die Unlösbarkeit des allgemeinen.

Sprechweise:

Wenn wir von dem allgemeinen Problem reden, so gebrauchen wir die Redewendung "Es ist generell nicht entscheidbar,...".

V.2.1 DAS WORTPROBLEM FÜR SEMI-THUE-SYSTEME UND FÜR Ch-O-SPRACHEN

Die Nichtentscheidbarkeit dieser beiden Wortprobleme ergibt sich als unmittelbare Folgerung aus Satz III.1.1 und dem daran anschließenden Korollar.

Satz V.2.1:

1) Für Semi-Thue-Systeme S ist es generell nicht entscheidbar, ob $w \vdash_{P(S)} w'$ gilt oder nicht, für beliebige $w,w' \varepsilon A(S)^*$.

2) Es gibt ein Semi-Thue-System S, für welches das spezielle Wortproblem $w \vdash_{P(S)} w'$,($w,w' \varepsilon A(S)^*$ beliebig) nicht entscheidbar ist.

Beweis:

Die Entscheidbarkeit des Wortproblems bei Semi-Thue-Systemen würde wegen Satz III.1.1 die Entscheidbarkeit des Halteproblems von Turing-Maschinen nach sich ziehen. Letzteres ist aber als unentscheidbar bekannt./HER,DAV,HOU/ Da es andererseits eine Turing-Maschine gibt, für die das spezielle Halteproblem nicht entscheidbar ist, gibt es infolge Satz III.1.1 auch ein Semi-Thue-System mit dieser Eigenschaft.

qed(Satz V.2.1)

Satz V.2.2:

1) Für formale Sprachen (Ch-0-Sprachen also) ist das Wortproblem generell nicht entscheidbar.

2) Es gibt formale Sprachen L, für die sogar das spezielle Wortproblem nicht entscheidbar ist (d.h., es gibt keinen Algorithmus, der zu beliebigem $w \varepsilon T^*$ feststellen kann, ob $w \varepsilon L$ ist oder nicht).

Beweis:

Die Ch-0-Sprachen sind genau die rekursiv aufzählbaren Mengen (Korollar aus Satz III.1.1). Es gibt aber rekursiv aufzählbare Mengen, die nicht entscheidbar sind./HER,HOU,DAV/

qed(Satz V.2.2)

V.2.2 DAS POSTSCHE KORRESPONDENZPROBLEM

Hat für die oben behandelten Fragen das Halteproblem von Turing-Maschinen eine entscheidende Rolle gespielt, so spielt im folgenden das Postsche Korrespondenzproblem eine ähnlich gewichtige Rolle als Beweishilfsmittel. Da das Problem aus sich heraus verständlich ist, ist es vielleicht auch geeignet, ein zwar spätes, hoffentlich aber klärendes Licht auf den Problemkreis der Entscheidbarkeit zu werfen.

Wir stellen in diesem Abschnitt lediglich das Problem dar, verzichten allerdings auf einen Beweis. Im Originalbeweis von Post wurde ein spezieller Ableitungsbegriff im sogenannten "Postschen Normalsystem" verwendet und mit dessen Hilfe das Korrespondenzproblem letztlich auf das Wortproblem von Semi-Thue-Systemen zurückgeführt. Kürzere Beweise finden sich etwa in /MAU1,HOU/.

Wir formulieren nun das *POSTSCHE KORRESPONDENZPROBLEM:*

Gibt es ein Verfahren, das zu beliebigem endlichen Alphabet A und beliebigem endlichen Relationensystem $P \subseteq A^* \times A^*$ entscheidet, ob eine Folge

$(u_1,v_1),\ldots,(u_m,v_m) \in P, m \geq 1, u_i \neq v_i \; (1 \leq i \leq m)$

existiert, mit der Eigenschaft

$u_1u_2\ldots u_m = v_1v_2\ldots v_m$?

Sprechweise:
Ein Relationensystem mit dieser Eigenschaft heißt *KOMBINIERBAR*.

Satz V.2.3:
1. Das Postsche Korrespondenzproblem ist generell nicht entscheidbar.
2. Das Postsche Korrespondenzproblem ist selbst dann nicht entscheidbar, wenn man sich auf ein festes 2-elementiges Alphabet beschränkt.

V.2.3 UNENTSCHEIDBARE PROBLEME BEI KONTEXTFREIEN GRAMMATIKEN

Wir verwenden das Postsche Korrespondenzproblem, um u.a. die Unentscheidbarkeit des Äquivalenzproblems "$\mathcal{L}(G1) = \mathcal{L}(G2)$?" für Ch-2-Grammatiken zu beweisen. Dazu treffen wir einige Vorbereitungen.

Es sei im folgenden $T = \{a,b\}, c \notin T$.

Wir ordnen zwei n-Tupeln $\underline{x} = (x_1,\dots,x_n)$ und $\underline{y} = (y_1,\dots,y_n)$ aus $(T^+)^n$ die Sprache $L(\underline{x},\underline{y})$ zu durch:

$$L(\underline{x},\underline{y}) := L(\underline{x}) \cdot \{c\} \cdot sp(L(\underline{y}))$$

wobei $L(\underline{x}) := \{ba^{i_k}\dots ba^{i_1}cx_{i_1}\dots x_{i_k} \; / \; k \geq 1, 1 \leq i_j \leq n, 1 \leq j \leq k\}$;
$L(\underline{y})$ ist analog definiert.
D.h., die Elemente von $L(\underline{x},\underline{y})$ haben die Gestalt

$$ba^{i_k}\dots ba^{i_1}cx_{i_1}\dots x_{i_k}csp(y_{j_m})\dots sp(y_{j_1})ca^{j_1}b\dots a^{j_m}b.$$

Lemma V.2.1:
$L(\underline{x},\underline{y})$ ist kontextfrei.

Beweis:
Man verifiziert leicht, daß die kontextfreie Grammatik $G = (T \cup \{\sigma\},\{\sigma \to ba^i\sigma x_i, \sigma \to ba^icx_i \; / \; 1 \leq i \leq n\},\{\sigma\},T)$ $L(\underline{x})$ erzeugt. Analog erhält man, daß $sp(L(\underline{y}))$ kontextfrei ist. Nach Satz IV.2.5 ist daher auch $L(\underline{x},\underline{y})$ kontextfrei.

qed(Lemma V.2.1)

Weiter wird die Sprache

$$L_{sp} := \{w_1cw_2csp(w_2)csp(w_1) \; / \; w_1,w_2 \in \{a,b\}^*\}$$

benötigt.

Lemma V.2.2:
L_{sp} ist kontextfrei.

Beweis:
Folgende Ch-2-Grammatik erzeugt L_{sp}:

$$G = (T \cup \{\sigma,\xi\},\{\sigma \to a\sigma a, \sigma \to b\sigma b, \sigma \to c\xi c, \xi \to a\xi a, \xi \to b\xi b, \xi \to c\}, \{\sigma\},T)$$

qed(Lemma V.2.2)

Der Grund für die Einführung der Sprachen $(L(\underline{x},\underline{y})$ und L_{sp} liegt in folgender Beobachtung:

$L_{sp} \cap L(\underline{x},\underline{y}) \neq \emptyset \iff \{(x_1,y_1),\dots,(x_n,y_n)\}$ ist kombinierbar
$L_{sp} \cap L(\underline{x},\underline{y}) = L(\underline{x},\underline{y}) \cap sp(L(\underline{x},\underline{y}))$

Daraus folgt nun aber wegen der Unentscheidbarkeit des Postschen Korrespondenzproblems sofort der

<u>Satz V.2.4:</u>

Es ist für kontextfreie Grammatiken G1 und G2 generell nicht entscheidbar, ob $\mathcal{L}(G1) \cap \mathcal{L}(G2) = \emptyset$ ist oder nicht.

Für die Beantwortung weiterer Entscheidbarkeitsfragen benötigen wir

<u>Lemma V.2.3:</u>

Ist $L \subseteq L_{sp} \cap L(\underline{x},\underline{y})$ kontextfrei, so ist L endlich. (Speziell gilt das natürlich für $L_{sp} \cap L(\underline{x},\underline{y})$ selbst.)

<u>Beweis:</u>

Wir führen den Beweis indirekt und benutzen den Satz von Bar' Hillel-Perles-Shamir.

<u>Annahme:</u>

Es existiert eine unendliche kontextfreie Sprache $L \subseteq L_{sp} \cap L(\underline{x},\underline{y})$. Ein Wort $w \in L$ hat die Gestalt $w = v_1cv_2csp(v_2)csp(v_1)$, wobei

$v_1 = ba^{i_k}...ba^{i_1}$, $v_2 = x_{i_1}...x_{i_k} = y_{i_1}...y_{i_k}$ $(k\geq 1, 1\leq i_\lambda \leq n$ für $1\leq\lambda\leq k)$. Weiter notieren wir folgende Eigenschaft:

$$\left.\begin{array}{l}\text{Ist } v_1cv_2csp(v_2)csp(v_1) \in L_{sp} \cap L(\underline{x},\underline{y}) \\ \text{und } v_1cv_3csp(v_3)csp(v_1) \in L_{sp} \cap L(\underline{x},\underline{y}), \\ \text{so folgt } v_2=v_3.\end{array}\right\} \circledast$$

Nach Satz II.3.5 gibt es Zahlen $p,q\geq 1$, so daß für alle $w \in L$ mit $|w|>p$ eine Zerlegung $w = xuzvy$ mit $uv \neq \square$, $xy \neq \square$, $|uzv| \leq q$ existiert, so daß für alle $j\geq 1$ auch $xu^jzv^jy \in L$ ist.

Da L unendlich ist, gibt es $w = v_1cv_2csp(v_2)csp(v_1)$ mit $|w|>p$ und $|v_2| \geq q$ (letzteres wegen des speziellen Aufbaus von L). Sei $w = xuzvy$ eine Zerlegung gemäß Satz II.3.5, so gilt:
$|w| = 2|v_1|+2|v_2|+3 = |x|+|y|+|uzv|$ und weiter
$|x|+|y| = 2|v_1|+2|v_2|+3-|uzv| \geq 2|v_1|+3$ (da $|v_2| \geq q, |uzv| \leq q$).

Daraus folgt aber entweder $|x|>|v_1|+1$ oder $|y|>|v_1|+1$.

Nach Satz II.3.5 ist auch $xu^2zv^2y \in L$, d.h., es gibt v_3 und v_4 mit $xu^2zv^2y = v_3cv_4csp(v_4)csp(v_3)$.

1. Fall:
$|x| \geq |v_1|+1$, d.h., v_1c ist Anfangswort von x. Da v_3 kein c enthält, ist folglich v_3 Anfangswort von x. v_3 kann nicht kürzer als v_1 sein, da wegen $uv \neq \square$ $|xu^2zv^2y|>|xuzvy|$ gilt. Also ist $v_1=v_3$. Wegen Eigenschaft ⊛ ist dann aber auch $v_2=v_4$ und man erhält $xuzvw = xu^2zv^2y$, was der Voraussetzung $uv \neq \square$ widerspricht.

2. Fall:
$|y| \geq |v_1|+1$ analog.

qed(Lemma V.2.3)

Um das Äquivalenzproblem "$\mathcal{L}(G1) = \mathcal{L}(G2)$?" auf das Problem "$\mathcal{L}(G1) \cap \mathcal{L}(G2) = \emptyset$?" zurückführen zu können, brauchen wir die Sprache $L1(\underline{x},\underline{y}) := \overline{L_{sp}} \cup \overline{L(\underline{x},\underline{y})}$

Lemma V.2.4:
$\overline{L(\underline{x},\underline{y})}$ ist kontextfrei.

Beweis:
Wir schöpfen $\overline{L(\underline{x},\underline{y})}$ aus als Vereinigung von kontextfreien Mengen $L_1,\ldots,L_6$. Trifft für $w \in \{a,b,c\}^*$ einer der folgenden Fälle zu, so ist $w \in \overline{L(\underline{x},\underline{y})}$:

1. w enthält mehr als drei c's oder weniger als drei c's.
2. w beginnt oder endet mit a oder c.
3. cc ist Teilwort von w.
4. bb tritt in w vor dem ersten oder nach dem letzten c auf.
5. a^k mit $k \geq n+1$ tritt in w vor dem ersten oder nach dem letzten c auf.
6. b steht in w direkt vor dem ersten oder direkt nach dem letzten c.

Die Worte w, für die eine dieser Bedingungen zutrifft, fangen wir ein in den folgenden vier regulären Mengen, wobei wieder $T = \{a,b\}$, $T1 = \{a,b,c\}$ ist.

$L_1 := T^* \cup T^* \cdot \{c\} \cdot T^* \cup T^* \cdot \{c\} \cdot T^* \cdot \{c\} \cdot T^* \cup (T^* \cdot \{c\})^4 \cdot T1^*$
(Bedingung 1)

$L_2 := \{a,c\} \cdot T1^* \cup T1^* \cdot \{a,c\} \cup T1^* \cdot \{cc\} \cdot T1^*$
(Bedingungen 2,3)

$L_3 := T^* \cdot \{bb\} \cdot T^* \cdot \{c\} \cdot T1^* \cup T1^* \cdot \{c\} \cdot T^* \cdot \{bb\} \cdot T^* \cup$
$\cup\ T^* \cdot \{bc\} \cdot T1^* \cup T1^* \cdot \{cb\} \cdot T^*$
(Bedingungen 4,6)

$L_4 := T^* \cdot \{a^{n+1}\} \cdot T^* \cdot \{c\} \cdot T1^* \cup T1^* \cdot \{c\} \cdot T^* \cdot \{a^{n+1}\} \cdot T^*$
(Bedingung 5)

Es ist $\bigcup_{i=1}^{4} L_i \subseteq \overline{L(\underline{x},\underline{y})}$. Wir benötigen noch zwei Mengen, um die ganze Menge $L(\underline{x},\underline{y})$ auszuschöpfen. In $T1^* \setminus \bigcup_{i=1}^{4} L_i$ sind nämlich noch alle Worte der Form

$w = ba^{i_k} \ldots ba^{i_1} cucvca^{j_1} b \ldots a^{j_m} b$ enthalten, mit $u,v \in T^+$ beliebig. Ist $w \in L(\underline{x},\underline{y})$, so müssen u und v bestimmten Bedingungen genügen ($u = x_{i_1} \ldots x_{i_k}$, $v = sp(y_{j_1} \ldots y_{j_m})$). Die anzugebenden Mengen L_5 und L_6 charakterisieren gerade die w's, für die u und v nicht diesen Bedingungen entsprechen.

Sei $w \in T^+$, dann setze

$K(w) := \{u \in T^+ \ / \ |u| < |w|\}$
$E(w) := \{u \in T^+ \ / \ |u| = |w| \ \& \ u \neq w\}$.

Dann betrachten wir zu $\underline{x} \in (T^+)^n$ die Menge

$P(\underline{x}) := \{c\} \cdot T^* \cdot T \cup \{b\} \cdot T^* \cdot \{c\} \cup$

$\bigcup_{i=1}^{n} \quad \bigcup_{u \in K(x_i)} (\{ba^i cu\} \cup \{ba^i b\} \cdot T^* \cdot \{cu\}) \cup$

$\bigcup_{i=1}^{n} \quad \bigcup_{u \in E(x_i)} (\{ba^i c\} \cdot T^* \cdot \{u\} \cup$
$\cup \{ba^i\} \cdot T^* \cdot \{c\} \cdot T^* \cdot \{u\})$

Sei $G(\underline{x}) = (A,P,\{\sigma\},T1)$ eine $P(\underline{x})$ erzeugende Ch-2-Grammatik. Wir erweitern diese zu $G'(\underline{x}) = (A \cup \{\sigma'\},P',\{\sigma'\},T1)$ mit $\sigma' \notin A$, $P' = P \cup \{\sigma' \to \sigma,\ \sigma' \to ba^i \sigma' x_i \ / \ 1 \leq i \leq n\}$. Ist

$w \in \mathcal{L}(G'(\underline{x}))$, so enthält w genau ein c. Weiterhin gilt

$\mathcal{L}(G'(\underline{x})) \cap L(\underline{x}) = \emptyset$, denn ist $w = ba^{i_k}\ldots ba^{i_1}cu \in \mathcal{L}(G'(\underline{x}))$, so ist $u \neq x_{i_k}\ldots x_{i_1}$. Andererseits enthält $\mathcal{L}(G'(\underline{x}))$ auch alle solche Worte w.

Nun setzen wir $L_5 = \mathcal{L}(G'(\underline{x}))\cdot\{c\}\cdot T1^* \cap \overline{\bigcup_{i=1}^{4} L_i}$. Dann besteht L_5 aus all den Worten $w = ba^{i_k}\ldots b^{i_1}cucvca^{j_1}b\ldots a^{j_m}b$ mit $u \neq x_{i_1}\ldots x_{i_k}$.

Analog bildet man $L_6 := T1^*\cdot\{c\}\cdot sp(\mathcal{L}(G'(\underline{y}))) \cap \overline{\bigcup_{i=1}^{4} L_i}$

L_6 besteht dann genau aus den Worten

$w = ba^{i_k}\ldots ba^{i_1}cucvca^{j_1}b\ldots a^{j_m}b$, mit $v \neq sp(y_{j_m})\ldots sp(y_{j_1})$.

Daher gilt: $\overline{L(\underline{x},\underline{y})} = \bigcup_{i=1}^{6} L_i$.

Alle L_i sind kontextfrei (L_1-L_4 sogar regulär, L_5 und L_6 nach dem Durchschnittssatz IV.3.4) und daher auch ihre Vereinigung.

qed(Lemma V.2.4)

Satz V.2.5:

Es ist für kontextfreie Grammatiken G1 und G2 generell nicht entscheidbar, ob $\mathcal{L}(G1) = \mathcal{L}(G2)$ ist oder nicht.

Beweis:

Die Sprache $L1(\underline{x},\underline{y}) := \overline{L_{sp}} \cup \overline{L(\underline{x},\underline{y})} \subseteq \{a,b,c\}^*$ ist nach dem letzten Hilfssatz und Aufgabe V.1 kontextfrei. Es gilt:

$L1(\underline{x},\underline{y}) = \{a,b,c\}^* \iff L_{sp} \cap L(\underline{x},\underline{y}) = \emptyset$

und letzteres ist nach Satz V.2.4 nicht entscheidbar.

qed(Satz V.2.5)

Korollar:

Für kontextfreie Grammatiken G1 und G2 ist es generell nicht entscheidbar, ob $\mathcal{L}(G1) \subseteq \mathcal{L}(G2)$ ist oder nicht.

Beweis:

Wäre dieses Problem entscheidbar, so auch das Äquivalenzproblem des vorangehenden Satzes wegen der Beziehung:

$$\mathcal{L}(G1) = \mathcal{L}(G2) \iff \mathcal{L}(G1) \subseteq \mathcal{L}(G2) \ \& \ \mathcal{L}(G2) \subseteq \mathcal{L}(G1)$$

qed(Korollar)

Wir haben in Kapitel IV gesehen, daß die kontextfreien Sprachen nicht abgeschlossen sind gegenüber der Durchschnittsbildung. Die folgende Aussage verschärft diese Tatsache noch.

Satz V.2.6:

Für kontextfreie Grammatiken G1 und G2 ist es generell unentscheidbar, ob $\mathcal{L}(G1) \cap \mathcal{L}(G2)$ kontextfrei ist oder nicht.

Beweis:

Wir betrachten die Sprache $L(\underline{x},\underline{y}) \cap L_{sp}$. Für diese gilt:

Ist $L(\underline{x},\underline{y}) \cap L_{sp} \neq \emptyset$, so sind mit einem Wort $w = w_1cw_2csp(w_2)csp(w_1)$ auch alle Worte $w_1^n cw_2^n csp(w_2^n)csp(w_1^n) \in L(\underline{x},\underline{y}) \cap L_{sp}$, d.h.

$$L(\underline{x},\underline{y}) \cap L_{sp} \neq \emptyset \iff \# (L(\underline{x},\underline{y}) \cap L_{sp}) = \infty \qquad (*)$$

Nach Lemma V.2.3 ist $L(\underline{x},\underline{y}) \cap L_{sp}$ nicht kontextfrei, falls es unendlich ist. Daher gilt:

$$L(\underline{x},\underline{y}) \cap L_{sp} \text{ kontextfrei} \iff L(\underline{x},\underline{y}) \cap L_{sp} = \emptyset$$

Letzteres Problem haben wir aber schon als unentscheidbar erkannt.

qed(Satz V.2.6)

Satz V.2.7:

Es ist für eine kontextfreie Grammatik G generell nicht entscheidbar, ob $\mathcal{L}(G)$ regulär ist oder nicht.

Beweis:

Wir betrachten die Sprache $L1(\underline{x},\underline{y})$ aus Satz V.2.5. Es gilt:

$L1(\underline{x},\underline{y})$ regulär $\Longleftrightarrow$ $\overline{L1(\underline{x},\underline{y})}$ regulär

$\Longleftrightarrow$ $L(\underline{x},\underline{y}) \cap L_{sp}$ regulär (also auch kontextfrei)

$\Longleftrightarrow$ $L(\underline{x},\underline{y}) \cap L_{sp} = \emptyset$ (da nach Lemma V.2.3 eine kontextfreie Sprache $L(\underline{x},\underline{y}) \cap L_{sp}$ endlich ist und wegen ⊛ aus dem Beweis von Satz V.2.6 dann die leere Menge sein muß.)

qed(Satz V.2.7)

Satz V.2.8:

Für kontextfreie Grammatiken G ist es generell nicht entscheidbar, ob $\overline{\mathcal{L}(G)} = \emptyset$ ist oder nicht.

Beweis:

Wir betrachten wieder die kontextfreie Sprache $L1(\underline{x},\underline{y})$. Für diese gilt: $\overline{L1(\underline{x},\underline{y})} = \emptyset \Longleftrightarrow L_{sp} \cap L(\underline{x},\underline{y}) = \emptyset$

qed(Satz V.2.8)

Als letztes in der Reihe dieser Probleme betrachten wir das Problem der Übersetzbarkeit mittels sequentieller Übersetzer.

Satz V.2.9:

Für kontextfreie Sprachen L ist es generell nicht entscheidbar, ob es einen sequentiellen Übersetzer α gibt mit $F_\alpha(\{a,b,c\}^*) = L$ oder nicht.

Beweis:

Wir gehen aus von der Sprache $L1(\underline{x},\underline{y}) = \overline{L(\underline{x},\underline{y})} \cup \overline{L_{sp}} = \overline{L(\underline{x},\underline{y}) \cap L_{sp}}$.

1. Fall:

$L(\underline{x},\underline{y}) \cap L_{sp} = \emptyset$

$\Longrightarrow L1(\underline{x},\underline{y}) = \{a,b,c\}^*$

$\Longrightarrow$ Es gibt einen Übersetzer α mit $F_\alpha(\{a,b,c\}^*) = \{a,b,c\}^* = L1(\underline{x},\underline{y})$

2. Fall:

$L(\underline{x},\underline{y}) \cap L_{sp} \neq \emptyset$

<=> $L1(\underline{x},\underline{y})$ nicht regulär (Beachte die im Beweis von Satz V.2.7 dargelegte Äquivalenz!)

Gäbe es nun einen sequentiellen Übersetzer α mit $F_\alpha(\{a,b,c\}^*) = L1(\underline{x},\underline{y})$, so würde aus Satz IV.5.1 die Regularität von $L1(\underline{x},\underline{y})$ folgen, was dem eben Gezeigten widerspricht. Also gibt es in diesem Fall keinen Übersetzer mit der gewünschten Eigenschaft.

Da nun aber "$L(\underline{x},\underline{y}) \cap L_{sp} = \emptyset$?" nicht entschieden werden kann, ist das Problem der Existenz eines solchen Übersetzers nicht entscheidbar.

qed(Satz V.2.9)

V.2.4 ZWEI NICHTENTSCHEIDBARE PROBLEME BEI KONTEXTSENSITIVEN GRAMMATIKEN

Wir betrachten das Leerheits- und das Endlichkeitsproblem für Ch-1-Grammatiken.

Satz V.2.10:

Für kontextsensitive Grammatiken G ist es generell nicht entscheidbar, ob $\mathcal{L}(G) = \emptyset$ ist oder nicht, ob $\#\mathcal{L}(G) < \infty$ ist oder nicht.

Beweis:

Es sind die Sprachen L_{sp} und $L(\underline{x},\underline{y})$ kontextfrei und, da sie nicht das leere Wort enthalten, auch kontextsensitiv (Satz II.3.2). Nach Satz IV.3.3 gibt es eine Ch-1-Grammatik G, die $L_{sp} \cap L(\underline{x},\underline{y})$ erzeugt. Satz V.2.4 besagt, daß "$\mathcal{L}(G) = \emptyset$?" nicht entscheidbar ist. ⊛ aus dem Beweis von Satz V.2.6 liefert die Unentscheidbarkeit von "$\#\mathcal{L}(G) < \infty$?".

qed(Satz V.2.10)

Übungsaufgaben zu V

V.1 Man zeige, daß die Sprache $\overline{L_{sp}}$ aus Satz V.2.5 kontextfrei. sogar linear ist.

V.2 Welche der folgenden Probleme sind entscheidbar, welche nicht?

(a) "$\overline{L}$ kontextfrei?" für kontextfreie Sprachen L
(b) "L1 $\cap$ L2 kontextfrei?" für lineare Sprachen L1 und L2
(c) "R $\subseteq$ L?" für kontextfreie Sprachen L und reguläre Mengen R
(d) "L $\subseteq$ R?" für kontextfreie Sprachen L und reguläre Mengen R
(e) "$\overline{L}$ kontextfrei?" für lineare Sprachen L

V.3 Man zeige: Es ist für kontextfreie Sprachen L1 und L2 generell nicht entscheidbar, ob es eine gsm α gibt mit F_α(L1) = L2.

V.4 Man zeige, daß es für kontextsensitive Grammatiken generell nicht entscheidbar ist, ob G Chomsky-reduziert ist oder nicht.

V.5 (a) Man zeige: Für kontextfreie Grammatiken G1 und G2 mit T(G1) = T(G2) = {a} ist es entscheidbar, ob $\mathcal{L}$(G1) = $\mathcal{L}$(G2) ist.
(b) Man untersuche die Frage für T(G1) = T(G2) = {a,b}.

V.6 Eine Grammatik G heißt *ZYKLENFREI*, falls es kein w ε A(G)* gibt mit w $\vdash_{\overline{P(G)}}$ w durch eine Ableitung von mindestens der Länge 1.
Man untersuche die Entscheidbarkeit der Zyklenfreiheit für kontextsensitive Sprachen.

V.7 Eine Grammatik G heißt *ZUSAMMENHÄNGEND*, wenn es keine Zerlegung P(G) = P1 $\cup$ P2 gibt, P1 $\cap$ P2 $\nsubseteq$ Pi (i=1,2), sodaß für alle Ableitungen $\sigma \vdash_{\overline{P(G)}}$ w ε T(G)* entweder $\sigma \vdash_{\overline{P1}}$ w oder $\sigma \vdash_{\overline{P2}}$ w gilt.

Man zeige:

(a) Ist G Chomsky-reduziert, so ist G genau dann zusammenhängend, wenn es eine Ableitung $\sigma \mid_{\overline{P(G)}} w$ gibt, in welcher alle Regeln verwendet werden.

(b) Für kontextfreie Grammatiken G ist es entscheidbar, ob G zusammenhängend ist oder nicht.

VI. EINDEUTIGKEIT UND MEHRDEUTIGKEIT

VI.1 DIE PROBLEMSTELLUNG

Die Vorstellung, die wir mit dem Begriff "Eindeutigkeit" verbinden, ist zunächst die, daß wir für ein Wort $w \in \mathcal{L}(G)$ genau eine Ableitung bezüglich G finden können. An einem einfachen Beispiel wollen wir diese unsere Vorstellung genauer herausarbeiten.

Wir betrachten zwei Grammatiken G_1 und G_2, die durch folgende Regelsysteme gegeben sind:

$$P(G_1) = \{\sigma \rightarrow a\sigma\mu,\ \sigma \rightarrow \Box,\ \mu \rightarrow b\}$$

$$P(G_2) = \{\sigma \rightarrow a\sigma\mu,\ \sigma \rightarrow \Box,\ \mu \rightarrow b \quad \sigma \rightarrow a\sigma b\}$$

Offenbar gilt $\mathcal{L}(G_1) = \mathcal{L}(G_2)$.

Betrachten wir nun das Wort ab, so erhalten wir hierfür in G_1 folgende Ableitungen:

$$\sigma \vdash: a\sigma\mu \quad \vdash: a\sigma b \quad \vdash: ab \tag{1}$$

bzw.

$$\sigma \vdash: a\sigma\mu \quad \vdash: a\mu \quad \vdash: ab \tag{2}$$

Beide Ableitungen unterscheiden sich nur dadurch, daß die Regeln $\mu \rightarrow b$ und $\sigma \rightarrow \Box$ in anderer Reihenfolge angewendet werden, was ohne Schaden möglich ist, da sich diese Regeln gegenseitig nicht beeinflussen. In G_1 dagegen erhalten wir außer diesen beiden Ableitungen auch noch

$$\sigma \vdash: a\sigma b \quad \vdash: ab. \tag{3}$$

Diese Ableitung unterscheidet sich von den vorangehenden einmal in der Länge, zum anderen durch die benutzten Regeln.

Man könnte geneigt sein, als Grund für das Auftreten wesentlich verschiedener Ableitungen in G_2 anzusehen, daß G_2 aus G_1 durch Hinzunehmen weiterer Regeln entstanden ist, und in (1), (2) jeweils verschiedene Regeln angewendet werden. Daß dies nicht immer der ausschlaggebende Grund zu sein braucht, zeigt das folgende Beispiel. Es sei eine Grammatik G_3 durch die Regeln

r1: $\sigma \to \sigma\sigma$, r2: $\sigma \to 0\sigma 1$, r3: $\sigma \to \square$

bestimmt.

Betrachten wir das Wort 01, so läßt sich dieses aus σ auf folgende beide Arten ableiten (Wir haben die jeweils ersetzte Variable durch "↓" gekennzeichnet und die angewendete Regel unter dem Zeichen "$\vdash$" notiert):

$$\overset{\downarrow}{\sigma} \vdash_{r1} : \overset{\downarrow}{\sigma}\sigma \vdash_{r2} : 0\sigma 1\overset{\downarrow}{\sigma} \vdash_{r3} : 01\overset{\downarrow}{\sigma} \vdash_{r3} : 01 \qquad (4)$$

bzw.

$$\overset{\downarrow}{\sigma} \vdash_{r1} : \sigma\overset{\downarrow}{\sigma} \vdash_{r2} : \overset{\downarrow}{\sigma}0\sigma 1 \vdash_{r3} : 0\overset{\downarrow}{\sigma}1 \vdash_{r3} : 01 \qquad (5)$$

Wir bemerken, daß in (4) und (5) die gleichen Regeln in gleicher Reihenfolge und Anzahl verwendet werden, aber an ganz verschiedener Stelle in den "Zwischenwörtern".
(Ist $\sigma \vdash : w_1 \vdash : \dots \vdash : w_n = w$ eine Ableitung, so nennt man die w_i auch *ZWISCHENWÖRTER*.)

Das letzte Beispiel zeigt, daß wir, um die Eindeutigkeit von Grammatiken definieren zu können, eine präzisere Fassung des Begriffs "Ableitung" benötigen als die bisher verwendete. Die im folgenden entwickelten Begriffsbildungen sollten so beschaffen sein, daß sich die Grammatik G_1 als eine eindeutige Grammatik beschreiben läßt, da wir innerhalb des G_1-Ableitungsprozesses nur triviale, sich gegenseitig nicht beeinflussende Verschiebungen von Regelanwendungen vorfinden. Alle anderen Beispiele zeigen hingegen echte Mehrdeutigkeiten.

VI.2 Formalisierung des Ableitungsprozesses

Wir geben zunächst eine präzisere Fassung des Ableitungsbegriffes. Diese muß, wie die Beispiele zeigen, für jeden Ableitungsschritt folgende Informationen bereitstellen:

- die angewendete Regel
- Ausgangs- und Ergebniswort des Schrittes
- Position der linken Seite der Regel im Ausgangswort.

Weiter brauchen wir eine Notation für Ableitungen ohne jegliche Regelanwendung (*LEERE ABLEITUNG*).

Sei nun G eine Grammatik, dann definieren wir einen *ABLEITUNGSSCHRITT* als Tripel $\alpha = (u,r,v)$, wobei $r = (p,q) \in P(G)$ und $u,v \in A(G)^*$ sind. Jedem Ableitungsschritt ordnen wir das Ausgangswort $w = upv$ und das Ergebniswort $w' = uqv$ zu.

Bezeichnung:

Das Ausgangswort eines Ableitungsschrittes α heißt *QUELLE* $Q(\alpha)$, das Ergebniswort *ZIEL* $Z(\alpha)$.

Eine *ABLEITUNG* f von w nach w' ist dann eine Folge $\alpha_n,\ldots,\alpha_1$ von Ableitungsschritten $\alpha_i (1 \leq i \leq n)$, wobei gilt:

1) $Q(\alpha_1) = w$
2) $Z(\alpha_n) = w'$
3) $Q(\alpha_{i+1}) = Z(\alpha_i) \quad (1 \leq i < n)$
4) $n \geq 0$.

Die leere Ableitung haben wir durch den Fall $n = 0$ miterfaßt.

Eine Ableitung f bezeichnen wir mit $f = ((\alpha_n,\ldots,\alpha_1),w,w')$. Die Funktionen Q und Z verallgemeinern wir in naheliegender Weise gemäß $Q(f) = w$, $Z(f) = w'$.

Wir hatten gezeigt (Lemma I.2.1), daß die Relation "ableitbar" transitiv und verträglich mit der Monoidverknüpfung ist. Die Reflexivität steckt gerade in der Existenz der leeren Ableitung. Damit ist uns die Möglichkeit gegeben, den Bereich der Ableitungen zu strukturieren.

Zunächst betrachten wir die Transitivität. Sind $f = ((\alpha_n,\ldots,\alpha_1),w,w')$ und $g = ((\beta_m,\ldots,\beta_1),w_1,w_1')$ zwei Ableitungen und gilt $Q(g) = Z(f)$, so können wir g hinter f hängen und erhalten eine neue, längere Ableitung $g \circ f$:

$$g \circ f = ((\beta_m,\ldots,\beta_1,\alpha_n,\ldots,\alpha_1),w,w_1')$$

Für diese Operation "o" - wir nennen sie *HINTEREINANDERAUSFÜHRUNG* - kann man leicht einige Rechenregeln und Aussagen herleiten, deren Nachweis dem Leser zur Übung empfohlen wird.

Lemma VI.2.1:

Seien f,g,h Ableitungen und $w,w' \in A(G)^*$, so gilt:

1) $h \circ (g \circ f) = (h \circ g) \circ f$ (sofern definiert)
2) Ist $((),w,w')$ eine Ableitung, so gilt $w = w'$.
3) $((),Zf,Zf) \circ f = f$
4) $f \circ ((),Qf,Qf) = f$
5) Jede nichtleere Ableitung f besitzt eine eindeutige Darstellung $f = (\alpha_n,Q(\alpha_n),Z(\alpha_n)) \circ \ldots \circ (\alpha_1,Q(\alpha_1),Z(\alpha_1))$, wobei die α_i Ableitungsschritte sind.
6) $g \circ f = h \circ f \Rightarrow g = h$
7) $f \circ g = f \circ h \Rightarrow g = h$
8) $Q(g \circ f) = Q(f)$, $Z(g \circ f) = Z(g)$

Eigenschaften 3) und 4) sagen gerade aus, daß die leere Ableitung () die Rolle des neutralen Elementes bzgl. "o" spielt.

Bezeichnung:

Ist $f = ((\alpha_n,\ldots,\alpha_1),w,w')$ eine Ableitung, so ist die Zahl n eindeutig bestimmt. n heißt die *LÄNGE* $||f||$ der Ableitung.

Lemma VI.2.2:

1) $||g \circ f|| = ||g|| + ||f||$
2) $||f|| = 1 \Rightarrow f = (\alpha,Q(\alpha),Z(\alpha))$, wobei α ein Ableitungsschritt ist.
3) $||f|| = 0 \Leftrightarrow$ f ist die leere Ableitung.

Die Verträglichkeit mit der Monoidverknüpfung führt zu einer weiteren Operation auf Ableitungen. Dazu betrachten wir einen Ableitungsschritt $\alpha = (u,r,v)$ und ein Wort $w \in A(G)^*$. Dann sind

$w \times \alpha := (wu,r,v)$
$\alpha \times w := (u,r,vw)$

ebenfalls wieder Ableitungsschritte. Entsprechend setzen wir die Operation "×" - wir nennen sie *PARALLELAUSFÜHRUNG* - fort auf Ableitungen $f = ((\alpha_1,\ldots,\alpha_n),w,w')$ durch:

$u \times f = ((u\times\alpha_n,\ldots,u\times\alpha_1),uw,uw')$, $u \in A(G)^*$, bzw.
$f \times u = ((\alpha_n \times u,\ldots,\alpha_1 \times u),wu,w'u)$

Auch für diese Operation gelten einige Rechenregeln, die der Leser leicht überprüft.

<u>Lemma VI.2.3:</u>

1) $u' \times (u \times f) = (u'u) \times f$
2) $(f \times u) \times u' = f \times (uu')$
3) $u \times (f \circ g) = (u \times f) \circ (u \times g)$
4) $(f \circ g) \times u = (f \times u) \circ (g \times u)$
5) $(u \times f) \times u' = u \times (f \times u')$
6) $||f \times u|| = ||f||$
7) $||u \times f|| = ||f||$
8) $Q(f \times u) = Q(f) \cdot u$ und $Z(f \times u) = Z(f) \cdot u$
9) $Q(u \times f) = u \cdot Q(f)$ und $Z(u \times f) = u \cdot Z(f)$
10) $\square \times f = f \times \square = f$
11) $u \times f = u' \times f \Rightarrow u = u'$
    $f \times u = f \times u' \Rightarrow u = u'$
12) $u \times f = u \times g \Rightarrow f = g$
    $f \times u = g \times u \Rightarrow f = g$
13) Jede nichtleere Ableitung f besitzt eine eindeutige Darstellung
    $f = (x_n \times ((\square, r_n, \square), p_n, q_n) \times y_n) \circ \ldots \circ (x_1 \times ((\square, r_1, \square), p_1, q_1) \times y_n)$
    mit $r_i = (p_i, q_i) \in P(G)$; $x_i, y_i \in A(G)^*$ $(1 \leq i \leq n)$.
14) Ist f eine leere Ableitung, so gilt:
    $f = Q(f) \times ((), \square, \square) = ((), \square, \square) \times Z(f)$.

Die Lemmas VI.2.1 und VI.2.3 erlauben uns eine vereinfachte Schreibweise. Und zwar können wir die Elemente $((\square, r, \square), p, q)$ mit $r = (p,q) \in P(G)$ und $((), w, w)$ mit $w \in A(G)^*$ identifizieren, womit sich $Q(r) = p$, $Z(r) = q$, $Q(w) = Z(w) = w$ ergibt.

VI.3 Nicht wesentlich verschiedene Ableitungen

Wir müssen als nächstes daran gehen, die "trivialen" von den "echten" Mehrdeutigkeiten zu trennen. Dazu betrachten wir eine typische Situation, die triviale Mehrdeutigkeiten ermöglicht. Seien α, α' und β, β' zwei Paare von Ableitungsschritten mit

α = (u'Q(r')u",r,v), α' = (u'Z(r')u",r,v)
β = (u',r',u"Z(r)v), β' = (u',r',u"Q(r)v).

Daraus kombinieren wir die Ableitungen

(u' × r' × u"Z(r)v) o (u'Q(r')u" × r × v)
(u'Z(r')u" × r × v) o (u' × r' × u"Q(r)v).

Diese bewirken folgendes:

$$\begin{array}{lcl} u'p'u''p\ v & & u'p'u''p\ v \\ \downarrow\alpha & & \beta'\downarrow \\ u'p'u''q\ v & \text{bzw.} & u'q'u''p\ v \\ \downarrow\beta & & \alpha'\downarrow \\ u'q'u''q\ v & & u'q'u''q\ v \end{array}$$

(wobei r = (p,q),r' = (p',q')).

Die beiden entstehenden Ableitungen sind unserer Auffassung nach nicht wesentlich verschieden voneinander; es ist ja nur die Reihenfolge der Anwendung von r und r', welche sich gegenseitig nicht beeinflussen, geändert worden. Diesen Prozeß kann man weiter fortsetzen und erhält immer wieder nicht wesentlich verschiedene Ableitungen (Transitivitätseigenschaft). Da der Vertauschungsprozeß der Reihenfolge von Regelanwendungen in beiden Richtungen möglich ist (Symmetrieeigenschaft) und schließlich jede Ableitung nicht wesentlich verschieden von sich selbst ist (Reflexivitätseigenschaft), werden wir zu einer Äquivalenzrelation auf Ableitungen geführt. Es ist plausibel, daß diese gerade die trivialen von den echten Mehrdeutigkeiten trennt.

Zur Formalisierung dieser Gedanken betrachten wir folgende Relationen:

R_o := {(f,g) / f = (u'×r'×u"Z(r)v) o (u'Q(r')u"×r×v),
g = (u'Z(r')u"×r×v) o (u'×r'×u"Q(r)v)
mit u',u",v ε A(G)*; r,r' ε P(G)}

R_1 := $R_o \cup$ {(f,g) / (g,f) ε R_o}

Aus R_1 erzeugen wir die gewünschte Äquivalenzrelation. Wir beachten, daß Q(f) = Q(g) und Z(f) = Z(g) gilt, falls (f,g) ε R_1 ist. Für Ableitungen f und g definieren wir dann die Relation

$f \stackrel{\bullet}{\equiv} g \Leftrightarrow$ Es existieren Ableitungen f_1, f_2, h, h' mit $(h,h') \in R_1$ und $f = f_1 \circ h \circ f_2$ und $g = f_1 \circ h' \circ f_2$.

Definition VI.3.1:

Zwei Ableitungen f und g heißen *NICHT WESENTLICH VERSCHIEDEN* ($f \equiv g$) dann und nur dann, wenn es eine Folge $f = f_0, \ldots, f_k = g$ von Ableitungen f_i gibt mit $k \geq 0$ und $f_i \stackrel{\bullet}{\equiv} f_{i+1}$ $(0 \leq i < k)$.

Nach Definition ist unmittelbar klar, daß "$\equiv$" eine Äquivalenzrelation ist. Aufgrund der vorhergehenden Hilfssätze folgt

Lemma VI.3.1:

1) $f \equiv g \Rightarrow Q(f) = Q(g)$ und $Z(f) = Z(g)$
2) $f \equiv g \Rightarrow h \circ f \equiv h \circ g$ und $f \circ h \equiv g \circ h$, sofern diese Operationen erklärt sind
3) $f \equiv g,\ f = w \in A(G)^* \Rightarrow f = g$
4) $f \equiv g,\ z \in A(G)^* \Rightarrow z \times f \equiv z \times g$ und $f \times z \equiv g \times z$

Nach diesen Vorbereitungen können wir nun den Begriff der Eindeutigkeit definieren.

Definition VI.3.2:

Sei G eine Grammatik. Ein Wort $w \in \mathcal{L}(G)$ heißt *EINDEUTIG*, wenn für alle Ableitungen f und f' mit $Q(f) = Q(f') = \sigma \in S(G)$ und $Z(f) = Z(f') = w$ gilt: $f \equiv f'$.

Eine Grammatik G heißt eindeutig, wenn jedes $w \in \mathcal{L}(G)$ eindeutig ist.

Bemerkung:

Wir sind an dieser Stelle in der Lage, neben der Hintereinanderausführung, die nach obigem Lemma mit "$\equiv$" verträglich ist, die Parallelausführung von Klassen nicht wesentlich verschiedener Ableitungen zu definieren, und zwar durch

$$[f]_\equiv \times [g]_\equiv := [f \times Z(g)]_\equiv \circ [Q(f) \times g]_\equiv .$$

Die Diskussion der algebraischen Eigenschaften dieser Operationen kann der Interessierte /HOC/ entnehmen.

VI.4 VERANSCHAULICHUNG DURCH BÄUME

Bevor wir uns weiter mit der Eindeutigkeit befassen, präsentieren wir noch ein Mittel, um zumindest im kontextfreien Fall eine anschauliche Vorstellung von den in Abschnitt VI.3 angegebenen Definitionen zu vermitteln. Hierfür betrachten wir zunächst auch wieder ein einfaches Beispiel.

Es sei die Grammatik G mit den Regeln

$\sigma \to \sigma\nu|b,\ \nu \to a\nu|c$

gegeben. Dann betrachte man die Ableitung

$\sigma \vdash: \sigma\nu \vdash: b\nu \vdash: ba\nu \vdash: bac.$

Die einzelnen Zwischenschritte lassen sich als eine Folge von geordneten binären Bäumen /MAU2/ darstellen:

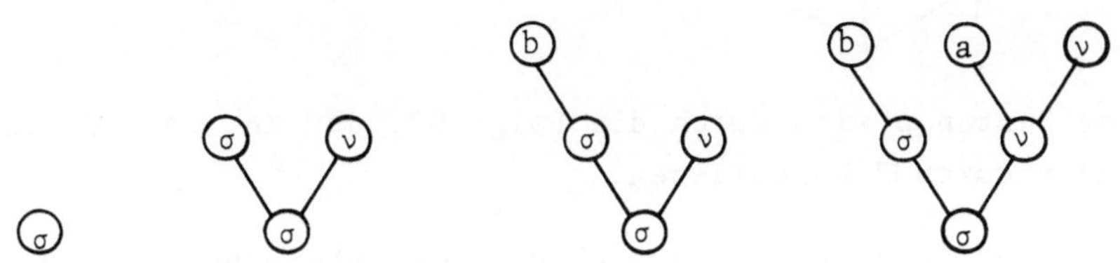

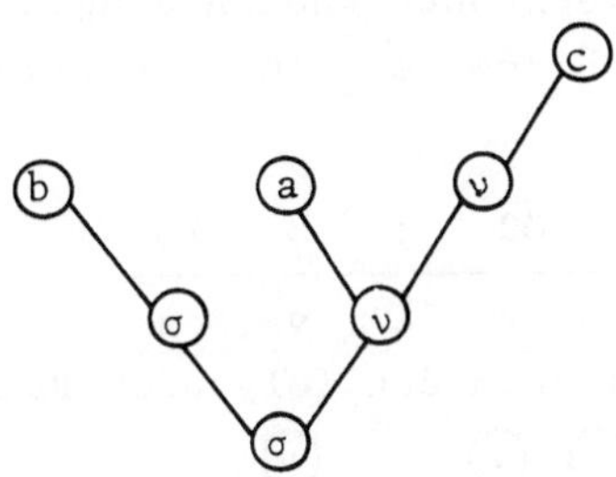

Die Folge der Blätter von links nach rechts gelesen ergibt dann das Ergebniswort. Die Tatsache, daß σ und ν auf der gleichen Stufe (der zweiten von unten) eingezeichnet werden, besagt gerade, daß die zugehörigen Ableitungsschritte in ihrer Reihenfolge vertauschbar sind.

Wir können diese Veranschaulichung präzise fassen. Dazu skizzieren wir die wesentlichen Schritte:

Zu einer Zahl $p \geq 1$ betrachten wir das Alphabet $[0:p-1]$. Eine endliche Teilmenge $A \subseteq [0:p-1]^*$ heißt ein p-näres *GERÜST*, falls stets gilt: $uv \in A \Rightarrow u \in A$. Die Zahlen $i \in [0:p-1]$ bezeichnen Richtungen für das Abzweigen von *ÄSTEN*. Die Elemente eines Gerüstes heißen *KNOTEN*. Bis auf Knotenbenennungen beschreiben Gerüste gerade Bäume.

<u>Beispiel:</u>

Dem ternären Gerüst $\{\square,0,00,01,02,1,2,20\}$ entspricht der Baum

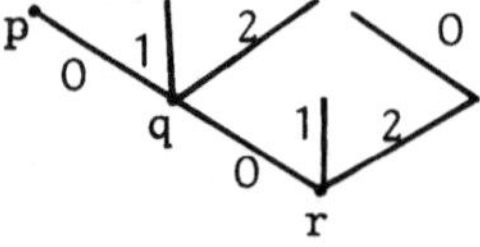

Der Knoten p wird durch die Folge 00, der Knoten q durch 0 und r durch $\square$ beschrieben.

Wir fügen zu den Gerüsten noch die Knotenbenennung hinzu. Dazu sei Σ ein Alphabet (Aus Σ werden die Knotennamen entnommen.). Ein p-närer Σ-*BAUM* ist dann eine partielle Abbildung $\tau:[0:p-1]^* \rightarrow \Sigma$, wobei $Def(\tau)$ ein Gerüst ist. Die Werte $\tau(v)$ werden in die entsprechenden Knoten eingetragen. So sei z.B. für das Gerüst aus obigem Beispiel $\Sigma = \{\xi,\mu,\nu\}$ und τ durch die Wertetabelle

	$\square$	0	00	01	02	1	2	20
τ	ξ	ξ	ξ	μ	ν	ξ	ν	μ

gegeben. Dies ergibt dann den folgenden Baum:

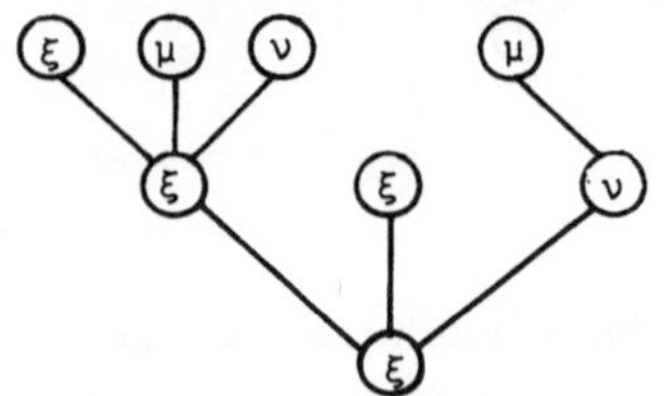

Ableitungen f kontextfreier Grammatiken mit $Q(f) \in A(G) \setminus T(G)$ können wir durch die folgende Prozedur in eindeutiger Weise Bäume (*ABLEITUNGSBÄUME*) zuordnen.

Sei also G eine kontextfreie Grammatik, so setzen wir

$\Sigma = A(G) \cup \{\square\}$ und $p = \mathrm{Max}\,\{|q| \,/\, \text{es gibt } p' \text{ mit } (p',q) \in P(G)\}$.

1. Sei $r = (\xi, x_1, \ldots, x_n) \in P(G)$, $x_i \in A(G)$. Dann bestimmen wir einen Baum $\tau(r)$ durch:

   $\mathrm{Def}(\tau(r)) = \{\square, 1, \ldots, n\}$

   $\tau(r)(\square) = \xi$, $\tau(r)(i) = x_i \quad (1 \leq i \leq n)$.

   D.h., $\tau(r)$ ist der Baum

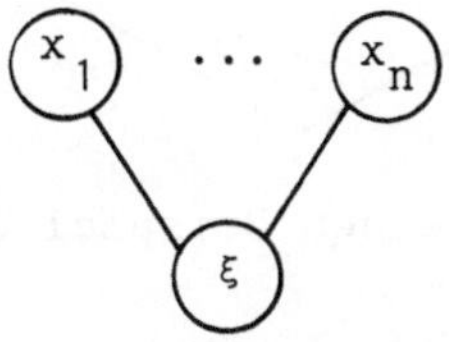

   $x_1 \quad \ldots \quad x_n$

   ξ

2. Sei f eine Ableitung mit $||f|| \geq 2$, $Q(f) \in A(G) \setminus T(G)$. Dann betrachten wir die folgende (eindeutig bestimmte) Darstellung für f:

   $$f = (u_1 Z(f_1) u_2 Z(f_2) \ldots u_{n-1} Z(f_{n-1}) u_n \times f_n \times v_n) \circ \ldots \circ$$
   $$\circ\, (u_1 Z(f_1) u_2 \times f_2 \times v_2) \circ (u_1 \times f_1 \times v_1) \circ (\square \times r \times \square)$$

   mit $Q(f_i) \in A(G) \setminus T(G)$; $||f_i|| \geq 1$; $n \geq 1$; $u_i, v_i \in A(G)^*$ $(1 \leq i \leq n)$.

   Sei dann $Z(f) = u_1 Z(f_1) u_2 Z(f_2) \ldots u_{n-1} Z(f_{n-1}) u_n Z(f_n) v_n$ und seien die Bäume $\tau(f_i)$ schon bestimmt. Dann ist $\tau(f)$ definiert durch:

   $$\begin{aligned}\mathrm{Def}(\tau(f)) = \{&\square, 1, 2, \ldots, |u_1|, |u_1|+2, \ldots, |u_1u_2|+1, |u_1u_2|+3, \ldots,\\ &|u_1 \ldots u_n|+n-1, |u_1 \ldots u_n|+n+1, \ldots, |u_1 \ldots u_n v_n|+n\} \cup\\ &\cup (|u_1|+1) \cdot \mathrm{Def}(\tau(f_1)) \cup \ldots \cup\\ &\cup (|u_1 \ldots u_n|+n) \cdot \mathrm{Def}(\tau(f_n))\end{aligned}$$

   $$\tau(f)(v) = \begin{cases} \tau(r)(v) & \text{falls } v \in \{\square, 1, \ldots, |u_1 \ldots u_n v_n|+n\} \setminus \\ & \qquad \setminus \{|u_1 \ldots u_i|+i \quad 1 \leq i \leq n\} \\ \tau(f_i)(v) & \text{falls } v \in (|u_1 \ldots u_i|+i) \cdot \mathrm{Def}(\tau(f_i)) \end{cases}$$

(Dabei ist "·" das Komplexprodukt.)

Diese komplizierte Definition ist die Formalisierung der durch nachstehende Abbildung veranschaulichten Vorgehensweise:

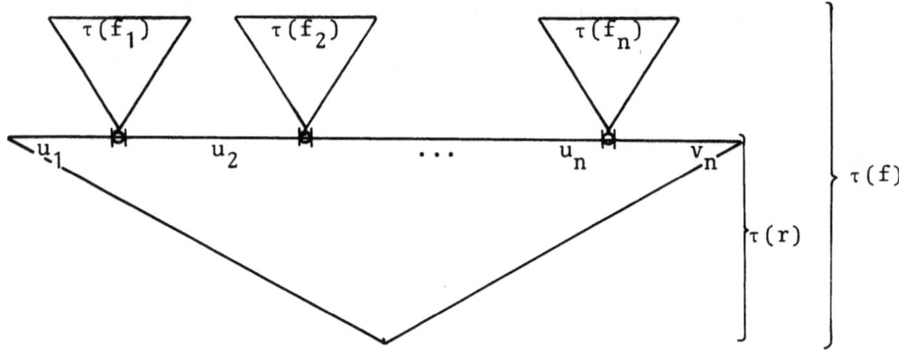

Wir demonstrieren an einem Beispiel den Aufbau des Baumes $\tau(f)$.

Beispiel:

Es seien die Regeln $\sigma \to \sigma\sigma | 0\sigma 1 | \square$ gegeben. Wir betrachten die Ableitung

$f = (0 \times (\sigma \to \square) \times 1) \circ (\square \times (\sigma \to \square) \times 0\sigma 1) \circ$
$(\sigma \times (\sigma \to 0\sigma 1) \times \square) \circ (\square \times (\sigma \to \sigma\sigma) \times \square)$

Die korrespondierende Darstellung ist

$f = (Z(f_1) \times f_2) \circ (f_1 \times \sigma) \circ (\square \times r \times \square)$ mit

$r = \sigma \to \sigma\sigma$, $f_1 = (\square \times (\sigma \to \square) \times \square$, $f_2 = (0 \times (\sigma \to \square) \times 1) \circ (\square \times (\sigma \to 0\sigma 1) \times \square)$.

Zum Aufbau von $\tau(f)$ benötigen wir $\tau(f_1)$ und $\tau(f_2)$.

Es ist $f_2 = (0 \times f_{21} \times 1) \circ (\square \times r_1 \times \square)$ mit $r_1 = \sigma \to 0\sigma 1$, $f_{21} = (\square \times (\sigma \to \square) \times \square)$.

Dann ist weiter $\tau(f_{21}) = \tau(f_1) =$,

$\tau(r_1) =$, $\tau(r) =$

daher ist $\tau(f_2) =$

und somit ergibt sich:

$\tau(f)$ =

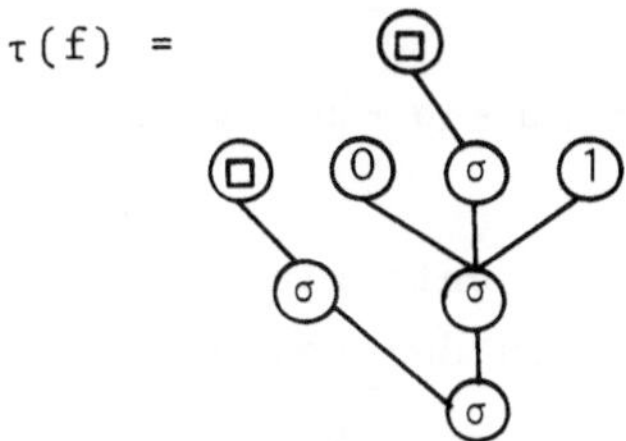

Bemerkung:

Aus einem Baum τ, dessen Verzweigungen den Regeln einer Grammatik entsprechen, kann man in naheliegender Weise eine Ableitung f mit $\tau(f) = \tau$ konstruieren. Man überzeugt sich im übrigen ohne große Schwierigkeiten davon, daß die Relation "$\equiv$" gekennzeichnet werden kann durch: $f \equiv g \iff \tau(f) = \tau(g)$.

VI.5 Weitere Eigenschaften der Relation "$\equiv$"

Wir stellen hier weitere Eigenschaften zusammen, die sich für das folgende als nützlich erweisen. Betrachten wir eine Grammatik G, so gibt es unter den Ableitungen f von G solche, bei denen alle Ersetzungen möglichst weit links in den Zwischenwörtern stattfinden. Im kontextfreien Fall bedeutet dies, daß wir den Ableitungsbaum von der Wurzel her so aufbauen, daß immer der am weitesten links befindliche noch nicht aufgebaute Unterbaum als nächster vollständig errichtet wird. Solche Ableitungen nennen wir kanonisch.

Definition VI.5.1:

Eine Ableitung $f = (u_n \times r_n \times v_n) \circ \ldots \circ (u_1 \times r_1 \times v_1)$ heißt *(LINKS-) KANONISCH*, falls für alle $1 \leq i < n$ gilt: $|u_{i+1} Q(r_{i+1})| > |u_i|$

Man überzeuge sich davon, daß obige Vorstellung in dieser Definition eingefangen wird. Ein kleines Beispiel möge zur Erläuterung dienen.

Beispiel:

Es seien die Regeln $\sigma \to \sigma\nu | b, \nu \to a\nu | c$ gegeben. Dann betrachte die Ableitungen

$f = (\square \times (\sigma \to b) \times ac) \circ (\sigma a \times (\nu \to c) \times \square) \circ (\sigma \times (\nu \to a\nu) \times \square) \circ$
$\circ (\square \times (\sigma \to \sigma\nu) \times \square)$

$g = (ba \times (\nu \to c) \times \square) \circ (b \times (\nu \to a\nu) \times \square) \circ (\square \times (\sigma \to b) \times \nu) \circ$
$\circ (\square \times (\sigma \to \sigma\nu) \times \square)$.

Es ist $f \equiv g$. g ist kanonisch, f nicht. f entspricht dem Aufbau des zugehörigen Ableitungsbaumes in der Reihenfolge:

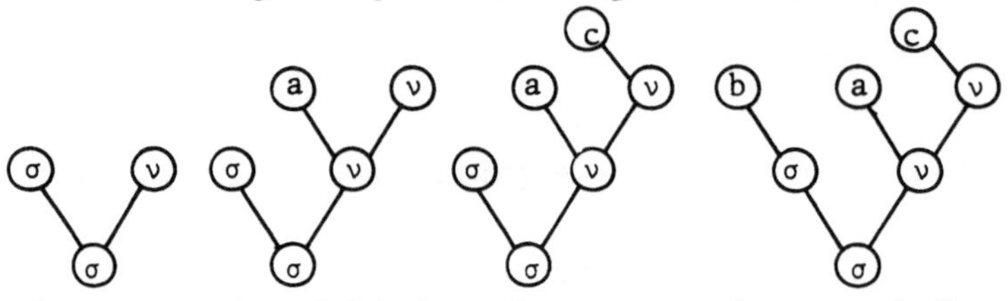

g dagegen entspricht dem eingangs verlangten Aufbau des Baumes, nämlich:

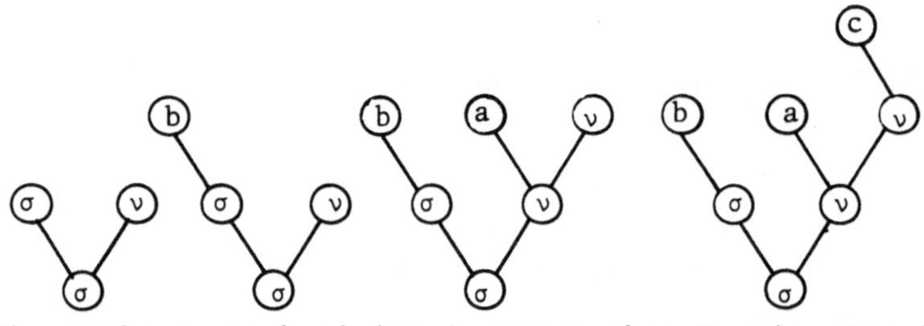

Wir notieren noch einige Aussagen ohne Beweis. Der interessierte Leser kann den recht komplizierten und für das folgende nicht wesentlichen Beweis dem Buch von G.Hotz und V.Claus /HOC/ entnehmen. Im kontextfreien Fall ist der Beweis mittels Ableitungsbäumen möglich.

Satz VI.5.1:

Sei G eine Grammatik, so gilt:

1. Zu jeder Ableitung f existiert eine kanonische Ableitung f' mit $f \equiv f'$.
2. Sind f und f' kanonische Ableitungen, so gilt: $f \equiv f' \Rightarrow f = f'$.

Bemerkung:

1. Dieser Satz eröffnet die Möglichkeit eines Entscheidungsverfahrens für die Relation "≡". Wir verweisen wieder auf den kontextfreien Fall, bei dem dieses Entscheidungsver-

fahren durch Konstruktion der kanonischen Ableitung aus dem Ableitungsbaum gewonnen werden kann.

2. Genau wie man alle Ersetzungen in einer Ableitung möglichst weit links vornehmen kann, kann man dies auch möglichst weit rechts tun. Man erhält dann *ANTIKANONISCHE* Ableitungen, für welche Satz VI.5.1 entsprechend gilt.

Korollar:

Ist f gleichzeitig kanonisch und antikanonisch und ist $f \equiv f'$, so gilt $f = f'$. (D.h., die Äquivalenzklasse von f besteht nur aus einem Element, aus f selbst.)

Im kontextfreien Fall lassen sich kanonische Ableitungen besonders einfach charakterisieren.

Lemma VI.5.1:

Ist G eine kontextfreie Grammatik und f eine Ableitung mit $Q(f) \in A(G) \setminus T(G)$, $Z(f) \in T(G)^*$, dann sind folgende Aussagen äquivalent:

(1) f ist kanonisch (antikanonisch)

(2) $f = (u_n \times r_n \times v_n) \circ \ldots \circ (u_1 \times r_1 \times v_1)$ mit $u_i \in T(G)^*$ (bzw. $v_i \in T(G)^*$) für $1 \leq i \leq n$.

Der Beweis ergibt sich direkt aus dem oben über den Aufbau des Baumes $\tau(f)$ Gesagten.

Korollar:

Sei G eine lineare Grammatik und seien f,f' Ableitungen mit

$Q(f), Q(f') \in A(G) \setminus T(G)$ und $Z(f), Z(f') \in T(G)^*$, so gilt:
$f \equiv f' \iff f = f'$

Beweis:

Offenbar ist nach Lemma VI.5.1 jede derartige Ableitung kanonisch und antikanonisch, was in Verbindung mit dem vorletzten Korollar die Behauptung liefert.

qed(Korollar)

Bemerkung:

Dieses Korollar läßt sich als Kriterium für die Nichteindeutigkeit linearer Grammatiken verwenden. (Gibt es für ein Wort der Sprache zwei verschiedene Ableitungen, so sind diese schon wesentlich verschieden und das Wort folglich nicht eindeutig.)

Ein weiteres einfaches Kriterium dafür, daß Ableitungen nicht wesentlich verschieden sind, kann auf folgende Weise gewonnen werden:

Sei G eine Grammatik. Dann betrachte zu $r \in P(G)$ die Funktion $||f||_r$, die auf den Ableitungen f von G definiert ist durch:

(i) $||r'||_r = \begin{cases} 1 & \text{falls } r' = r \\ 0 & \text{sonst} \end{cases} \qquad (r' \in P(G))$

(ii) $||z \times f||_r = ||f \times z||_r = ||f||_r \quad (z \in A(G)^*)$

(iii) $||g \circ f||_r = ||g||_r + ||f||_r$

Wir zählen also, wie oft die Regel r in f angewendet wird. Folgende Aussage ist offensichtlich:

Lemma VI.5.2:
Seien G eine Grammatik, f und f' Ableitungen, $r \in P(G)$, so gilt: $f \equiv f' \Rightarrow ||f||_r = ||f'||_r$.

VI.6 Eindeutige Grammatiken und eindeutige Sprachen

Die Eindeutigkeit einer Grammatik nachzuweisen, ist i.allg. ein nicht ganz einfaches Unterfangen. In der Regel geht man so vor, daß für eine Sprache L zunächst ein deterministischer Akzeptor bestimmten Typs angegeben wird, der dann so in eine Grammatik G verwandelt wird, daß der Ableitungsvorgang dem Rechenprozeß des Akzeptors entspricht. Diese Grammatik besitzt dann infolge der Determiniertheit des Akzeptors die Eigenschaft, daß zu einem Wort $w \in T(G)^*$ keine zwei wesentlich verschiedenen Ableitungen führen.

Mit Hilfe dieser Eigenschaft zeigt man dann ohne Schwierigkeit die Eindeutigkeit der erhaltenen Grammatik. Im allgemeinen muß man hierzu noch eine weitere Eigenschaft herleiten, die wie folgt gefaßt werden kann:

Bezeichnung:

Eine Grammatik G heißt *ZYKLENFREI*, falls für alle Ableitungen f mit $Q(f) = Z(f) \varepsilon A(G) \setminus T(G)$ gilt $f = Q(f)$.

Lemma VI.6.1:

Sei G eine zyklenfreie Grammatik. Gilt für alle $w \varepsilon A(G)^*$ mit der Eigenschaft "Es existiert $w' \varepsilon T(G)^*$ mit $w \vdash w'$." die Aussage, daß es höchstens ein $(u,r,v) \varepsilon A(G)^* \times P(G) \times A(G)^*$ gibt mit $w = upv$ und $\sigma \vdash upv$ $(\sigma \varepsilon S(G),\ r = (p,q))$, dann ist G eindeutig.

Beweis:

Wir zeigen, daß es zu jedem $w \varepsilon A(G)^*$, $w \notin S(G)$ mit $\sigma \vdash w \quad \vdash w' \varepsilon T(G)^* (\sigma \varepsilon S(G))$ genau eine Ableitung f mit $Q(f) = \sigma$ und $Z(f) = w$ gibt.

Für jedes derartige w sei $f_o(w)$ eine feste Ableitung mit $Q(f_o(w)) = \sigma$ und $Z(f_o(w)) = w$. Da $w \notin S(G)$ ist, muß $||f_o(w)|| \geq 1$ stets gelten. Es bietet sich daher Induktion über die Länge der Ableitung $f_o(w)$ als Beweismethode an.

Verankerung: $||f_o(w)|| = 1$

Dann ist $f_o(w) = r \varepsilon P(G)$ mit $Q(r) = \sigma$

Sei f_1 eine weitere Ableitung mit $Q(f_1) = \sigma$ und $Z(f_1) = w$.

f_1 hat die Form $f_1 = (u_1 \times r_1 \times v_1) \circ \ldots \circ (u_n \times r_n \times v_n)$.

Aus der Voraussetzung folgt $\sigma \vdash u_1 Q(r_1) v_1$ und daher $r_1 = r, u_1 = v_1 = \square$. Dann ist aber $f_2 = (u_2 \times r_2 \times v_2) \circ \ldots \circ (u_n \times r_n \times v_n)$ eine Ableitung mit $Z(f_2) = Q(f_2) = \sigma$. Wegen der Zykelfreiheit von G ist daher $f_2 = Q(f_2) = \sigma$ (darunter verstehen wir ja die Ableitung $((), \sigma, \sigma)$) und folglich $f_1 = f_o(w)$.

Induktionsschritt: Die Behauptung gelte für alle $f_o(w')$ mit $||f_o(w')|| \leq k$

Betrachte $f_o(w)$ mit $||f_o(w)|| = k+1$. Dann ist

$f_o(w) = (u \times r \times v) \circ f_{o1}$ mit $r \in P(G)$; $u,v \in A(G)^*$ und $||f_{o1}|| = k$.

Ist f_1 eine weitere Ableitung mit $Q(f_1) = \sigma$ und $Z(f_1) = w$, so gilt: $f_1 = (u_1 \times r_1 \times v_1) \circ f_{11}$ mit $u_1, v_1 \in A(G)^*$ und $r_1 \in P(G)$. Hieraus folgt $\sigma \vdash u_1 Q(r_1) v_1$. Wegen der Voraussetzung ist $u_1 = u$, $v_1 = v$, $r_1 = r$. Daher ist $Z(f_{11}) = Z(f_{o1})$ und aus der Induktionsvoraussetzung folgt $f_{o1} = f_{11}$, womit die Behauptung bewiesen ist.

qed(Lemma VI.6.1)

Die formalen Sprachen sind nun gerade die von Turingmaschinen akzeptierten Mengen. Geht man von einer die Sprache L akzeptierenden Turingmaschine aus und geht gemäß Satz II.1.1 zur Grammatik G über, so ist auf G das obige Lemma anwendbar, da Turingmaschinen deterministisch arbeiten. Folglich gilt

Satz VI.6.1:

Zu jeder Sprache L existiert eine eindeutige Grammatik G mit $\mathcal{L}(G) = L$.

Entsprechend kann man für die einseitig-linearen Sprachen argumentieren, die ja von endlichen Akzeptoren erkannt werden. Beachtet man das Korollar aus Lemma VI.5.1 über die Ableitungen linearer Sprachen, so erhält man unter Benutzung von Lemma VI.6.1 den

Satz VI.6.2:

Zu jeder regulären Menge R gibt es eine eindeutige einseitig lineare Grammatik G mit $\mathcal{L}(G) = R$.

Wir interessieren uns nun für die Konstruktion eindeutiger kontextfreier Grammatiken für kontextfreie Sprachen. (Eine direkte Argumentation über den zugehörigen Automatentyp ist hier nicht möglich, da dies ja eine nichtdeterministische Maschine (Kellerautomat) ist.)

Durch Kontrolle der entsprechenden Beweise erhalten wir zunächst:

Satz VI.6.3:

Zu jeder eindeutigen kontextfreien Grammatik G existieren eindeutige Ch-2-Grammatiken G1-G4 mit:

1. G1 ist Chomsky-reduziert und es ist $\mathcal{L}(G1) = \mathcal{L}(G)$.
2. G2 ist vom schwachen Erweiterungstyp und $\mathcal{L}(G2) = \mathcal{L}(G) \setminus \{\square\}$.
3. G3 ist vom Erweiterungstyp und $\mathcal{L}(G3) = \mathcal{L}(G) \setminus (T(G) \cup \{\square\})$.
4. G4 ist in Chomsky-Normalform und $\mathcal{L}(G4) = \mathcal{L}(G)$.

Entsprechend kann man die folgenden Aussagen beweisen:

Satz VI.6.4:

Seien G1, G2 und G eindeutige kontextfreie Grammatiken, R eine reguläre Menge, $T(G1) = T(G2)$, $¢ \notin T(G1)$, so gilt:

Es gibt eindeutige kontextfreie Grammatiken G_R, G^{SP}, G3 und eine kontextfreie Grammatik G_o mit:

1. $\mathcal{L}(G_o) = \mathcal{L}(G1) \cup \mathcal{L}(G2)$ und G_o ist genau dann eindeutig, wenn $\mathcal{L}(G1) \cap \mathcal{L}(G2) = \emptyset$ ist.
2. $\mathcal{L}(G_R) = \mathcal{L}(G) \cap R$
3. $\mathcal{L}(G3) = \mathcal{L}(G1) \cdot \{¢\} \cdot \mathcal{L}(G2)$
4. $\mathcal{L}(G^{SP}) = sp(\mathcal{L}(G))$

Weitere Eigenschaften sind, wie wir noch sehen werden, nur unter Zusatzbedingungen nachweisbar. Immerhin gilt:

Satz VI.6.5:

Sei G eine kontextfreie Grammatik und α eine gsm mit der Eigenschaft: $F_\alpha(w_1) = F_\alpha(w_2) \Rightarrow w_1 = w_2$, für alle $w_1, w_2 \in \mathcal{L}(G)$, so gibt es eine kontextfreie Grammatik G' mit:

(i) $\mathcal{L}(G') = F_\alpha(\mathcal{L}(G))$
(ii) G' eindeutig $\Leftrightarrow$ G eindeutig

Beweis:

Wir geben in aller Kürze die Grammatik G' an. An Variablen

benötigen wir $Z(G') := \{[\xi,s,s',v] \,/\, \xi \in Z(G);\ s,s' \in S(\alpha);$ $v \in T(G)^*$ mit: es gibt $(p,q) \in P(G)$, so daß $q = v$ oder $q \in A(G)^* \cdot Z(G) \cdot v\}$. Mit dem Regelsystem P(G') vollziehen wir gleichzeitig Ableitungen mittels G und Übersetzungen mittels α nach.

P(G') enthält folgende Regeln:

1. $[\xi,s,s',v] \to \lambda_\alpha(w_1,s)[\xi_1,\delta_\alpha(w_1,s),s_1,v_1]\lambda_\alpha(w_2,s_1)\ldots$
$[\xi_r,\delta_\alpha(w_r,s_{r-1}),w_r,v_r]\lambda_\alpha(w_{r+1},s_r)$

   wobei $w_{r+1} = v;\ s,s',s_1,\ldots,s_r \in S(\alpha);\ \xi,\xi_1,\ldots,\xi_r \in Z(G);$ $w_1,\ldots,w_{r+1} \in T(G)^*$ und $\xi \to w_1\xi_1\ldots w_r\xi_r w_{r+1} \in P(G)$ sind.
2. $[\xi,s,s',v] \to \lambda_\alpha(v,s)$

   falls $\xi \to v \in P(G)$ und $\delta_\alpha(v,s) = s'$ ist.

Der Leser mache sich klar, wie diese Grammatik arbeitet und daß sie gerade $F_\alpha(\mathscr{L}(G))$ erzeugt. (Wie sieht S(G') aus?) Man zeigt nun die Voraussetzung des Lemma VI.6.1 (die Eigenschaft der "eindeutigen Analyse"), wobei man beachten muß, daß aufgrund der Voraussetzungen über α eventuelle Mehrdeutigkeiten von G' nur von G herrühren können.

qed(Satz VI.6.5)

Wir geben einige Beispiele für eindeutige Grammatiken.

Beispiel VI.6.1:

Wir führen stets nur das Regelsystem auf; σ sei jeweils das Startsymbol; wie die Alphabete aussehen, ist dann klar.

(1) $\sigma \to a\sigma b\,|\,\square$ ist eindeutig
(2) $\sigma \to 0\sigma 1\sigma\,|\,\square$ ist eindeutig
(3) Sei $\underline{x} = (x_1,\ldots,x_n) \in \{a,b\}^+$, $L(\underline{x})$ die Sprache aus Abschnitt V.2.3 und $G(\underline{x})$ die Grammatik aus Lemma V.2.1, welche $L(\underline{x})$ erzeugt. $G(\underline{x})$ ist eindeutig (folgt aus Lemma VI.6.1, da $G(\underline{x})$ die Eigenschaft der eindeutigen Analyse besitzt).
(4) Entsprechend erhält man, daß die Grammatik aus Lemma

V.2.2, welche L_{sp} erzeugt, eindeutig ist.

(5) $\sigma \rightarrow a\xi b\eta, \eta \rightarrow a\eta b|\Box, \xi \rightarrow a\xi|\Box$ ist eindeutig.

Die Beispiele (3) und (4) liefern in Verbindung mit Satz VI.6.4(1) und der Nichtentscheidbarkeit des Postschen Korrespondenzproblems den

Satz VI.6.6:

Für kontextfreie Grammatiken G ist es generell nicht entscheidbar, ob G eindeutig ist oder nicht.

Beweis:

Betrachte zu $\underline{x},\underline{y} \in \{a,b\}^+$ die Grammatiken $G(\underline{x})$ und $G(\underline{y})$. Es sei $G(\underline{x},\underline{y})$ die nach Satz VI.6.4(1) existierende Grammatik für $L(\underline{x}) \cup L(\underline{y})$, dann gilt: $G(\underline{x},\underline{y})$ eindeutig $\Leftrightarrow L(\underline{x}) \cap L(\underline{y}) = \emptyset$. Letztere Aussage ist aber äquivalent dazu, daß $(\underline{x},\underline{y})$ kombinierbar ist, was aber nicht entschieden werden kann (Postsches Korrespondenzproblem).

qed(Satz VI.6.6)

VI.7 Inhärente Mehrdeutigkeit

Dem aufmerksamen Leser wird nicht entgangen sein, daß wir nicht bewiesen haben (auch mit Satz VI.6.1 nicht!), daß jede kontextfreie Sprache eine eindeutige kontextfreie Grammatik besitzt. Der Gang über die Turingmaschine wie in Satz VI.6.1 liefert ja noch nicht einmal eine kontextsensitive Grammatik. Wir zeigen nun in diesem Abschnitt, daß es kontextfreie Sprachen gibt, für die keine eindeutige Ch-2-Grammatik existiert. Im kontextsensitiven Fall ist das Problem im übrigen ungelöst (vgl. die Ausführungen über deterministische / nichtdeterministische linear beschränkte Automaten).

Zunächst noch eine

Definition VI.7.1:

Eine kontextfreie Sprache L heißt *EINDEUTIG*, wenn es eine eindeutige kontextfreie Grammatik G mit $\mathcal{L}(G) = L$ gibt. Im anderen Fall heißt L *INHÄRENT MEHRDEUTIG*.

Aus Abschnitt VI.6 entnehmen wir folgende Abschlußeigenschaften für eindeutige kontextfreie Sprachen.

Lemma VI.7.1:

Seien L1,L2,L eindeutige kontextfreie Sprachen, R eine reguläre Menge und ¢, $ neue Symbole. Dann sind die Sprachen

R

¢·L1 ∪ $·L2

L1·¢·L2

sp(L)

L ∩ R

ebenfalls eindeutig und kontextfrei.

Beispiel VI.7.1:

Die folgenden Sprachen sind kontextfrei und eindeutig:

$\{a^n b^n \;/\; n \geq 1\}$

$\{a^n b^n a^m \;/\; n,m \geq 1\}$

Dyck-Sprache $D_{\{x_1,...,x_n\}}$

$L(\underline{x})$

L_{sp}

Wir gehen nun daran zu zeigen, daß die Sprache

$\{a^n b^n a^m \;/\; n,m \geq 1\} \cup \{a^m b^n a^n \;/\; n,m \geq 1\}$

inhärent mehrdeutig ist.

Dazu benötigen wir einige Vorbereitungen.

Bezeichnung:

1) Für eine kontextfreie Grammatik G sei
Rek(G) := $\{\xi \in Z(G) \;/$ es gibt $u,v \in T(G)^*$, $uv \neq \Box$, mit $\xi \vdash u\xi v\}$.
2) Eine kontextfreie Chomsky-reduzierte Grammatik heißt *TOTAL REKURRENT*, falls $Rek(G) \setminus S(G) = Z(G) \setminus S(G)$ ist.

Lemma VI.7.2:

Zu jeder kontextfreien Grammatik G existiert eine total

rekurrente Grammatik G' mit $\mathcal{L}(G') = \mathcal{L}(G)$.

Ist G eindeutig, so auch G'.

Beweis:

O.B.d.A. sei G schon Chomsky-reduziert. Betrachte

$f(G) := \# ((Z(G) \setminus S(G)) \setminus (Rek(G) \setminus S(G)))$.

Wir geben ein rekursives Verfahren für die Konstruktion von G' an, welches die Größe f(G) in jedem Schritt verkleinert. Ist f(G) = 0, so setze man G' = G. Also sei f(G) > 0. Dann betrachte $\xi \in Z(G) \setminus S(G)$, aber $\xi \notin Rek(G) \setminus S(G)$. Wir zerlegen P(G) in

$P' := \{(\xi,p) \;/\; (\xi,p) \in P(G)\}$ und
$P'' := P(G) \setminus P'$.

Sodann bilden wir

$P\hat{} := \{(\eta,u_1p_1u_2...u_rp_ru_{r+1}) \;/\; r \geq 0,\; (\eta,u_1\xi u_2...u_r\xi u_{r+1}) \in P'',$
$u_1,...,u_{r+1} \in A(G)^*,\; (\xi,p_i) \in P'$ für $1 \leq i \leq r\}$.

Setze nun $G' = (A(G), P\hat{} \cup P'', S(G), T(G))$, so verifiziert man leicht:

$f(G') = f(G) - 1$
$\mathcal{L}(G') = \mathcal{L}(G)$

G' ist eindeutig und Chomsky-reduziert, sofern G dies ist.

Wenden wir nun dieses Verfahren auf G' anstelle von G an usw., erhalten wir nach endlich vielen Schritten eine Grammatik G' wie verlangt.

qed(Lemma VI.7.2)

Lemma VI.7.3:

Ist G Chomsky-reduziert und eindeutig, so gilt für jede Ableitung f:

$Q(f) = Z(f) \in A(G) \setminus T(G) \Rightarrow \quad ||f|| = 0$

Beweis:

Wir führen den Beweis indirekt.

<u>Annahme:</u> Es existiert eine Ableitung f mit
$Q(f) = Z(f) \in A(G) \setminus T(G)$ und $||f|| \geq 1$.

Da G Chomsky-reduziert ist, gibt es Ableitungen h1 und h2 mit $Q(h1) = \sigma \in S(G)$, $Z(h2) \in T(G)^*$, $Q(h2) = Z(h1)$ und $Z(h1) = uQ(f)v$ mit $u,v \in T(G)^*$. Bilde nun $g1 = h2 \circ h1$ und $g2 = h2 \circ (u \times f \times v) \circ h1$, so gilt:
$Q(g1) = Q(g2) = \sigma \in S(G)$, $Z(g1) = Z(g2) \in T(G)^*$, aber $||g1|| < ||g2||$. Daher ist $g1 \nmid g2$ im Widerspruch zur vorausgesetzten Eindeutigkeit von G.

<u>qed(Lemma VI.7.3)</u>

<u>Lemma VI.7.4:</u>

Sei G eine eindeutige, total rekurrente kontextfreie Grammatik mit $\mathcal{L}(G) = \{a^n b^n c^m \ / \ n,m \geq 1\} \cup \{a^m b^n c^n \ / \ n,m \geq 1\}$, so gelten die folgenden Aussagen.

(1) $S(G) \cap Rek(G) = \emptyset$

(2) Ist $\xi \in Z(G) \setminus S(G)$, dann gilt genau eine der folgenden vier Aussagen:

(i) Es existieren eine Zahl $m(\xi) \geq 1$ und Worte $x,y \in T(G)^*$ mit $\xi \vdash x\xi y$ und $xy = a^{m(\xi)}$.

(ii) Es existieren eine Zahl $m(\xi) \geq 1$ und Worte $x,y \in T(G)^*$ mit $\xi \vdash x\xi y$ und $xy = c^{m(\xi)}$.

(iii) Es gibt eine Zahl $m(\xi)$ mit $\xi \vdash a^{m(\xi)} \xi b^{m(\xi)}$.

(iv) Es gibt eine Zahl $m(\xi)$ mit $\xi \vdash b^{m(\xi)} \xi c^{m(\xi)}$.

(3) Es existiert ein $l \geq 1$ mit der Eigenschaft:
Ist $x \in \mathcal{L}(G)$ und f eine Ableitung mit

(a) $Q(f) = \sigma \in S(G)$ und $Z(f) = x$

(b) In allen Zerlegungen $f = f1 \circ f2$ mit $Z(f2) = u\xi v$, $u,v \in A(G)^*$ und $\xi \notin S(G)$ gilt für ξ entweder Aussage (2.i) oder Aussage (2.ii).

so ist $|x|_{\{b\}} < l$.

Anders ausgedrückt: Gibt es für $x \in \mathcal{L}(G)$ eine Ableitung, in welcher nur Variablen mit (2.i) oder (2.ii) vorkommen, so enthält x weniger als l b's.

Beweis:

zu (2)

Sei $\xi \in Z(G) \setminus S(G)$. Da G total rekurrent ist, gibt es $u, v \in T(G)^*$, $uv \neq \square$, mit $\xi \vdash u\xi v$.

Behauptung 1: $u, v \in \{a\}^* \cup \{b\}^* \cup \{c\}^*$

Beweis: Nehmen wir im Gegensatz zur Behauptung an, daß u von der Form $u = u_1 a u_2 b u_3$ ist (die übrigen Fälle erledigt man analog), dann gilt:

$\xi \vdash u_1 a u_2 b u_3 \xi v \quad \vdash u_1 a u_2 b u_3 u_1 a u_2 b u_3 \xi vv$

Dies kann aber nicht sein, da sich diese Ableitung nicht bis hin zu einem Wort aus $\mathcal{L}(G)$ fortsetzen läßt.

qed(Behauptung 1)

Behauptung 2: (a) $u \in \{c\}^+ \Rightarrow v \in \{c\}^*$

(b) $u \in \{b\}^+ \Rightarrow v \in \{b\}^* \cup \{c\}^*$

Mit den entsprechenden Modifikationen verläuft der Beweis analog zu dem von Behauptung 1.

Behauptung 3: (a) $uv \notin \{b\}^+$

(b) $u = a^m, m \geq 1 \Rightarrow v \in \{a\}^* \cup \{b^m\}$

(c) $u = b^m, m \geq 1 \Rightarrow v \in \{b\}^* \cup \{c^m\}$

Beweis (indirekt):

(a) Annahme: $uv = b^m$ mit $m \geq 1$ geeignet.
Da G Chomsky-reduziert ist, gibt es $w_1, w_2 \in T(G)^*$ und $\sigma \in S(G)$ mit $\sigma \vdash w_1 \xi w_2 \quad \vdash a^r b^s b^t$, wobei $r, s, t \geq 1$ und $s = r$ oder $s = t$. Hieraus folgt für alle $q \geq 1$:

$\sigma \vdash w_1 u^q \xi v^q w_2$

Da $uv = b^m$, folgt weiter:

$\sigma \vdash a^r b^{mq+s} c^t$ für alle $q \geq 1$

Das ist aber ein Widerspruch zur Festlegung von $\mathcal{L}(G)$.

(b) Annahme: $v = c^n$, $n \geq 1$ bzw. $v = b^n$, $n \neq m$
Dann gilt wiederum wie oben

$\sigma \vdash w_1 \xi w_2 \quad \vdash a^r b^s c^t$ und daher für alle $q \geq 1$

$\sigma \vdash w_1 u^q \xi v^q w_2 \quad \vdash a^{r+mq} b^s c^{t+nq}$ bzw.

$\sigma \vdash w_1 a^{mq} \xi b^{nq} w_2 \quad \vdash a^{r+mq} b^{s+nq} c^t$, was wiederum ein Widerspruch ist.

(c) Analog wie (b).

qed(Behauptung 3)

Nun sieht man sofort, daß wenigstens einer der Fälle (i)-(iv) zutreffen muß. Für $\xi \vdash u\xi v$ liefert Behauptung 1 $u,v \in \{a\}^* \cup \{b\}^* \cup \{c\}^*$. Ist $u = a^m \in \{a\}^*$, so folgt aus Behauptung 3(b) entweder $v \in \{a\}^*$ (das wäre Fall (i)) oder $v = b^m$ (das wäre Fall (iii)), usw.

Wir haben nun noch zu zeigen:

Behauptung 4: Die Fälle (i)-(iv) schließen sich gegenseitig aus.

Wir zeigen: Gilt der Fall (2i), so gilt nicht (2iii).

Annahme: Es gilt sowohl (2i) als auch (2iii).

D.h. $\xi \vdash x\xi y$ mit $xy = a^{m1}$ und $\xi \vdash a^{m3} \xi b^{m3}$. Daraus folgt $\xi \vdash a^{m3+k} \xi a^l b^{m3}$ mit $k+l = m_1$.

Ist $l \neq 0$, so widerspricht dies der bewiesenen Behauptung 1, $l = 0$ widerspricht Behauptung 3(b).

Analog zeigt man, daß (2.ii) und (2.iii) nicht gleichzeitig gelten können und ganz entsprechend, daß (2.i) und (2.iv) bzw. (2.ii) und (2.iv) sich gegenseitig ausschließen.

Wir zeigen weiter: (2.iii) und (2.iv) schließen sich gegenseitig aus. Würden beide nämlich gleichzeitig gelten, so hätte man $\xi \vdash a^{m3} \xi b^{m3}$ und $\xi \vdash b^{m4} \xi c^{m4}$ mit $m3, m4 \geq 1$.

Daraus folgt aber $\xi \vdash a^{m3} b^{m4} \xi c^{m4} b^{m3}$ mit $m3, m4 \geq 1$. Dies aber widerspricht Behauptung 1.

Entsprechend erhält man, daß (2.i) und (2.ii) nicht gleichzeitig gelten können.

Damit ist (2) vollständig bewiesen.

zu (1)

Annahme: Es gibt $\sigma \in S(G)$ und $u,v \in T(G)^*$, $uv \neq \square$, mit $\sigma \vdash u\sigma v$. Der Beweis von (2) basierte nicht auf der Voraussetzung $\xi \notin S(G)$. Daher gilt auch für σ einer der Fälle (2.i)-(2.iv).

Ist nun etwa $uv = a^m$ mit $m \geq 1$ geeignet, so gibt es, da $abc^2 \in \mathcal{L}(G)$ ist, für alle $q \geq 1$ eine Ableitung

$\sigma \vdash a^{m1 \cdot q}abc^2a^{m2 \cdot q}$ $(m1+m2 = m)$.

Dies ist aber, da letzteres Wort nicht in $\mathcal{L}(G)$ liegt, ein Widerspruch. Entsprechend führt man die Fälle (2.ii)-(2.iv) zum Widerspruch.

zu (3)

Annahme: Es gibt für jedes $\tilde{l} \geq 1$ ein Wort $x \in \mathcal{L}(G)$, das sich aus S(G) nur unter Benutzung von Variablen des Typs (2.i) oder (2.ii) ableiten läßt und mehr als $\tilde{l}$ b's enthält. Da $\tilde{l}$ beliebig groß sein darf, muß man f so zu f' mit $f \equiv f'$ umformen können, daß sich f' in der Form $f' = h_1 \circ (w1 \times h_o \times w2) \circ h_2$ zerlegen läßt, wobei $Q(h_o) = \xi$, $Z(h_o) = u\xi v$ und $|uv|_{\{b\}} \geq 1$ ist. Daher gilt für ξ entweder (2.iii) oder (2.iv) im Widerspruch zur Voraussetzung.

qed(Lemma VI.7.4)

Satz VI.7.1:

Die Sprachen

$L1 := \{a^n b^n c^m \ / \ n,m \geq 1\} \cup \{a^m b^n c^n \ / \ n,m \geq 1\}$ und

$L2 := \{a^n b^n a^m \ / \ n,m \geq 1\} \cup \{a^m b^n a^n \ / \ n,m \geq 1\}$

sind inhärent mehrdeutig.

Beweis:

Wir zeigen die Behauptung zunächst für L1.

Annahme: L1 ist eindeutig.

Dann gibt es eine eindeutige, kontextfreie, total rekurrente Grammatik G, die L1 erzeugt (Lemma VI.7.2).
(O.B.d.A. $\#$ S(G) = 1!) Es seien m(ξ) und 1 die Größen aus Lemma VI.7.4-(2) bzw. -(3). Es sei $k := \prod_{\xi \varepsilon Z_{123}} m(\xi)$, wobei Z_{123} aus allen Variablen von G besteht, die Bedingung (2.i), (2.ii) oder (2.iii) aus Lemma VI.7.4 erfüllen. Weiter sei p eine Zahl größer als 1, die durch k teilbar ist.

Dann betrachte $z1 = a^p b^p c^{2p} \varepsilon$ L1 nebst zugehöriger Ableitung f. In f kann keine Variable, die der Bedingung (2.iv) des vorigen Lemmas genügt, auftreten. Denn:
Nehmen wir an, f läßt sich zerlegen in $f = f_1 \circ f_2$ mit $Z(f_2) = u\xi v$ ($u,v \varepsilon A(G)^*$) und ξ genügt Bedingung (2.iv), so gilt $\sigma \vdash u\xi v \vdash z1$ und $\xi \vdash b^n \xi c^n, n \geqq 1$. Daraus folgt aber, da n Teiler von p ist: $\sigma \vdash a^p b^{2p} c^{3p}$. Letzteres Wort liegt aber nicht in L1, womit wir einen Widerspruch erhalten haben.

Da nun p > 1 ist, kommt man in f nach Lemma VI.7.4-(3) nicht mit den Variablen, die (2.i) bzw. (2.ii) genügen, alleine aus. Folglich muß wenigstens eine Variable ξ mit (2.iii) auftreten, d.h., $f = f_1 \circ f_2$ mit $Z(f_2) = u\xi v$ ($u,v \varepsilon A(G)^*$) und ξ genügt (2.iii). Das bedeutet aber $\sigma \vdash u\xi v \vdash z1$ und $\xi \vdash a^p \xi b^p$. Mithin gibt es eine Ableitung h mit Q(h) ε S(G), $Z(h) = a^{2p} b^{2p} c^{2p}$ und in h gibt es wenigstens eine Variable, die (2.iii) erfüllt, aber keine, die (2.iv) genügt.

Führt man die obigen Betrachtungen ausgehend von $z2 = a^{2p} b^p c^p$ durch, so erhält man eine Ableitung h' mit Q(h') ε S(G), $Z(h') = a^{2p} b^{2p} c^{2p}$ und in h' gibt es wenigstens eine Variable, die (2.iv) genügt, aber keine, die (2.iii) erfüllt.

Also haben wir zwei Ableitungen h und h' für $a^{2p} b^{2p} c^{2p} \varepsilon$ L1 gefunden, die sicherlich nicht äquivalent sind ($h \not\equiv h'$). Das ist aber ein Widerspruch zur vorausgesetzten Eindeutigkeit von L1.

Um die Mehrdeutigkeit von L2 zu zeigen, geben wir eine verallgemeinerte sequentielle Maschine α an, die L1 in L2 übersetzt und die Voraussetzung des Satzes VI.6.5 erfüllt.

Aufgrund dieses Satzes würde die Eindeutigkeit von L2 die Eindeutigkeit von L1 nach sich ziehen.

Die gsm α ist dann wie folgt gegeben:

$I(\alpha) = \{a,b,c\}$, $O(\alpha) = \{a,b\}$, $S(\alpha) = \{s_o\}$, $s_{an}(\alpha) = s_o$

$(\delta_\alpha,\lambda_\alpha)$ sind durch folgende Tabelle definiert:

$(\delta_\alpha,\lambda_\alpha)$	s_o
a	(s_o,a)
b	(s_o,b)
c	(s_o,a)

Es ist klar, daß $F_\alpha(L1) = L2$ ist und für alle $w_1,w_2 \in L1$ gilt: $F_\alpha(w_1) = F_\alpha(w_2) \Rightarrow w_1 = w_2$.

qed(Satz VI.7.1)

Mit Hilfe dieses Satzes können wir nun zeigen

Satz VI.7.2:

Es ist für kontextfreie Grammatiken G generell nicht entscheidbar, ob $\mathcal{L}(G)$ inhärent mehrdeutig ist oder nicht.

Beweis:

Wir betrachten die Sprachen $L(\underline{x})$, $L(\underline{y})$, L_{sp} und $L(\underline{x},\underline{y})$, die uns schon häufiger begegnet sind. Mit einem neuen Buchstaben d sei dann

$$L_o(\underline{x},\underline{y}) := L(\underline{x},\underline{y}) \cdot d \cdot \{a^n b^n a^m \ / \ n,m \geq 1\} \cup$$
$$\cup\ L_{sp} \cdot d \cdot \{a^m b^n a^n \ / \ n,m \geq 1\}.$$

Da die beiden Teilsprachen von $L_o(\underline{x},\underline{y})$ eindeutig sind, folgt nach Satz VI.6.4-(1) aus $L(\underline{x},\underline{y}) \cap L_{sp} = \emptyset$ die Eindeutigkeit von $L_o(\underline{x},\underline{y})$.

Sei nun umgekehrt $L_o(\underline{x},\underline{y})$ eindeutig:

Annahme: Es gibt $x \in L(\underline{x},\underline{y}) \cap L_{sp}$.
Dann betrachte

$$xd \cdot \{a\}^* \cdot \{b\}^* \cdot \{a\}^* \cap L_o(\underline{x},\underline{y}) =$$
$$xd \cdot (\{a^n b^n a^m \ / \ n,m \geq 1\} \cup \{a^m b^n a^n \ / \ n,m \geq 1\})$$

Nach Satz VI.6.4-(2) ist diese Sprache eindeutig. Andererseits folgt aus Satz VI.6.5 mit einer geeigneten gsm α die inhärente Mehrdeutigkeit dieser Sprache, da L2 (vgl. Satz VI.7.1) mehrdeutig ist. Also haben wir einen Widerspruch. Folglich muß $L(\underline{x},\underline{y}) \cap L_{sp} = \emptyset$ gelten.

Wir haben also erhalten, daß $L_o(\underline{x},\underline{y})$ genau dann inhärent mehrdeutig ist, wenn $L(\underline{x},\underline{y}) \cap L_{sp} = \emptyset$ ist. D.h., die Entscheidbarkeit der inhärenten Mehrdeutigkeit ist äquivalent zum Postschen Korrespondenzproblem.

qed(Satz VI.7.2)

Abschlußeigenschaften für inhärent mehrdeutige Sprachen sind schwer zu erreichen. Immerhin erhalten wir aus den Sätzen VI.6.4 und VI.6.5 folgende Aussagen:

Satz VI.7.3:

Seien $L, L1, L2 \subseteq T^*$ kontextfreie Sprachen, dann gilt:

(1) L inhärent mehrdeutig, $w \in T^*$ => $w \cdot L$ inhärent mehrdeutig.
(2) Ist R regulär, L inhärent mehrdeutig => $R \cap L$ oder $\overline{R} \cap L$ ist inhärent mehrdeutig.
(3) Seien ¢,\$ neue Symbole, L1 oder L2 inhärent mehrdeutig => $¢ \cdot L1 \cup \$ \cdot L2$ ist inhärent mehrdeutig.
(4) Ist L1 oder L2 inhärent mehrdeutig und sind beide nicht leer, so ist $L1 \cdot ¢ \cdot L2$ inhärent mehrdeutig.
(5) L inhärent mehrdeutig => sp(L) inhärent mehrdeutig.

Beweis:

(1) läßt sich unmittelbar mit Satz VI.6.5 beweisen.
(2) folgt aus Satz VI.6.4-(1) wegen $L = (R \cap L) \cup (\overline{R} \cap L)$.
(5) folgt aus Satz VI.6.4-(4)
(3) Es ist $¢ \cdot L1 = (¢ \cdot L1 \cup \$ \cdot L2) \cap ¢ \cdot T^*$
$\$ \cdot L2 = (¢ \cdot L1 \cup \$ \cdot L2) \cap \overline{¢ \cdot T^*}$.

Aus (1), (2) und Satz VI.6.4 folgt dann (3).

(4) Sei L2 inhärent mehrdeutig.
<u>Annahme:</u> L1 · ¢ · L2 ist eindeutig.
Dann betrachte $w_1 \varepsilon$ L1. Es gilt
$w_1 \cdot ¢ \cdot L2 = L1 \cdot ¢ \cdot L2 \cap \{w_1¢\} \cdot T^*$
Also ist nach (2) $\{w_1¢\} \cdot L2$ eindeutig, im Widerspruch zu (1). Analog geht man im Fall, daß L1 inhärent mehrdeutig ist, vor.

<u>qed(Satz VI.7.3)</u>

<u>Übungsaufgaben zu VI</u>

VI.1 Man zeige, daß die Sprache $\{w \cdot sp(w) \ / \ w \ \varepsilon \ \{a,b\}^*\}$ eindeutig ist.

VI.2 Man zeige, daß die durch die Regeln $\sigma \to \sigma\sigma \mid x_i\sigma x_i' \mid \square$ $(1 \leq i \leq n)$ über einem n-elementigen Alphabet T gegebene Dyck-Sprache D_T eindeutig ist.

VI.3 Man zeige:
a) Ist $L \subseteq T^*$ eine eindeutige kontextfreie Sprache und α eine gsm, für die F_α auf L injektiv ist, so ist $F_\alpha(L)$ eindeutig.
b) Ist $L \subseteq T^*$ inhärent mehrdeutig, $w \ \varepsilon \ T^*$, so sind auch $w \cdot L$ und $L \cdot w$ inhärent mehrdeutig.

VI.4 Sei L eine formale Sprache. Man zeige: L eindeutig <=> sp(L) eindeutig.

VI.5 Man zeige: Zu jeder kontextfreien Sprache L gibt es einen Homomorphismus h und eine eindeutige kontextfreie Sprache L' mit L = h(L').

VI.6 Man zeige: Ist L eine eindeutige kontextfreie Sprache, α eine gsm, so ist $F_\alpha^{-1}(L)$ eindeutig.

VI.7 Sei $w \ \varepsilon \ \{a.b\}^+$. Man zeige, daß die Sprache
$\{a^ibwba^iba^j \ / \ i,j \geq 1\} \cup \{a^ibwba^jba^j \ / \ i,j \geq 1\}$
inhärent mehrdeutig ist.

VI.8 Eine Menge $B \subseteq T$ heißt *BASIS*, falls gilt:

$w_1 \dots w_n = v_1 \dots v_m$, $w_i \in B (1 \leq i \leq n)$, $v_j \in B (1 \leq j \leq m)$
$\Rightarrow n = m$ und $w_i = v_i \; (1 \leq i \leq n)$

Man zeige die Eindeutigkeit linearer, invertierbarer Grammatiken G, die folgende Eigenschaften besitzen:

(i) $T(G) = T \cup \{¢\}$

(ii) $(\xi, u) \in P(G)$, $u \in T(G)^* \Rightarrow u = ¢$

(iii) $\{u \,/\, \exists\, \xi, \eta, v$ mit $\xi \to u\eta v \in P(G)$ oder $\xi \to v\eta u \in P(G)\}$ ist Basis in T^*.

VII. EINE EINFÜHRUNG IN DIE SYNTAKTISCHE ANALYSE

VII.1 Die Problemstellung

Eine wichtige Anwendung der Theorie der formalen Sprachen ist die syntaktische Analyse, die unterstützend zum Entwurf von Übersetzern von Programmiersprachen herangezogen wird. Die Aufgabe der syntaktischen Analyse kann wie folgt beschrieben werden:

Es sei eine Grammatik G und ein Wort $w \in T(G)^*$ gegeben. Man konstruiere, sofern dies möglich ist, eine Ableitung f mit $Q(f) \in S(G)$ und $Z(f) = w$. Ist G mehrdeutig, so kann die Aufgabe dahingehend verschärft werden, daß alle Ableitungen f mit $Q(f) \in S(G)$ und $Z(f) = w$ gesucht werden.

Kann diese Aufgabe mit günstigen Algorithmen gelöst werden, so kann im Fall von Programmiersprachen anhand der gewonnenen Ableitung die sogenannte Kodegenerierung erfolgen. Wie dieser Schritt zustande kommt, soll das folgende Beispiel beleuchten.

Beispiel VII.1.1:

Wir betrachten Variablen x,y,z und die Operationen "+" und "×", wobei wir die Präzedenz "×" vor "+" vorgeben (d.h. die bekannte Vorrangregel: Punktrechnung geht vor Strichrechnung). Wir wollen arithmetische Ausdrücke, aufgebaut aus den Variablen x,y,z unter Benutzung der Operationen × und + und der Klammern "(", ")", unter Beachtung der Vorrangregel auswerten. Die Vorgabe der Präzedenz bedeutet, daß wir die Operationen "+" und "×" nicht durch Klammern trennen.

Wir geben nun als erstes eine Grammatik G an, die gerade die betrachteten Ausdrücke erzeugt, und zeigen dann, wie die Auswertung unter Verwendung der syntaktischen Analyse vollzogen werden kann. Dazu betrachten wir das folgende Regelsystem P(G):

$\sigma_1 \to x \mid y \mid z \mid \sigma_1 + \sigma_1 \mid \sigma_1 \times \sigma_2 \mid (\sigma_1)$

$\sigma_2 \to \sigma_2 \times \sigma_2 \mid (\sigma_1) \mid x \mid y \mid z$

σ_1 sei das Startsymbol.

Diese Grammatik ist nicht eindeutig. (Für x+y+z sind wesentlich verschiedene Ableitungen möglich.) Die Mehrdeutigkeiten berühren aber lediglich die Kommutativität der Addition bzw. Multiplikation; sie sind also für die Auswertung des Ausdrucks nicht wesentlich.

Wir betrachten nun den Ausdruck $x \times y + y \times (x+z)$ und geben für diesen eine Ableitung durch Rückverfolgen (Reduktion) an. Hierzu notieren wir die Ableitungsschritte in der Form $<u,r,v>$, mit $u,v \in A(G)^*$, $r \in P(G)$.

$<x \times y + y \times (x +, \sigma_1 \to z,)>$

$<x \times y + y \times (,\sigma_1 \to x, + \sigma_1)>$

$<x \times y + y \times (,\sigma_1 \to \sigma_1 + \sigma_1,)>$

$<x \times y + y \times ,\sigma_2 \to (\sigma_1),\square >$

$<x \times y + , \sigma_2 \to y, \times \sigma_2>$

$<x \times y + , \sigma_1 \to \sigma_2 \times \sigma_2,\square >$

$<x \times , \sigma_2 \to y, + \sigma_1>$

$<\square, \sigma_1 \to x, \times \sigma_2 + \sigma_1>$

$<\square, \sigma_1 \to \sigma_1 \times \sigma_2, + \sigma_1>$

$<\square, \sigma_1 \to \sigma_1 + \sigma_1,\square >$

In der Baumdarstellung präsentiert sich diese "Reduktionskette"etwas übersichtlicher:

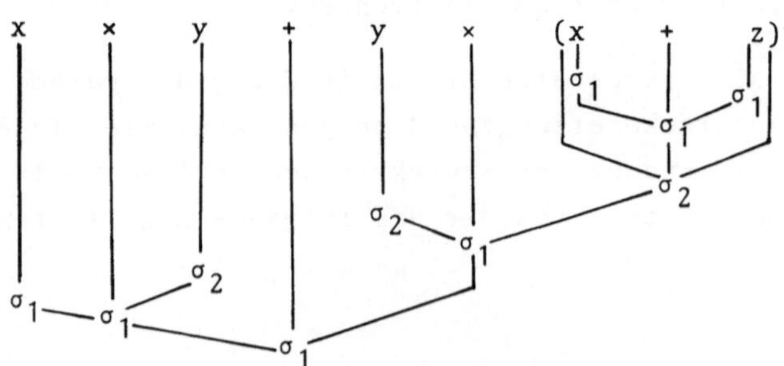

Mit Hilfe dieser Kette können wir nun ein "Assemblerprogramm" zur Auswertung des Ausdrucks generieren, beispielsweise aufgebaut aus "Drei-Adreßbefehlen" unter Verwendung von Hilfsvariablen h_i:

$h_1 := x;$

$h_2 := z;$

$h_1 := h_1 + h_2;$

$h_2 := y;$

$h_1 := h_2 \times h_1;$

$h_2 := y;$

$h_3 := x;$

$h_2 := h_2 \times h_3;$

$h_1 := h_2 + h_1;$

Der Aufbau dieses Programms folgt direkt dem Aufbau der Ableitung. Die Verwendung einer kanonischen Ableitung entspricht hierbei der Auswertung von rechts nach links (d.h., es wird unter allen auszuwertenden Teilausdrücken bei Beachtung der Präzedenz der am weitesten rechts stehende zuerst ausgewertet). Die antikanonische Ableitung hätte entsprechend zu der üblichen Art der Auswertung von links nach rechts geführt. Auf naheliegende Vereinfachungen obigen Programms (Etwa kann h_3 eingespart werden.) verzichten wir.

Wir vermerken noch, daß unsere Grammatik insofern ungünstig ist, als beim Rückverfolgen Wahlmöglichkeiten auftreten. Diese führen aber nur dann in Sackgassen, wenn Präzedenz und Klammerstruktur verletzt werden. Versuchen wir zum Beispiel in $x \times y + y$ zuerst $y + y$ auszuwerten, so entspricht dies einer Reduktionskette

$\langle x \times y +, \sigma_1 \to y, \square \rangle$

$\langle x \times, \sigma_1 \to y, + \sigma_1 \rangle$

$\langle x \times, \sigma_1 \to \sigma_1 + \sigma_1, \square \rangle$

Nun haben wir zwei Wahlmöglichkeiten, nämlich

$\langle \square, \sigma_2 \to x, \times \sigma_1 \rangle$ und $\langle \square, \sigma_1 \to x, \times \sigma_1 \rangle$.

Als Zwischenwort erhalten wir daher $\sigma_2 \times \sigma_1$ oder $\sigma_1 \times \sigma_1$. In keinem Fall können wir die Reduktion fortführen, wir stecken also in einer "Sackgasse". Durch Abänderung der Grammatik G können wir allerdings vermeiden, daß innerhalb der Syntaxanalyse Sackgassen auftreten.

Wichtig ist in diesem Zusammenhang die Tatsache, daß die Umformungsregeln, mit denen man nicht wesentlich verschiedene Ableitungen ineinander überführen kann, gerade solchen Umformungsregeln für Assemblerprogramme entsprechen, die die Wirkung der Programme nicht abändern.

Das obige Beispiel lehrt, daß die Aufgabe der syntaktischen Analyse der Aufbau solcher Reduktionsketten ist. Mit dem Kellerautomaten haben wir für kontextfreie Grammatiken schon einen Analysemechanismus kennengelernt. Denn betrachten wir nämlich eine Grammatik G nebst zugehörigem Kellerautomaten α, so entspricht einem Reduktionsschritt $(u, \xi \to w, v)$ ein Schritt des Automaten wie folgt:

Ausgangssituation

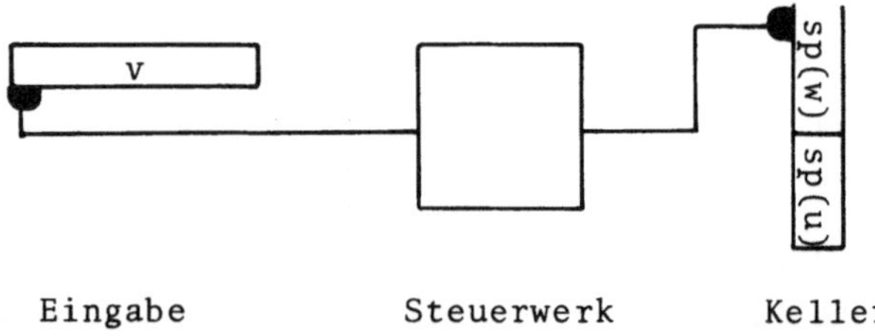

Ergebnissituation

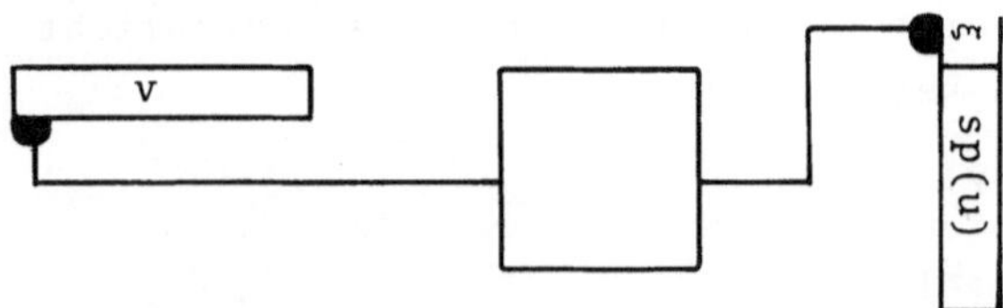

Der Kellerautomat legt also eine Klasse von Algorithmen zur syntaktischen Analyse kontextfreier Grammatiken fest. Umgekehrt wissen wir aber auch (Sätze III.3.1 und III.3.2), daß diese Algorithmusklasse charakteristisch für die kontextfreien Sprachen ist.

Wir wollen im folgenden tiefere Einblicke in diesen Problemkreis gewinnen und weitere Analyseverfahren kennenlernen. Diese erscheinen, dem Tenor dieses Buches angepaßt, im Gewand bestimmter Sätze über kontextfreie Sprachen.

VII.2 Ein Turingmaschinenmodell zur Syntaxanalyse

Die Verwendung von Kellerbändern gibt uns eine Methode zum Entwurf von Analysealgorithmen für beliebige Sprachen. Hierbei können verschiedene Verarbeitungsprinzipien ausgesondert werden. Zur einheitlichen Beschreibung gehen wir nach Griffiths-Petrick /GRP/ vor, und zwar verwenden wir ein Turingmaschinenmodell mit folgendem Aufbau:

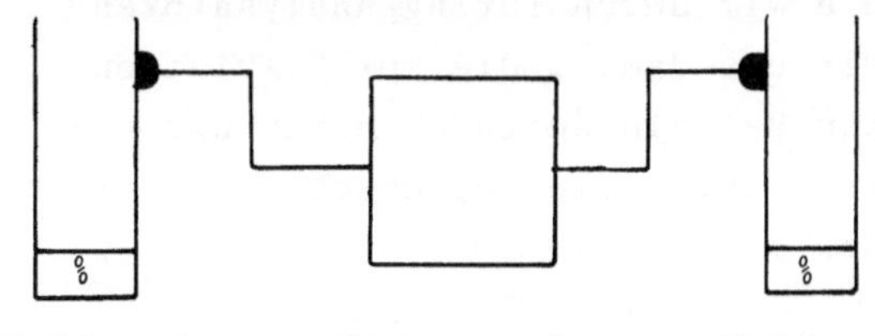

← variable Lese-Schreibköpfe

← mit % markierter Kellerboden

Keller 1 Steuerwerk Keller 2

Wir geben eine präzise Beschreibung dieses Automatenmodells an.

Definition VII.2.1:

Ein *TURING-ANALYSATOR* ist ein Tripel $\tau = (V(\tau), R(\tau), \%)$, wobei gilt:

(i) $V(\tau)$ und $R(\tau)$ sind endliche, nichtleere Mengen (Zeichenvorrat und Bearbeitungsvorschrift)

(ii) $\% \in V(\tau)$

(iii) $R(\tau) \subseteq ((V(\tau) \setminus \{\%\})^*)^4$

Festlegung der Arbeitsweise:

Wie üblich betrachten wir *KONFIGURATIONEN*, das sind Elemente von $V(\tau)^* \times V(\tau)^*$. Seien also $(w_1, v_1), (w_2, v_2) \in V(\tau)^* \times V(\tau)^*$

zwei Konfigurationen. Wir nennen (w_2,v_2) *DIREKTE FOLGEKONFIGURATION* von (w_1,v_1) (in Zeichen: $(w_1,v_1) \vdash_{\tau}: (w_2,v_2)$), falls es Worte $u_1,u_1', u_2,u_2', p,q \in V(\tau)^*$ gibt mit:

(i) $w_1 = pu_1$, $w_2 = pu_1'$, $v_1 = qu_2$, $v_2 = qu_2'$

(ii) $(u_1,u_2,u_1',u_2') \in R(\tau)$

Den reflexiven und transitiven Abschluß von " $\vdash_{\tau}:$" bezeichnen wir mit " $\vdash_{\tau}$. Gilt $(w_1,v_1) \vdash_{\tau} (w_2,v_2)$, so nennen wir (w_2,v_2) *FOLGEKONFIGURATION* von (w_1,v_1). Eine *ANFANGSKONFIGURATION* ist von der Form $(\%w,\%S)$, $w \in (V(\tau) \setminus \{\%\})^*$, $S \in V(\tau) \setminus \{\%\}$.

Sprechweise:

"w wird von τ als die syntaktische Einheit S erkannt", falls $(\%w,\%S) \vdash_{\tau} (\%,\%)$

Bemerkung:

Wenn im folgenden verschiedene Analyseverfahren für Grammatiken betrachtet werden, die wir durch Turing-Analysatoren beschreiben, so begnügen wir uns damit, die zur Simulation einer Grammatik wesentlichen Befehle aufzuschreiben und notieren deshalb nicht die Programme, die zur maschineninternen Organisation benötigt werden.

Bezeichnung:

Für $(u_1,u_2,v_1,v_2) \in R(\tau)$ schreiben wir auch

$(u_1,u_2) \to (v_1,v_2)$.

Am Beispiel der folgenden Grammatik G wollen wir nun die Charakteristika der verschiedenen in der Folge zu betrachtenden Algorithmen erläutern. Es sei G definiert durch:

$T(G) = \{a,b,c,d\}$, $Z(G) = \{S,A,B\}$, $S(G) = \{S\}$,
$P(G) = \{S \to AB,\ A \to ABb,\ A \to a,\ B \to Bd,\ B \to bc\}$.

Wir betrachten zunächst *NICHTSELEKTIVE ANALYSATOREN*. Das sind solche, die Irrwege nicht vermeiden, d.h., nicht in jedem Fall beendet der Analysator die Rechnung.

A) Ein nichtselektiver Top-to-Bottom-Analysator (NTB)

Die Regeln einer Grammatik setzen sich wie folgt in Operationen des Analysators um:

Grammatik G	Turing-Analysator
$\xi \to v \in P(G)$	$(\square,\xi) \to (\square, s\rho(v))$
$t \in T(G)$	$(t,t) \to (\square,\square)$

Zu unserer Beispielgrammatik korrespondiert dann der folgende Analysator:

1. $(\square,S) \to (\square,BA)$
2. $(\square,A) \to (\square,a)$
3. $(\square,A) \to (\square,bBA)$
4. $(\square,B) \to (\square,cb)$
5. $(\square,B) \to (\square,dB)$
6. $(a,a) \to (\square,\square)$
7. $(b,b) \to (\square,\square)$
8. $(c,c) \to (\square,\square)$
9. $(d,d) \to (\square,\square)$

Wir studieren den Analysevorgang für abcd und S:

Schritt	Befehls-Nr.	Keller 1	Keller 2
0		%dcba	%S
1	1.	%dcba	%BA
2	2.	%dcba	%Ba
3	6.	%dcb	%B
4	5.	%dcb	%dB
5	4.	%dcb	%dcb
6	7.	%dc	%dc
7	8.	%d	%d
8	9.	%	%

Es wird also in Keller 2, ausgehend vom Startsymbol (Top), versucht, eine Ableitung für das in Keller 1 stehende Wort (Bottom) zu finden. Im Beispiel entspricht der Analysevorgang folgender Ableitung:

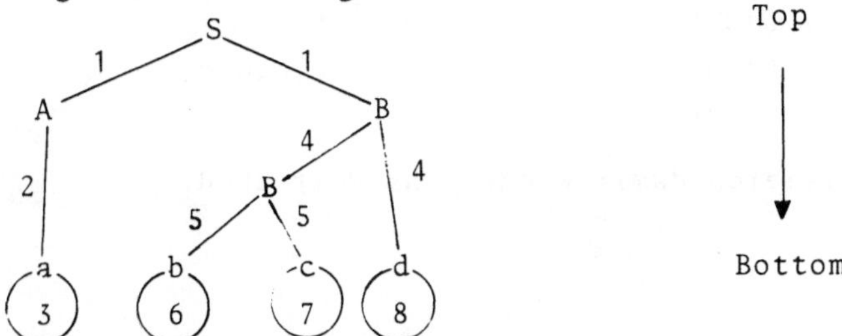

(Die Ziffern an den Kanten verweisen auf die entsprechenden Rechenschritte.)
Mit dem angegebenen Rechengang ist es uns gelungen, eine vollständige Ableitung aufzubauen. Hätten wir etwa folgende Vorgehensweise gewählt, so gerieten wir in eine Sackgasse:

0		%dcba	%S
1	1.	%dcba	%BA
2	3.	%dcba	%bBA
⋮	⋮	⋮	

B) Ein nichtselektiver Bottom-to-Top-Analysator (NBT)

Grammatik G	Turing-Analysator
$\xi \to xv \in P(G), x \in A(G)$, $\eta \in Z(G)$	$(x,\eta) \to (\square, \eta\xi¢ \cdot sp(v))$ dabei sei $¢ \notin A(G)$
$\xi \to \square \in P(G)$, $\eta \in Z(G)$	$(\square,\eta) \to (\square,\eta\xi¢)$
$\xi \in Z(G)$	$(¢,\xi) \to (\xi,\square)$
$A \in A(G)$	$(A,A) \to (\square,\square)$
	$(\square,¢) \to (¢,\square)$

Von dem zu untersuchenden Wort (Bottom) ausgehend wird versucht, eine Reduktion zum Startsymbol (Top) hin aufzubauen.

Für unsere Beispielgrammatik erhalten wir dann folgenden Turing-Analysator:

1.	$(A,\xi) \to (\square,\xi S¢B)$	$\xi \in \{S,A,B\}$
2.	$(a,\xi) \to (\square,\xi A¢)$	"
3.	$(A,\xi) \to (\square,\xi A¢bB)$	"
4.	$(b,\xi) \to (\square,\xi B¢c)$	"
5.	$(B,\xi) \to (\square,\xi B¢d)$	"
6.	$(¢,\xi) \to (\xi,\square)$	"
7.	$(\xi,\xi) \to (\square,\square)$	"
8.	$(y,y) \to (\square,\square)$	$y \in \{a,b,c,d\}$
9.	$(\square,¢) \to (¢,\square)$	

Wir analysieren damit wieder das Wort abcd.

Schritt	Befehls-Nr.	Keller 1	Keller 2
0		%dcba	%S
1	2.	%dcb	%SA¢
2	9.	%dcb¢	%SA
3	6.	%dcbA	%S
4	1.	%dcb	%SS¢B
5	4.	%dc	%SS¢BB¢c
6	8.	%d	%SS¢BB¢
7	9.	%d¢	%SS¢BB
8	6.	%dB	%SS¢B
9	5.	%d	%SS¢BB¢d
10	8.	%	%SS¢BB¢
11	9.	%¢	%SS¢BB
12	6.	%B	%SS¢B
13	7.	%	%SS¢
14	9.	%¢	%SS
15	6.	%S	%S
16	7.	%	%

Wir geben nun an, wie sich aus diesem Rechengang eine zugehörige Ableitung gewinnen läßt:

Die Schritte 1,2,3 wandeln abcd in das Zwischenwort Abcd um. Es ist ersichtlich, daß a nur mit Hilfe von A erzeugt werden kann. Schritt 4 bedingt dann die Struktur

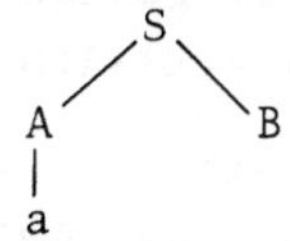

Schritt 5 besagt, daß bcd nur aus B erzeugt wird, und zwar unter Benutzung der Regel B → bc,und weiter fordern Schritte 6 und 7 einen Ableitungsschritt zur Generierung eines neuen B. Daraus ergibt sich

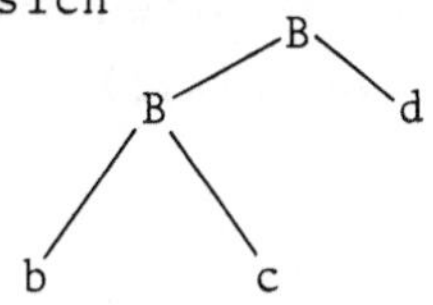

Setzt man diesen Teilbaum in den obigen ein, so erhält man die gewünschte Ableitung.

Als nächstes besprechen wir einen *SELEKTIVEN ANALYSATOR*. Selektive Analysatoren versuchen Sackgassen möglichst früh zu erkennen (Prinzipiell ist es allerdings nicht möglich, Sackgassen zu vermeiden). Hierzu benutzt man *PRÄZEDENZ-FUNKTIONEN*.

Es sei G eine beliebige kontextfreie Grammatik. Zu jedem $\xi \in Z(G)$ wählen wir ein neues Symbol "$[_\xi$"; ferner sei "]" ein weiteres Symbol. Zu G assoziieren wir eine Grammatik G', die definiert ist durch:

$A(G') = A(G) \cup \{]\} \cup \{[_\xi \ / \ \xi \in Z(G)\}$
$S(G') = S(G),\ T(G') = T(G) \cup \{]\} \cup \{[_\xi \ / \ \xi \in Z(G)\}$
$P(G') = \{\xi \to [_\xi u] \ / \ \xi \in Z(G) \text{ und } \xi \to u \in P(G)\}$

Wir nennen $w \in A(G')^*$ *GEKLAMMERTE SATZFORM* zur syntaktischen Einheit $\xi \in Z(G')$ falls $\xi \vdash_{G'} w$ gilt.

$K = \{[_\xi \ / \ \xi \in Z(G)\}$ sei die Menge der Klammersymbole.

Wir definieren die Präzedenzfunktion

$$\pi_G : A(G) \times A(G) \to \{0,1\}$$

durch

$$\pi_G(x,\xi) := \begin{cases} 1 & \text{falls } x \in T(G),\ \xi \in Z(G) \text{ und} \\ & \text{es existiert geklammerte Satzform} \\ & w \in \{[_\xi\}\cdot K^*\cdot\{x\}\cdot A(G')^*\cdot\{]\} \\ 1 & \text{falls } x \in Z(G),\ \xi \in Z(G) \text{ und} \\ & \text{es existiert geklammerte Satzform} \\ & w \in \{[_\xi\}\cdot K^*\cdot\{[_x\}\cdot A(G')^*\cdot\{]\} \\ 0 & \text{sonst} \end{cases}$$

Für unsere Beispielgrammatik erhalten wir die durch folgende Tabelle bestimmte Funktion $\pi_G(x,y)$:

x \ y	S	A	B	a	b	c	d
S	0	0	0	0	0	0	0
A	1	1	0	0	0	0	0
B	0	0	1	0	0	0	0
a	1	1	0	0	0	0	0
b	0	0	1	0	0	0	0
c	0	0	0	0	0	0	0
d	0	0	0	0	0	0	0

(z.B. ist $\pi_{G_1}(a,S)=1$, da $[_S[_A a]B]$ eine geklammerte Satzform ist.)

Mit Hilfe der Präzedenzfunktion definieren wir nun einen selektiven Algorithmus.

C) Ein selektiver Top-to-Bottom-Analysator (STB)

Grammatik G	TM-Analysator
$\xi \to xv \in P(G)$, $x \in A(G)$, $\pi_G(a,x)=1$, $a \in T(G)$	$(a,\xi) \to (a,sp(v)x)$
$\xi \to xv \in P(G)$, $x \in T(G)$	$(x,\xi) \to (x,sp(v)x)$
$a \in T(G)$	$(a,a) \to (\square,\square)$

Unsere Beispielgrammatik liefert damit folgenden Analysator:

1. $(a,S) \to (a,BA)$
2. $(a,A) \to (a,a)$
3. $(a,A) \to (a,bBA)$
4. $(b,B) \to (b,cb)$
5. $(b,B) \to (b,dB)$
6. $(y,y) \to (\square,\square)$, $y \in \{a,b,c,d\}$

Wir analysieren wieder abcd für S.

Schritt	Befehls-Nr.	Keller 1	Keller 2
0		%dcba	%S
1	1.	%dcba	%BA
2	2.	%dcba	%Ba
3	6.	%dcb	%B
4	5.	%dcb	%dB
5	4.	%dcb	%dcb
6	6.	%dc	%dc
7	6.	%d	%d
8	6.	%	%

Daß selektive Algorithmen Sackgassen nicht vermeiden, zeigt das Beispiel, wenn im Schritt 4 der Befehl 4 gewählt würde. Aber beim Vergleich mit dem NTB stellen wir fest: Der NTB baut im Keller 2 eine Ableitung auf, ohne den Inhalt von Keller 1 zu berücksichtigen. (In den Befehlen 1-5 steht links das leere Wort.) Dagegen erstellt der STB die Ableitung unter Berücksichtigung des Inhalts von Keller 1. Auf diese Weise wird die Anzahl der Möglichkeiten,in Sackgassen zu geraten, erheblich verringert.

Ein Vergleich der einzelnen Analysatoren hinsichtlich der Analysegeschwindigkeit sind /GRP/ sowie der Literatur über Syntaxanalyse zu entnehmen.

VII.3 Die Greibach-Normalform

Für Analyseverfahren verwendet man häufig Grammatiken, die hinsichtlich der Terminalzeichen besonders günstig gestaltete Regeln haben, so daß mit dem Einlesen eines Wortes der Reduktionsprozeß über die Terminalzeichen gesteuert werden kann.

Satz VII.3.1:

Zu jeder kontextfreien Grammatik G existiert eine kontextfreie Grammatik G' mit:

(i) $\mathcal{L}(G') = \mathcal{L}(G) \setminus \{\square\}$

(ii) $(p,q) \in P(G') \Rightarrow q \in T(G') \cdot Z(G')^*$

G' heißt *GREIBACH-NORMALFORM* von G.

Beweis:

Wir können o.B.d.A. von einer Grammatik G ausgehen, deren Regeln die Gestalt $\xi \to \eta_1\eta_2$, $\eta_1 \neq \eta_2$, bzw. $\xi \to \eta$, $\xi \neq \eta$ bzw. $\xi \to t$ ($\xi, \eta, \eta_1, \eta_2 \in Z(G)$, $t \in T(G)$) haben. (Dies folgt leicht mit den Sätzen II.2.2 und II.3.3.) Dann gilt $\square \notin \mathscr{L}(G)$.

1. Wir betrachten zu $\xi \in Z(G)$ die Mengen

$F_\xi(G) := \{r \,/\, r=(\xi,\xi u) \in P(G),\ u \in A(G)^*\}$

$F'_\xi(G) := \{r \,/\, r=(\xi,u) \in P(G),\ u \notin \xi \cdot A(G)^*\}$.

Wir wählen ein neues Zeichen $\% \notin A(G)$ und definieren eine Grammatik $G(\%,\xi)$, für die wir hier der Abkürzung wegen G" schreiben, durch:

$A(G'') = A(G) \cup \{\%\}$, $T(G'') = T(G)$, $S(G'') = S(G)$.

Ist $F_\xi(G) = \emptyset$, so setzen wir $P(G'') = P(G)$, andernfalls

$$
\begin{aligned}
P(G'') = (P(G) \setminus F_\xi(G)) \cup \\
\cup \{(\%,u\%) \,/\, (\xi,\xi u) \in F_\xi(G)\} \cup \\
\cup \{(\%,u) \,/\, (\xi,\xi u) \in F_\xi(G)\} \cup \\
\cup \{(\xi,u\%) \,/\, (\xi,u) \in F'_\xi(G)\}.
\end{aligned}
$$

Behauptung:

(i) $\mathscr{L}(G'') = \mathscr{L}(G)$

(ii) $(\%,u\%) \in P(G'') \Rightarrow u \neq \square$ und $u \notin \xi \cdot A(G)^*$

Beweis:

(ii) folgt unmittelbar wegen der speziellen Gestalt der Regeln von G.

Bei (i) ist ja nur etwas zu zeigen, wenn $F_\xi(G) \neq \emptyset$ ist. In diesem Fall existiert eine Ableitung

$$u\xi v \vdash_G: u\xi w_1 v \vdash_G: \dots \vdash_G: u\xi w_k \dots w_1 v \vdash_G: uww_k \dots w_1 v$$

mit den Regeln $(\xi,\xi w_i) \in F_\xi(G)$ $(1 \leq i \leq k)$ und $(\xi,w) \in F'_\xi(G)$ genau dann, wenn es eine Ableitung

$$u\xi v \vdash_{G''}: uw\%v \vdash_{G''}: \dots \vdash_{G''}: uww_k \dots w_2\%v \vdash_{G''}: uww_k \dots w_1 v$$

mit den Regeln $(\xi,w\%)$, $(\%,w_i\%)$ $(2 \leq i \leq k)$, $(\%,w_1) \in P(G'')$ gibt.

Beachtet man nun noch, daß in einer Ableitung

$\sigma \vdash_G u\xi v \vdash_G: u\xi w_1 v \vdash_G w \in T(G)^*, \sigma \in S(G)$, in deren Teilstück $\sigma \vdash_{G} u\xi v$ noch keine Regel aus $F_{\xi}(G)$ verwendet wurde, letztlich nach einer Reihe von Anwendungen von $F_{\xi}(G)$-Regeln schließlich eine Regel $(\xi,q) \in F'_{\xi}(G)$ benutzt werden muß, um ξ zu beseitigen, so erhalten wir mit dem oben Gesagten eine Ableitung $\sigma \vdash_{G''} w \in T(G)^*$. Daher ist $\mathcal{L}(G) \subseteq \mathcal{L}(G'')$.

Betrachten wir nun umgekehrt eine Ableitung

$\sigma \vdash_{G''} u\%v \vdash_{G''} w \in T(G)^*$, $\sigma \in S(G)$,

so muß % durch eine Regel $(\xi,w\%) \in P(G'')$ erzeugt werden und nach Anwendung einer Reihe von Regeln $(\%,w'\%) \in P(G'')$ durch eine Regel $(\%,w'') \in P(G'')$ eliminiert werden. Nun kann man durch Vertauschung von sich gegenseitig nicht beeinflussenden Regeln die Ableitung so umformen, daß jeweils Abschnitte von der oben beschriebenen Form auftreten. Daraus gewinnt man nun aber sofort eine Ableitung $\sigma \vdash_{G} w \in T(G)^*$, d.h. $\mathcal{L}(G'') \subseteq \mathcal{L}(G)$.

qed

2. Wir betrachten ein abzählbar unendliches Variablenalphabet $\{\xi_1,\ldots,\xi_s,\ldots\}$, so daß $Z(G) = \{\xi_1,\ldots,\xi_s\}$ ist.

Für $t = s,s-1,\ldots 2,1$ konstruieren wir Grammatiken G_t mit:

(A) (i) $\mathcal{L}(G_t) = \mathcal{L}(G)$

(ii) $Z(G_t) = \{\xi_1,\ldots,\xi_{n(t)}\}$, $n(t) > s$

(iii) $(\xi_i,\xi_j w) \in P(G_t)$ mit $i \geq t \Rightarrow j < i$

(B) $(\xi,\xi' v) \in P(G_t)$, $\xi \in Z(G_t)$, $\xi' \in A(G_t) \Rightarrow v \in Z(G_t)^*$

Wir definieren diese Grammatiken induktiv.

<u>Start:</u> $G_s := G(\xi_{s+1},\xi_s)$

$G(\xi_{s+1},\xi_s)$ ist die unter Punkt 1 konstruierte Grammatik. Daß diese die Eigenschaften (A) und (B) erfüllt, sieht man sofort, wenn man nur beachtet, daß G in der eingangs angegebenen Form vorliegt.

<u>Induktionsschritt:</u> Es sei G_t $(1<t\leq s)$ konstruiert, dann

gewinnen wir G_{t-1} durch folgende Vorschrift:

(a) Wir setzen

$F(G_t) := \{r=(\xi_{t-1},\xi_j v) \in P(G_t) \;/\; j \geq t,\; v \in A(G_t)^*\}$.

Ist $F(G_t) = \emptyset$, so setze man $G_t^* = G_t$ und fahre mit (b) fort.

Andernfalls sei

$\S(G_t) := \mathrm{Max}\{m \;/\; m = 0 \text{ oder } m \geq 1 \text{ mit } (\xi_{t-1},\xi_{t-1+m}v) \in F(G_t)\}$.

Offenbar gilt: $\S(G_t) = 0 \iff F(G_t) = \emptyset$.

Für $r = (\xi_{t-1},\xi_j v) \in F(G_t)$ sei

$P(r) := \{(\xi_{t-1},qv) \;/\; (\xi_j,q) \in P(G_t)\}$.

Es gilt: $(p,\xi_k v) \in P(r) \Rightarrow k < j$

(Dies folgt, weil $j \geq t$ ist und (Aiii) für G_t gilt.)

Wir erhalten nun aus G_t eine Grammatik G_t', indem wir $P(G_t)$ durch $(P(G_t) \setminus F(G_t)) \cup \bigcup_{r \in F(G_t)} P(r)$ ersetzen.

Für G_t' gelten wieder (A) und (B), außerdem aber noch $\S(G_t') < \S(G_t)$.

Setzt man dieses Verfahren weiter fort, bildet man also $G_t, G_t', G_t'', \ldots$, so erhält man schließlich eine Grammatik G_t^*, die (A) und (B) erfüllt und für die $\S(G_t^*) = 0$ ist, d.h. $F(G_t^*) = \emptyset$. Also gilt:

$(\xi_{t-1},\xi_j v) \in P(G_t^*) \Rightarrow j \leq t-1$.

Nun fährt man mit (b) fort.

(b) Setze $G_{t-1} := G_t^*(\xi_{n(t)+1},\xi_{t-1})$ und $n(t-1) := n(t) + 1$.

Behauptung: G_{t-1} erfüllt (A) und (B).

Beweis: G_t^* erfüllt (Ai) und daher wegen Punkt 1 auch G_{t-1}. Nach Konstruktion ist (Aii) ebenfalls gegeben. Zum Beweis von (Aiii) genügt es, die Fälle $i = t-1$ und $i = n(t-1)$ zu überprüfen.

Sei daher $(\xi_{t-1},\xi_j v) \in P(G_{t-1})$, so wurde diese Regel entweder aus $P(G_t^*)$ übernommen oder aber neu erzeugt. Im ersten Fall ergibt sich direkt $j \leq t-1$, im zweiten folgt $v = v'\xi_{n(t-1)}$ und $(\xi_{t-1},\xi_j v') \in P(G_t^*)$, was ebenfalls $j \leq t-1$ impliziert. Da $P(G_{t-1})$ nach Konstruktion keine Regeln der Form $(\xi_{t-1},\xi_{t-1}v)$ enthält, gilt also in jedem Fall $j < t-1$.

Dieses letzte Argument benutzen wir gleich noch einmal: Ist nämlich $(\xi_{n(t-1)},\xi_j v) \in P(G_{t-1})$, so gilt trivialerweise $j \leq n(t-1)$ und folglich auch die strenge Kleiner-Relation.

Damit ist (A) vollständig bewiesen. Die Aussage (B) folgt wieder direkt aus der Konstruktion.

qed

An den Schritt (b) schließt sich nun der Schritt (c) an.

(c) Wir reduzieren in $P(G_{t-1})$ die Zahl der Regeln, indem wir solche eliminieren, die für die Erzeugung von $\mathcal{L}(G_{t-1})$ sicher nicht benötigt werden. Dazu sei

$$A_Z(G_{t-1}) := \{\xi \;/\; \exists\; r = (p,u\xi v) \in P(G_{t-1});\; u,v \in A(G_{t-1})^*\}$$

die Menge der Symbole, die überhaupt erzeugt werden können. Dann ersetzen wir $P(G_{t-1})$ durch

$\{(p,q) \in P(G_{t-1}) \;/\; p \in A_Z(G_{t-1}) \cup S(G_{t-1})\}$

und nennen die resultierende Grammatik wieder G_{t-1}.

3. Wir betrachten die Grammatik G_1. Für diese gilt mit $n := n(1)$:
   (i) $\mathcal{L}(G_1) = \mathcal{L}(G)$
   (ii) $Z(G_1) = \{\xi_1,\dots,\xi_n\}$
   (iii) $(\xi_i,\xi_j v) \in P(G_1) \Rightarrow j < i$
   (iv) $P(G_1) \subseteq Z(G_1) \times (Z(G_1)^* \cup T(G)\cdot Z(G_1)^*)$

Für i = 1,...,n konstruieren wir zu G_1 induktiv Grammatiken G^i mit

(C) (i) $\mathcal{L}(G^i) = \mathcal{L}(G)$

(ii) $Z(G^i) = Z(G_1)$

(iii) $(\xi_j, \xi_k v) \in P(G^i) \Rightarrow i < j \leq n$ und $k < j$

(iv) $(\xi_j, v) \in P(G^i)$ für $1 \leq j \leq i \Rightarrow v \in T(G) \cdot Z(G_1)^*$

Zu Beginn setzen wir $G^1 := G_1$; dann ist (C) für G^1 erfüllt. Sei nun G^i für $1 \leq i < n$ bereits konstruiert. Man betrachte die Menge

$F'(G^i) := \{(\xi_{i+1}, \xi_k v) \in P(G^i)\}$.

Ist diese leer, so setze $G^{i+1} = G^i$. Andernfalls bilde man zu $r = (\xi_{i+1}, \xi_k v) \in F'(G^i)$ die Menge

$P(r) := \{(\xi_{i+1}, qv) \,/\, (\xi_k, q) \in P(G^i)\}$

und ersetze $P(G^i)$ durch

$(P(G^i) \setminus F'(G^i)) \cup \bigcup_{r \in F'(G^i)} P(r)$.

Es resultiert G^{i+1}, wenn noch genau wie in (2 c) überflüssige Regeln entfernt werden. Daß G^{i+1} die Bedingung (C) erfüllt, ist leicht nachzuprüfen.

Die Grammatik G^n erfüllt gerade die Behauptung des Satzes; sie ist nämlich in Greibach-Normalform und erzeugt $\mathcal{L}(G)$.

qed(Satz VII.3.1)

Bemerkung:

Aus einer Grammatik in Greibach-Normalform kann man sehr rasch einen $\mathcal{L}(G)$ akzeptierenden Kellerautomaten α gewinnen. Wandelt man diesen dadurch in eine deterministische Apparatur um, daß man an den Stellen, an denen infolge der Nichtdeterminiertheit von α Wahlmöglichkeiten bestehen, entsprechend viele neue Keller zusätzlich einrichtet, so erhält man den *KUNO-OETTINGER-ANALYSATOR*.

Im folgenden Beispiel führen wir einmal die Konstruktion der

Greibach-Normalform durch und erläutern zum anderen die Arbeitsweise des Kuno-Oettinger-Analysators.

Beispiel VII.3.1:

Betrachte die durch

$A(G) = \{S,P,Q,a,b\}$, $T(G) = \{a,b\}$, $S(G) = \{S\}$ und
$P(G) = \{S \to PQ,\ P \to PQ,\ Q \to a,\ P \to b\}$

gegebene Grammatik G.

G ist in Chomsky-Normalform und $\square$ -frei (d.h. $\square \notin \mathcal{L}(G)$).
Die erzeugte Sprache ist $\mathcal{L}(G) = \{ba^n \,/\, n \geq 1\}$.

Wir setzen $\xi_1 = S$, $\xi_2 = Q$, $\xi_3 = P$ und führen nun den Konstruktionsschritt 2 durch. Zunächst bilden wir gemäß 1 für $t = s = 3$ die Grammatik $G_3 = G(\xi_4,\xi_3)$. Es ist $F_{\xi_3}(G) = \{\xi_3 \to \xi_3\xi_2\}$ und $F'_{\xi_3}(G) = \{\xi_3 \to b\}$, und daher ergibt sich für $P(G_3)$:

$$P(G_3) = \{\xi_1 \to \xi_3\xi_2,\ \xi_2 \to a,\ \xi_3 \to b,\ \xi_4 \to \xi_2\xi_4,\ \xi_4 \to \xi_2,\ \xi_3 \to b\xi_4\}.$$

Es ist $F(G_3) = \emptyset$, $F_{\xi_2}(G_3) = \emptyset$. Daher ist $G_2 = G_3$. Es verbleibt die Konstruktion von G_1. Da $F(G_2) = \{\xi_1 \to \xi_3\xi_2\}$ ist, gilt $\S(G_2) = 2$. Weiterhin ist
$P(\xi_1 \to \xi_3\xi_2) = \{\xi_1 \to b\xi_2,\ \xi_1 \to b\xi_4\xi_2\}$.
Wir erhalten G_2' mit

$$P(G_2') = \{\xi_2 \to a,\ \xi_3 \to b,\ \xi_4 \to \xi_2\xi_4,\ \xi_4 \to \xi_2,\ \xi_3 \to b\xi_4,\ \xi_1 \to b\xi_2,\ \xi_1 \to b\xi_4\xi_2\}.$$

Es ist $\S(G_2') = 0$, also $F(G_2') = \emptyset$, so daß $G_2^* = G_2'$ gesetzt wird. Hieraus erhält man, da $F_{\xi_1}(G_2^*) = \emptyset$ gilt, daß $G_1 = G_2^*$. Man erkennt sofort, daß die Regeln $\xi_3 \to b$, $\xi_3 \to b\xi_4$ überflüssig sind, weshalb wir sie nach (2c) aus $P(G_1)$ streichen:

$$P(G_1) = \{\xi_1 \to b\xi_2,\ \xi_1 \to b\xi_4\xi_2,\ \xi_4 \to \xi_2,\ \xi_4 \to \xi_2\xi_4,\ \xi_2 \to a\}.$$

Wir kommen zum Konstruktionsschritt 3. Zu Beginn setzen wir $G^1 = G_1$. Da $F'(G^1) = \emptyset$ ist, erhalten wir $G^2 = G^1$.

Auch $F'(G^2)$ ist leer und folglich $G^3 = G^2$. Nun gilt $F'(G^3) = \{\xi_4 \to \xi_2, \xi_4 \to \xi_2\xi_4\}$ und wir erhalten

$P(\xi_4 \to \xi_2) = \{\xi_4 \to a\}$, $P(\xi_4 \to \xi_2\xi_4) = \{\xi_4 \to a\xi_4\}$.

Daraus gewinnen wir G^4 mit dem Regelsystem

$$P(G^4) = \{r1 = \xi_1 \to b\xi_4\xi_2, \quad r2 = \xi_1 \to b\xi_2,$$
$$r_3 = \xi_2 \to a, \quad r4 = \xi_4 \to a\xi_4,$$
$$r_5 = \xi_4 \to a\}.$$

G^4 hat Greibach-Normalform.

An der Grammatik G^4 erläutern wir die Arbeitsweise des Kuno-Oettinger-Analysators.

Wir verwenden in jedem Schritt n Paare von Kellerbändern:

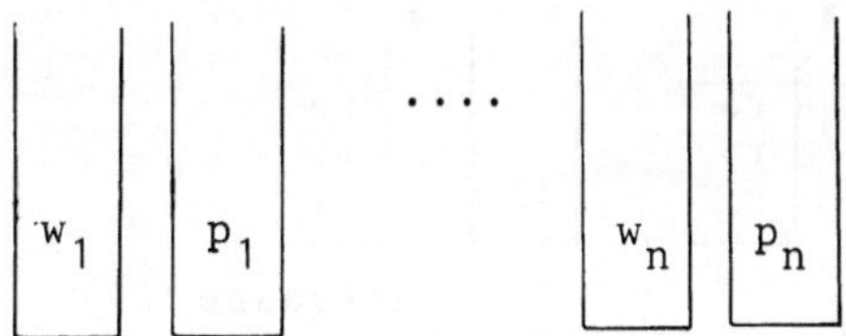

Ein Paar (w,p) von Kellerbändern entspricht einem Variablenkeller w und einem Regelkeller p; w enthält die bei der Analyse auftretenden Variablen, p die Folge der Regeln, mit denen Reduktionsschritte durchgeführt werden. Falls wir verschiedene Reduktionsmöglichkeiten haben, vergrößern wir die Anzahl der Keller, indem wir das entsprechende Kellerpaar durch soviele Duplikate ersetzen, wie es Möglichkeiten gibt. Kellerpaare, die erkennbar in eine Sackgasse führen, werden entfernt. Die Eingabe wird buchstabenweise von links nach rechts gelesen.

Als Beispiel analysieren wir das Wort ba^4.

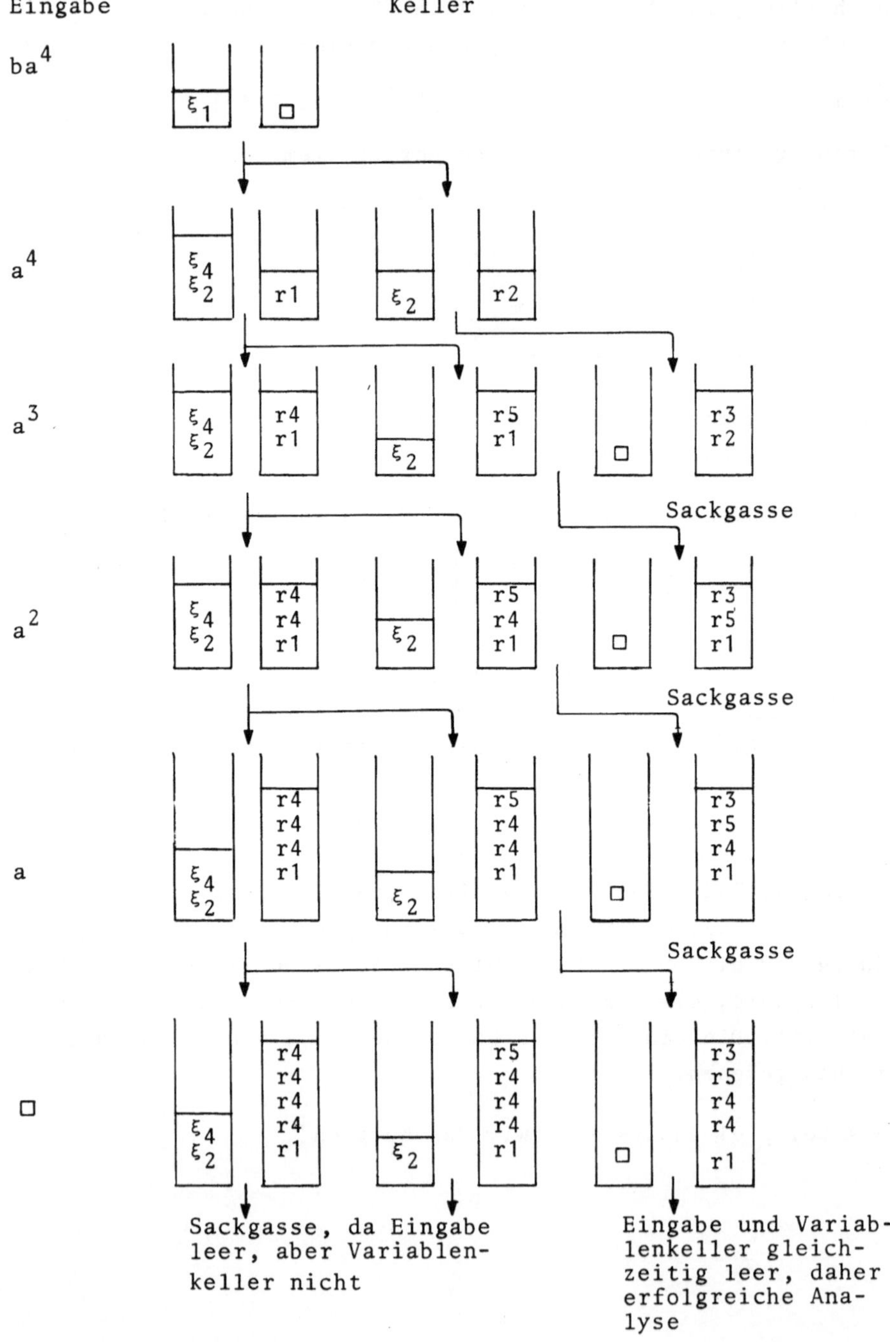
Eingabe
Keller
ba⁴
a⁴
a³
a²
a
Sackgasse
Sackgasse
Sackgasse
Sackgasse, da Eingabe leer, aber Variablenkeller nicht
Eingabe und Variablenkeller gleichzeitig leer, daher erfolgreiche Analyse

Aus der Folge r1,r4,r4,r5,r3 gewinnen wir die kanonische Ableitung

$(baaa \times r3 \times \Box) \circ (baa \times r5 \times \xi_2) \circ (ba \times r4 \times \xi_2) \circ$

$\circ (b \times r4 \times \xi_2) \circ (\Box \times r1 \times \Box)$.

VII.4 Die "schwierigste" kontextfreie Sprache

Eine wichtige Anwendung des Normalformensatzes von Greibach ist die Angabe einer kontextfreien Sprache L_o, die so beschaffen ist, daß jedes vernünftige Analyseverfahren für L_o leicht in ein Analyseverfahren für eine beliebige kontextfreie Sprache L verwandelt werden kann. Zusätzlich gilt noch, daß die "schnelle" Analysierbarkeit von L_o auch die schnelle Analysierbarkeit beliebiger Ch-2-Sprachen nach sich zieht.

Wir geben eine solche Sprache L_o an. Dazu seien

$T = \{a_1,a_2\}$, $T' = \{a_1',a_2'\}$, $T_1 = T \cup T' \cup \{c,¢\}$, $T_o = T_1 \cup \{d\}$.

D_T sei die Dyck-Sprache zu T, etwa gegeben durch eine Grammatik mit den Regeln $\sigma \to \sigma a_1 \sigma a_1' \sigma \mid \sigma a_2 \sigma a_2' \sigma \mid \Box$.

Dazu betrachten wir die Sprache

$$L_o := \{\Box\} \cup \{x_1 c y_1 c z_1 d \ldots d x_n c y_n c z_n d \;/\; n \geq 1;$$
$$x_i, z_i \in T_1^* \text{ für } 1 \leq i \leq n;\; y_1 \ldots y_n \in ¢ \cdot D_T;$$
$$y_i \in (T \cup T')^* \text{ für } 2 \leq i \leq n\}.$$

L_o ist kontextfrei (Aufgabe III.5).

Der Nachweis, daß L_o die oben erläuterte Eigenschaft besitzt, basiert auf der Idee, den Ableitungsprozeß einer beliebigen, in Greibach-Normalform vorliegenden kontextfreien Grammatik in L_o zu kodieren. Die Dekodierung erfolgt mit Hilfe eines inversen Homomorphismus.

Wir formulieren exakter:

Satz VII.4.1 /GRE/:

Zu jeder kontextfreien Sprache $L \subseteq T_L^*$ existiert ein Monoidhomomorphismus $h_L: T_L^* \to T_o^*$ mit der Eigenschaft:

$L \setminus \{\square\} = h_L^{-1}(L_o \setminus \{\square\})$.

<u>Beweis:</u>

O.B.d.A. gelte $\square \notin L$. Es sei G eine kontextfreie Grammatik mit $\mathscr{L}(G) = L$, $S(G) = \{\sigma\}$ und $P(G) \subseteq Z(G) \times T(G) \cdot (Z(G) \setminus S(G))^*$.

(G ist also in Greibach-Normalform und hat zusätzlich die Eigenschaft, daß das Startsymbol nie auf der rechten Seite einer Regel auftritt.)

Wir numerieren $Z(G) = \{\xi_1, \ldots, \xi_n\}$ so, daß $\xi_1 = \sigma$ ist. Durch folgende Festlegung werden Abbildungen $\phi, \psi : P(G) \to T_o^*$ definiert:

(i) Ist $r = \xi_i \to t\xi_{i_1} \ldots \xi_{i_m} \in P(G)$, $m \geq 1$, so setze

$$\phi(r) = a'_1 a'^{\,i}_2 a'_1 a_1 a_2^{i_m} a_1 \ldots a_1 a_2^{i_1} a_1.$$

(ii) Ist $r = \xi_i \to t \in P(G)$, so setze

$$\phi(r) = a'_1 a'^{\,i}_2 a'_1.$$

(iii) In beiden Fällen setze

$$\psi(r) = \begin{cases} ¢(r) & \text{falls } i \neq 1 \\ ¢a_1 a_2 a_1 \phi(r) & \text{falls } i = 1 \end{cases}$$

Sei nun für $a \in T_L$

$P(a) := \{r \,/\, r = \xi \to aq \in P(G)\}$.

Wir numerieren $P(a) = \{r_1, \ldots, r_{m_a}\}$. O.B.d.A. gelte $P(a) \neq \emptyset$

für alle a (Man wähle nur T_L minimal mit $L \subseteq T_L^*$).

Wir definieren nun h_L durch

$h_L(a) = c\psi(r_1)c \ldots c\psi(r_{m_a})cd$.

Wir zeigen, daß die beiden folgenden Aussagen äquivalent sind:

(i) $h_L(w) = x_1cy_1cz_1d\ldots dx_kcy_kcz_kd$

mit $y_1\ldots y_k \in ¢\cdot D_T$; $y_i \in (T \cup T')^*$ $(2 \leq i \leq k)$;

$x_i, z_i \in T_1^*$ $(1 \leq i \leq k)$

(ii) $w \in L$

Bemerkung:

(1) Beachte, daß $k = |w|$ ist wegen der Struktur von h_L.

(2) $y_1\ldots y_k$ beschreibt gerade eine Folge von Regeln $r_1,\ldots,r_k$, welche eine kanonische Ableitung repräsentiert (vgl. Kuno-Oettinger-Analysator).

Wir stellen zunächst einige Aussagen über D_T zusammen, die sich sehr leicht beweisen lassen. Dazu betrachten wir eine Äquivalenzrelation "$\equiv$" auf $(T \cup T')^*$.

Es sei $R = \{(a_ia_i', \square), (\square, a_ia_i') \ / \ i=1,2\}$. (R enthält "Kürzungsregeln".) Dann definieren wir für $w,w' \in (T \cup T')^*$:

$w \stackrel{\bullet}{\equiv} w' \iff$ Es gibt x,y,p,q mit: $w = xpy$, $w' = xqy$ und $(p,q) \in R$.

$w \equiv w' \iff$ Es gibt eine Folge $w = w_o, w_1, \ldots, w_n = w'$ mit $w_i \stackrel{\bullet}{\equiv} w_{i+1}$ $(0 \leq i < n)$.

"$\equiv$" ist eine Äquivalenzrelation.

Es gelten folgende Aussagen:

(i) $D_T = [\square]_\equiv$

(ii) Zu jedem $w \in (T \cup T')^*$ existiert genau ein $\mu(w) \in [w]_\equiv$, so daß $|\mu(w)| = \text{Min}\ \{|w'| \ / \ w' \in [w]_\equiv\}$.

(iii) Sei $\text{Init}(D_T) = \{x \ / \ \text{es gibt } y \text{ mit } xy \in D_T\}$, so gilt: $w \in \text{Init}(D_T) \iff \mu(w) \in T^*$

Bemerkung:

Die Elemente von T bzw. T' stellen öffnende bzw. schließende Klammern dar. Die Worte der Dyck-Sprache repräsentieren daher "korrekt geformte" Klammerstrukturen. Kürzt man sukzessive die einander entsprechenden Klammerpaare, so kann man die Worte aus D_T bis zum leeren Wort zusammenstreichen.

Um nun die oben behauptete Äquivalenz zu beweisen, zeigen wir zunächst:

(A) Ist $\xi_1 \vdash b_1 \ldots b_k \xi_{i_1} \ldots \xi_{i_r}$ kanonisch mit $k \geq 1$, $r \geq 0$;

$b_1, \ldots, b_k \in T_L$; $\xi_{i_j} \in Z(G) \setminus \{\xi_1\}$ $(1 \leq j \leq r)$, so gilt:

(1) $h_L(b_1 \ldots b_k) = x_1 c y_1 c z_1 d \ldots d x_k c y_k c z_k d$ mit
$y_1 \ldots y_k \in ¢ \cdot \mathrm{INIT}(D_T)$; $x_i, z_i \in T_1^*$ $(1 \leq i \leq k)$;
$y_i \in (T \cup T')^*$ $(2 \leq i \leq k)$

(2) Ist $r_1, \ldots, r_k$ die Abfolge der Regeln in obiger Ableitung, so gilt $y_i = \psi(r_i)$ $(1 \leq i \leq k)$

(3) $\mu(\bar{y}_1 y_2 \ldots y_k) = a_1 a_2^{i_r} a_1 \ldots a_1 a_2^{i_1} a_1$, wobei $y_1 = ¢\bar{y}_1$

<u>Beweis</u> (Induktion über k):

<u>k = 1:</u> Dann ist $r_1 = (\xi_1, b_1 \xi_{i_1} \ldots \xi_{i_r}) \in P(G)$.

Nach Definition gilt dann $h_L(b_1) = x_1 c y_1 c z_1 d$, wobei $y_1 = \psi(r_1)$ ist. Also gelten (1) und (2). Weiter ist

$$\mu(\bar{y}_1) = \mu(a_1 a_2 a_1 a_1' a_2' a_1' a_1 a_2^{i_r} a_1 \ldots a_1 a_2^{i_1} a_1) =$$

$$= a_1 a_2^{i_r} a_1 \ldots a_1 a_2^{i_1} a_1 \text{, also gilt (3).}$$

<u>k ⟹ k+1:</u> Da wir von einer kanonischen Ableitung ausgehen, gilt also

$$\xi_1 \vdash b_1 \ldots b_k \xi_{i_1} \ldots \xi_{i_r} \vdash_{\{r_{k+1}\}} b_1 \ldots b_{k+1} \xi_{j_1} \ldots \xi_{j_s} \xi_{i_2} \ldots \xi_{i_r}.$$

Auf den ersten Teil ist die Induktionsvoraussetzung anwendbar. Da das Startsymbol ξ_1 nie auf der rechten Seite einer Regel auftritt, ist $i_1 \neq 1$. Daher gilt mit $y_{k+1} := \psi(r_{k+1})$, daß $h_L(b_{k+1}) = y_{k+1} c z_{k+1} d$ ist. Es gilt also (2).

Da $\psi(r_{k+1}) = a_1' a_2'^{i_1} a_1' a_1 a_2^{j_s} a_1 \ldots a_1 a_2^{j_1} a_1$ folgt unter Benutzung der Induktionsvoraussetzung:

$$\mu(\bar{y}_1 \ldots y_{k+1}) = \mu\,(\overline{\psi(r_1)} \ldots \psi(r_{k+1})) =$$

$$= \mu(\mu(\overline{\psi(r_1)} \ldots \psi(r_k)) \cdot \mu(\psi(r_{k+1}))) =$$

$$= \mu(a_1 a_2^{i_r} a_1 \ldots a_1 a_2^{i_1} a_1 a_1' a_2'^{\,i_1} a_1' a_1 a_2^{j_s} a_1 \ldots a_1 a_2^{j_1} a_1) =$$

$$= a_1 a_2^{i_r} a_1 \ldots a_1 a_2^{i_2} a_1 a_1 a_2^{j_s} a_1 \ldots a_1 a_2^{j_1} a_1$$

Es gilt also (3), und da $\mu(\bar{y}_1 \ldots y_{k+1}) \varepsilon T^*$ ist, folgt $y_1 \ldots y_{k+1} \varepsilon ¢ \cdot \mathrm{Init}(D_T)$; also gilt auch (1).

<u>qed(A)</u>

Ist in (A) $r = 0$, d.h. $b_1 \ldots b_k \varepsilon L$, so erhalten wir aus (A 3), daß $\mu(\bar{y}_1 \ldots y_k) = \square$, also $y_1 \ldots y_k \varepsilon ¢ \cdot [\square]_{\equiv} = ¢ \cdot D_T$ ist. Daher gilt $h_L(b_1 \ldots b_k) \varepsilon L_o \setminus \{\square\}$, d.h. $h_L(L) \subseteq L_o \setminus \{\square\}$.

Wir zeigen die Umkehrung, daß nämlich

$L_o \setminus \{\square\} \subseteq h_L(L)$ ist.

Dazu beweisen wir:

(B) Sei $w = b_1 \ldots b_k \varepsilon T_L^*$ mit

$h_L(w) = x_1 c y_1 c z_1 d \ldots d x_k c y_k c z_k d$,

wobei $y_1 \ldots y_k \varepsilon ¢ \cdot \mathrm{Init}(D_T)$; $y_i \varepsilon (T \cup T')^*$ $(2 \leq i \leq k)$;

$x_i, z_i \varepsilon T_1^*$ $(1 \leq i \leq k)$, so gilt:

(1) $\mu(\bar{y}_1 y_2 \ldots y_k) = a_1 a_2^{i_r} a_1 \ldots a_1 a_2^{i_1} a_1$, $y_1 = ¢\bar{y}_1$, $r \geq o$, $2 \leq i_j \leq n$ $(1 \leq j \leq r)$

(2) $\xi_1 \vdash b_1 \ldots b_k \xi_{i_1} \ldots \xi_{i_r}$ (Die Ableitung sei kanonisch.)

(3) Ist $r_1, \ldots, r_k$ die Folge der Regeln in (2), so gilt $y_i = \psi\,(r_i)$ $(1 \leq i \leq k)$.

<u>Beweis</u> (Induktion über k):

<u>k = 1:</u> Nach Konstruktion klar, da $y_1 \varepsilon ¢\ \mathrm{Init}(D_T)$ besagt, daß y_1 eine Startregel beschreibt.

k =>k+1: Es gilt:

$h_L(b_1 \ldots b_k b_{k+1}) = x_1 c y_1 c z_1 d \ldots x_k c y_k c z_k d \cdot h_L(b_{k+1})$

$h_L(v_{k+1})$ läßt sich darstellen in der Form

$h_L(b_{k+1}) = x_{k+1} c y_{k+1} c z_{k+1} d$, wobei

$y_{k+1} = \psi(\xi_s \to b_{k+1} \xi_{i_1} \ldots \xi_{i_r})$, $s \neq 1$ geeignet. Es ist

$\mu(y_{k+1}) = a_1' a_2'^{s} a_1' a_1 a_2^{i_r} a_1 \ldots a_1 a_2^{i_1} a_1$ und nach Induktionsvoraussetzung $\mu(\bar{y}_1 y_2 \ldots y_k) = a_1 a_2^{j_1} a_1$, sowie

$\xi_1 \vdash b_1 \ldots b_k \xi_{j_1} \ldots \xi_{j_t}$. Nun gilt:

$\mu(\bar{y}_1 \ldots y_{k+1}) = \mu(\mu(\bar{y}_1 \ldots y_k) \cdot \mu(y_{k+1})) =$

$= \mu(a_1 a_2^{j_t} a_1 \ldots a_2^{j_1} a_1 a_1' a_2'^{s} a_1' a_1 a_2^{i_r} \ldots a_2^{i_1} a_1) \in T^*$, da

$y_1 \ldots y_{k+1} \in \not{c} \cdot \mathrm{Init}(D_T)$. Daraus folgt $s = j_1$. Daher gibt es eine Ableitung

$\xi_1 \vdash b_1 \ldots b_{k+1} \xi_{i_1} \ldots \xi_{i_r} \xi_{j_2} \ldots \xi_{j_t}$.

qed(B)

Ist nun $w = b_1 \ldots b_k \in h_L^{-1}(L_o \setminus \{\square\})$, so gilt für w in (B), daß $y_1 \ldots y_k \in \not{c} \cdot D_T$ und folglich $\mu(\bar{y}_1 \ldots y_k) = \square$ ist.
Das aber bedeutet $r = 0$, also $w \in L$.

Es gilt also $h_L^{-1}(L_o \setminus \{\square\}) \subseteq L$.

qed(Satz VII.4.1)

Bemerkung:

Der in diesem Satz konstruierte Homomorphismus h_L besitzt die Eigenschaft $|h_L(w)| \leq K_L \cdot |w|$ mit einer geeigneten Konstanten K_L.

Sei nun $\mathcal{A}$ ein Analysealgorithmus für L_o, der bei Eingabe des Wortes w $p(|w|)$ Rechenschritte benötigt. $\mathcal{A}$ sei weiter einer Maschinenklasse entnommen, die Homomorphismen h in $K_1^{(h)} \cdot |w| + K_2^{(h)}$ Schritten berechnen kann ($K_1^{(h)}$ und $K_2^{(h)}$ sind geeignete Konstanten). Dann können wir für eine beliebige kontextfreie Sprache L einen Analysealgorithmus in der Form:

Berechne $h_L(w)$;

Setze $\mathcal{A}$ auf $h_L(w)$ an;

konstruieren, der höchstens $K_1^{(h)} \cdot |w| + K_2^{(h)} + p(K_L \cdot |w|)$ Schritte benötigt. Gilt nun mit einer geeigneten Zahl s $p(K \cdot n) = K^s \cdot p(n)$ und ist $p(n) \geq n$, so benötigt der zusammengesetzte Algorithmus asymptotisch genau so viel Rechenschritte wie $\mathcal{A}$; die Schrittzahl ist nämlich von der Größenordnung $p(|w|)$. Können wir also einen Algorithmus für L_o mit einer derartigen Schrittzahlfunktion p finden, der sehr schnell ist, so können wir alle kontextfreien Sprachen schnell analysieren.

Für Mehrband-Turingmaschinen beispielsweise kann man Algorithmen mit einer Schrittzahlfunktion p von der Ordnung n^3 konstruieren/YOU/. Man beachte, daß n^3 die oben verlangte Eigenschaft besitzt (Wähle s = 3).

VII.5 Der Satz von Chomsky-Schützenberger

Zum Abschluß dieses Kapitels führen wir einen Satz vor, der das Analyseproblem noch auf eine andere Weise beleuchtet. Und zwar zeigen wir, daß die kontextfreien Sprachen als charakteristisches Merkmal eine gewisse "Klammerstruktur" aufweisen. So tauchen etwa in ALGOL-60 eine Fülle verschiedener Klammertypen auf, zu denen außer "(" und ")" auch "BEGIN", "END" oder "IF", "THEN", "ELSE" zu rechnen sind. Da Kellerautomaten geradezu prädestiniert zum Abbau von Klammerstrukturen sind, findet der enge Zusammenhang zwischen Kellerautomaten und Ch-2-Sprachen so eine Erklärung.

Seien $T = \{x_1,\ldots,x_n\}$ und $T' = \{x_1',\ldots x_n'\}$ zwei disjunkte gleichmächtige Alphabete. Dann erzeugt die durch die Regeln $\sigma \to x_i \sigma x_i' \sigma \mid \Box$, $1 \leq i \leq n$, gegebene Grammatik G_T gerade die

Dyck-Sprache D_T für n Klammerpaare.

Zum Beweis der folgenden Aussage wird im Prinzip auf die gleiche Idee wie im vorigen Satz zurückgegriffen.

Satz VII.5.1 (Chomsky-Schützenberger):

Zu jedem n-elementigen Alphabet T gibt es ein Alphabet $\overline{T}$ mit n+2 Elementen, sowie einen Monoidhomomorphismus $h_T: (\overline{T} \cup \overline{T}')^* \to T^*$ mit der Eigenschaft:

Zu jeder kontextfreien Sprache $L \subseteq T^*$ existiert eine reguläre Menge $R_L \subseteq (\overline{T} \cup \overline{T}')$, so daß

$L = h_T(D_{\overline{T}} \cap R_L)$

gilt.

Beweis:

Seien $¢, \$ \notin T$ neue Zeichen. Wir setzen $\overline{T} = T \cup \{¢,\$\}$ und definieren den Homomorphismus $h_T: (\overline{T} \cup \overline{T}')^* \to T^*$ durch

$$h_T(x) = \begin{cases} x & \text{falls } x \in T \\ \square & \text{falls } x \in (\overline{T} \cup \overline{T}') \setminus T \end{cases}$$

mit der entsprechenden Fortsetzung auf $(\overline{T} \cup \overline{T}')^*$.

Sei nun $L \subseteq T^*$ eine kontextfreie Sprache. Dann können wir o.B.d.A. voraussetzen, daß $\square \notin L$ ist und daß L von einer Grammatik G in Chomsky-Normalform erzeugt wird mit: $T(G) = T$ und $\#S(G) = 1$. Wir numerieren die Regeln, $P(G) = \{r_1,\dots,r_m\}$, $m \in \mathbb{N}$ und betrachten die folgendermaßen definierte Grammatik G':

$T(G') = \overline{T} \cup \overline{T}'$, $T(G') = Z(G)$, $S(G') = S(G)$,

$P(G') = \{\xi \to xx' \ / \ x \in T,\ \xi \to x \in P(G)\} \cup$
$\quad \cup \{\xi \to xx'¢'\$'^{i}¢'\beta \ / \ 1 \le i \le m,\ \xi \to x \in P(G),\ x \in T(G),$
$\quad \beta \in Z(G)$ und es gibt $\alpha,\eta \in Z(G)$ mit $r_i = \eta \to \alpha\beta\} \cup$
$\quad \cup \{\xi \to ¢\$^{i}¢\alpha \ / \ \eta,\alpha \in Z(G)$ und es gibt $\beta \in Z(G)$
$\quad$ mit $r_i = \eta \to \alpha\beta,\ 1 \le i \le n\}$.

G' ist rechtslinear, und daher ist $R_L := \mathcal{L}(G')$ regulär.

(A) Da G' rechtslinear ist, gilt für alle $\xi \in Z(G)$ und alle $w \neq \xi$ mit $\xi \vdash_{G'} w$, daß es eine Darstellung $w = w_o w_1 \ldots w_k$, $k \in \mathbb{N}$, gibt, die folgende Bedingung erfüllt:

Für $0 \leq j \leq k$ hat w_j entweder die Form

(i) $w_j = xx'¢'\$'^i¢'$ mit $x \in T(G)$, so daß es eine Regel $\xi' \rightarrow x$ gibt und r_i die Form $\eta \rightarrow \alpha\beta$ hat

oder

(ii) $w_j = ¢\$^i¢$, so daß r_i die Form $\eta \rightarrow \alpha\beta$ hat

oder

(iii) für $j = k$: $w_k = xx'$, $x \in T(G)$, so daß eine Regel $\xi' \rightarrow x \in P(G)$ existiert.

(B) <u>"$h_T(D_{\overline{T}} \cap R_L) \subseteq L$"</u>

Wir zeigen: Für alle $w \in D_{\overline{T}}$ und alle $\xi \in Z(G)$ mit $\xi = w_o \vdash_{G'}: w_1 \vdash_{G'}: \ldots \vdash_{G'}: w_t = w$ $(t \in \mathbb{N})$ gilt $\xi \vdash_{G} h_T(w)$.

Den Beweis führen wir durch Induktion über t.

<u>"t=1":</u> Dann ist $w = xx'$ mit $x \in T(G)$ und $\xi \rightarrow x \in P(G)$.
Da $h_T(w) = h_T(xx') = x$ ist, gilt die Behauptung.

<u>Induktionsschritt:</u> Sei die Behauptung richtig für alle $s < t$, $t \geq 2$. Wir haben nach (A) zwei Fälle zu unterscheiden.

<u>1. Fall:</u> w beginnt mit xx', d.h. $w = xx'w'$. Da $t \geq 2$ ist, kann w' nicht das leere Wort sein, also $w' = ¢'w''$. Da aber $w' \in D_{\overline{T}}$, kann w nicht mit ¢' beginnen. Widerspruch!

<u>2. Fall:</u> w beginnt mit ¢. Dann ist $w = ¢u'¢'v$ mit $u', v \in D_{\overline{T}}$. Nach (A) gibt es dann $i, j \in \mathbb{N}$ mit

(i) $u' = \$^i cu''$, u'' geeignet und

(ii) entweder ist $u' = \hat{u}c'S'^j$, $\hat{u}$ geeignet,
oder es ist $v = \$'^j\hat{v}$, $\hat{v}$ geeignet.

Letzteres ist wegen $v \in D_{\overline{T}}$ aber nicht möglich.

Wir haben also

$w = ¢\$^i¢u¢'\$'^j¢'v$ mit $v, \$^i¢u¢'\$'^j \in D_{\overline{T}}$.

Können wir zeigen, daß $j = i$ ist, so folgt hieraus $u \in D_{\overline{T}}$.

Sei daher $m := Min(i,j)$, so beweist man durch Induktion, daß $\$^{i-m}¢u¢'\$'^{j-m} \in D_{\overline{T}}$.

Ist nun $i \leq j$, so gilt $¢u¢'\$'^{j-i} \in D_{\overline{T}}$. Dann gibt es $u_1, v_1 \in D_{\overline{T}}$ mit $¢u¢'\$'^{j-i} = ¢u_1¢'v_1$. Hieraus folgt $v_1 = v_1'\$'^{j-i}$ für geeignetes v_1'.

Annahme: $v_1' \neq \square$. Dann ist auch $v_1 \neq \square$ und fängt nicht mit $\$'$ an. Nach (Ai) hört u_1 dann mit $\$'$ auf, d.h.

$w = ¢\$^i¢u_1''\$'¢'v_1'\$'^j¢'v$ für geeignetes u_1''.

Aus (A) folgt: $|u_1''\$'¢'|_{\{¢'\}}$ und $|u_1''\$'¢'|_{\{¢\}}$ sind gerade. Nun ist $|u_1''\$'¢'|_{\{¢\}} = |u_1|_{\{¢\}}$ und $|u_1''\$'¢'|_{\{¢'\}} = |u_1|_{\{¢'\}} + 1$. Da wegen $u_1 \in D_{\overline{T}}$ $|u_1|_{\{¢\}} = |u_1|_{\{¢'\}}$ gilt, ergibt sich hieraus ein Widerspruch!

Also muß $v_1' = \square$ sein. Dann gilt aber $j = i$ und $v_1 = \square$ (da $v_1 \in D_{\overline{T}}$).

Entsprechend argumentiert man im Fall $j \leq i$.

Insgesamt erhalten wir, daß w die Struktur

$w = ¢\$^i¢u¢'\$'^i¢'v$

besitzen muß.

Betrachten wir nun die Ableitung

$\xi = w_0 \vdash_{G'} w_1 \vdash_{G'} \dots \vdash_{G'} w_t = ¢\$^i¢u¢'\$'^i¢'v.$

Daraus folgt, daß die Regel $r_i \in P(G)$ die Gestalt $\xi \to \alpha\beta$ hat und daher ergibt sich aus der Rechtslinearität von G', daß $w_1 = ¢\$^i¢\alpha$ ist, d.h. $w_{t-1} = ¢\$^i¢\tilde{w}_{t-1}\eta$.

Aus der Form der Regeln ersieht man, daß $u¢'\$'^i¢'v = \tilde{w}_{t-1}xx'$ mit $x \in T(G)$ ist.

Das Teilwort $¢'\$'^i¢'$ sei im (k+1).-Ableitungsschritt erstmals vollständig erzeugt ($1 \leq k \leq t-1$), d.h.

$w_k = ¢\$^i¢\tilde{w}_k\eta_k \vdash_{\{r\}} ¢\$^i¢\tilde{w}_k\tilde{w}\eta_{k+1} = w_{k+1}$ $(r = \eta_k \to \tilde{w}\eta_{k+1})$

mit $u¢'\$'^i¢' = \tilde{w}_k u_1,\ u_1 \neq \square$

$u¢'\$'^i¢'v_1 = \tilde{w}_k\tilde{w},\ v_1$ geeignet.

Da in $\tilde{w}$ also wenigstens ein Zeichen $¢'$ vorkommt, muß es $y \in T(G)$ geben mit:

(1) $r = \eta_k \to yy'¢'\$'^i¢'\eta_{k+1}$

(2) $\eta_k \to y \in P(G)$

(3) $r_i = \gamma \to \gamma'\eta_{k+1}$ $(\gamma, \gamma' \in Z(G))$

(4) $u = \tilde{w}_k yy'$

(5) $\eta_{k+1} \vdash_{G'} v$

Wir wissen von oben, daß $r_i = \xi \to \alpha\beta$ ist. Hieraus folgt $\gamma = \xi,\ \gamma' = \alpha,\ \eta_{k+1} = \beta$. Wir erhalten zwei Ableitungen:

$\alpha \vdash_{G'} \tilde{w}_k\eta_k \vdash_{\eta_k \to yy'} : \tilde{w}_k yy' = u$ und

$\beta \vdash_{G'} v$.

Nach Induktionsvoraussetzung gilt:

$\alpha \vdash_G h_T(u)$ und $\beta \vdash_G h_T(v)$. Folglich erhalten wir

$\xi \vdash_G \alpha\beta \vdash_G h_T(uv) = h_T(w)$

Damit ist (B) gezeigt.

(C) "$L \subseteq h_T(D_{\bar{T}} \cap R_L)$"

Hierzu zeigen wir: Für alle $\xi \in Z(G)$ und $w \in T^*$ mit $\xi = w_o \vdash_G : w_1 \vdash_G : \ldots \vdash_G : w_t = w$ $(t \in \mathbb{N})$ existiert ein $w' \in D_{\bar{T}}$ mit $\xi \vdash_{G'} w'$ und $h_T(w') = w$.

Wir führen den Beweis durch Induktion über t.

Ist $t = 1$, so ist $w = x \in T$, und mit $w' = xx'$ gilt die Behauptung.

Sei also die Behauptung für alle $1 \leq k < t$ richtig. Dann gilt $w_1 = \alpha\beta$ und $r_i = \xi \to \alpha\beta \in P(G)$. Die gegebene Ableitung zerfällt also in zwei Teile: $\alpha \vdash_G u$, $\beta \vdash_G v$ mit $uv = w$. Die Länge dieser Ableitungen ist jeweils kleiner als t. Nach Induktionsvoraussetzung gibt es daher

$u', v' \in D_T$ mit $\alpha \vdash_{G'} u'$, $\beta \vdash_{G'} v'$ und $h_T(u') = u$, $h_T(v') = v$. Aufgrund der Form der Regeln von G' schließt man

$\alpha \vdash_{G'} u_1\eta \vdash_{G'} : u_1xx' = u'$ mit $\eta \to x \in P(G)$, d.h.

$\eta \to xx'¢'\$'^i¢'\beta \in P(G')$. Hieraus erhalten wir eine Ableitung

$\alpha \vdash_{G'} u_1\eta \vdash_{G'} u'¢'\$'^i¢'\beta$.

Ferner gilt $\xi \to ¢\$^i¢\alpha \in P(G')$. Durch Zusammensetzen erhält man:

$\xi \vdash_{G'} : ¢\$^i¢\alpha \vdash_{G'} ¢\$^i¢u'¢'\$'^i¢'\beta \vdash_{G'}$

$\vdash_{G'} \quad ¢\$^i¢u'¢'\$'^i¢'v' = w'$.

Man sieht sofort, daß $h_T(w') = h_T(u'v') = uv = w$ ist, womit alles gezeigt ist.

qed(Satz VII.5.1)

Übungsaufgaben zu VII

VII.1: Man entwerfe einen selektiven Bottom-to-Top-Analysator und studiere den Rechengang am Standardbeispiel (s. Abschnitt VII.2).

VII.2: Sei G eine kontextfreie Grammatik mit:

(i) $(p,q) \in P(G) \Rightarrow q \neq \square$

(ii) Für kein $\xi \in Z(G)$ gibt es eine Ableitung

$\xi \vdash : \xi_1 \vdash : \ldots \vdash : \xi_n = \xi,\ \xi_i \in Z(G),\ 1 \leq i \leq n, n \geq 1$

Man zeige: Nimmt man die folgende Regel (R) in das Programm des Turing-Analysators für NTB bzw. STB auf, so endet der Rechengang immer, und die Analyse eines Wortes ist genau dann erfolgreich, wenn sie im ursprünglichen Analysator erfolgreich war.

(R) Gilt Länge(Keller2) > Länge(Keller1), so beende die Rechnung.

VII.3: Man zeige, daß es zu jeder kontextfreien Sprache L mit $\square \notin L$ einen dlba α gibt, der L akzeptiert. (Hinweis: Man gebe für die Sprache L_o aus Satz VII.4.1 einen dlba α an.)

VII.4: Man entwerfe einen Kuno-Oettinger-Analysator für die Dyck-Sprache $D_{\{a,b\}} \setminus \{\square\}$.

VII.5: Man zeige, daß die Sprache L_o aus Satz VII.4.1 inhärent mehrdeutig ist.

VII.6: Man zeige: Zu jeder formalen Sprache L gibt es eine kontextsensitive Sprache L' und einen Homomorphismus h_L mit $L = h_L(L')$. (Hinweis: Man betrachte die Sprache L_a aller Ableitungen einer L erzeugenden Grammatik G und "analysiere" L_a mit einem dlba.)

LÖSUNGEN DER ÜBUNGSAUFGABEN

II.1

(1) Wir geben das Regelsystem P einer kontextsensitiven Grammatik für diese Sprache an. S sei das Startsymbol, % eine Variable, die zur Randmarkierung dient.

P := P1 ∪ P2 ∪ P3 ∪ P4 ∪ P5 ∪ P6

P1 := {S → %bX, % → %a}

P2 := {bX → $\bar{X}$b, a$\bar{X}$ → X'D, X'D → DX', X'b → bX', bX' → bXa, bX' → b$\bar{X}$a, b$\bar{X}$ → $\bar{X}$b, D$\bar{X}$ → $\bar{X}$D}

P3 := {%X → %N, ND → aN, Nb → bN}

P4 := {bN → b$\bar{N}$a, bN → ba}

P5 := {b$\bar{N}$ → bX}

P6 := {% → a}

Erklärung: Mit P1 erhält man S ⊢ $\%a^n bX$, n ≥ 0. Nun hat man k·(n+1) (k ε ℕ) Symbole a rechts von b zu produzieren. Dazu erzeugt man mittels P2 $\%\bar{X}D^n ba^n$. Die D's werden mittels P3 in a's verwandelt; man erhält $\%a^n bNa^n$. P4 macht daraus entweder $\%a^n ba^{n+1}$ oder $\%a^n b\bar{N}a^{n+1}$. Im ersten Fall liefert P5 ein Terminalwort, im zweiten Fall erhält man $\%a^n bXa^{n+1}$ und kann mit P2 weitere n+1 a's produzieren. Wird P5 zu früh angewendet, so kommt man nicht zu einem Terminalwort. Obige nicht kontextsensitive Regeln der Form AB → BA verwandelt man wie im Beweis von Satz II.3.1 bzw. von Seite 134 in kontextsensitive.

(2) Mit dem Produktionensystem
S → DB, D → ADA|Cc, C → CA|a, B → BA|b, A → a|b

erzeugt man genau die Worte der Form wcv mit w = w'aw'' und v = v'bv'', wobei |w'| = |v'| ist. Analog sind die Regeln zur Erzeugung von w'bw''cv'av'' zu bilden. Schließlich erzeugt man mit den folgenden Regeln die Worte der Form wcv mit |w| > |v| (analog für |w| < |v|):

S → AEAF, E → AEA|c, F → AF|a|b.

(3) Jedem Terminalzeichen x_i wird genau eine Variable X_i zugeordnet. Dann ist die Regelmenge der gesuchten Grammatik:

$\{S \to xX_i \ / \ x \in \alpha, (x,x_i) \in \gamma\} \cup \{X_i \to x_iX_j \ / \ (x_i,x_j) \in \gamma\} \cup$
$\cup \{X_i \to x_i \ / \ x_i \in \omega\}$.

(4) Die angegebene Menge ist rekursiv aufzählbar, also nach dem Korollar aus Satz III.1.1 eine Ch-O-Sprache.

II.2

Chomsky-Normalform: Ausgehend von der Grammatik G' aus Beispiel II.2.1 erhält man mit neuen Variablen η_a, η_b, η_1, η_2, η_3 und η_4 die Grammatik G_R' in Chomsky-Normalform mit dem Regelsystem:

$P(G_R') = \{\sigma \to \eta_a\eta_1 | \eta_a\eta_2,\ \eta_1 \to \alpha\eta_b,\ \eta_2 \to \eta_a\eta_b,\ \alpha \to \eta_a\eta_3 | \eta_a\eta_4,$
$\eta_3 \to \alpha\eta_b,\ \eta_4 \to \eta_a\eta_b,\ \eta_a \to a,\ \eta_b \to b\}$

Kuroda-Normalform:

$A(G_K) = \{\sigma, \alpha, \beta, \omega_a, \omega_b, \alpha_1, \alpha_2, \alpha_3, \alpha_4, \sigma_0, \xi, a, b\}$

$S(G_K) = \{\sigma_0\}$, $T(G_K) = \{a, b\}$

$P(G_K) = \{\sigma_0 \to \sigma | \sigma_0\xi\} \cup \{\gamma\xi \to \xi\gamma, \xi\gamma \to \gamma\xi \mid \gamma \in Z(G_K) \setminus \{\xi,\sigma_0\}\} \cup$
$\cup \{\alpha_2 \to \alpha,\ \alpha_3 \to \omega_b,\ \omega_a \to a,\ \omega_b \to b\} \cup$
$\cup \{\beta\alpha \to \alpha_3\alpha_4,\ \omega_a\alpha \to \alpha\omega_a\} \cup$
$\cup \{\sigma\xi \to \alpha_1\alpha_1 | \omega_a\beta,\ \alpha_1\xi \to \omega_a\sigma,\ \alpha_4\xi \to \beta\omega_a,\ \beta\xi \to \omega_a\omega_b\}$

II.3

(1) Eine G-Ableitung beginnt stets mit der Regel $r_1 = \sigma \to a^2\sigma$. Da außer dieser nur noch eine abschließende Regel zur Verfügung steht, kann in jedem aus σ ableitbaren Wort höchstens ein Nichtterminalzeichen, nämlich σ, auftreten. Das bedeutet, daß die Regel $r_2 = \sigma \to bc$ nur einmal und zwar am Ende einer Ableitung verwendet werden kann. Davor ist nur r_1 anwendbar. Eine Ableitung hat also die Gestalt:

$\sigma \vdash_{r_1}: a^2\sigma \vdash_{r_1}: \ldots \vdash_{r_1}: (a^2)^n\sigma \vdash_{r_2}: (a^2)^n bc \quad (n \geq 0)$

Das heißt, es sind genau die Worte aus $\{a^2\}^* \cdot \{bc\}$ ableitbar.

(2) $\sigma \vdash: a\xi\sigma b \vdash: ab\sigma b\sigma b \vdash: ababb\sigma b \vdash: ababbabb$

II.4

Zur Konstruktion von P_2 benötigt man für jede Regel $r = \xi \to q \in P_1$ die Menge $O(r) := \{p \,/\, q \vdash_{P_o} p\}$. Diese gewinnt man rekursiv: $O^o(r) = \{q\}$, $O^{i+1}(r) = \{p \,/\, \exists\, p' \in O^i(r)\ \&\ \xi \to \eta \in P_o$ mit $p' = u\xi v$, $p = u\eta v\} \cup O^i(r)$

Diese Folge bricht ab, da es nur endlich viele Worte der gleichen Länge wie q gibt.

Gilt: $O^{i_o+1}(r) = O^{i_o}(r)$ dann folgt: $O(r) = O^{i_o}(r)$.

Nun sondert man aus O(r) die Worte aus, auf die sich mindestens eine Regel aus $P_\square$ anwenden läßt.
Die Konstruktion von P_3 verläuft analog, die von P_4 ist trivial.

II.5

(1) $G = (\{a,b,S\},\{S \to aSa|bSb|c\},\{S\},\{a,b\})$ erzeugt die Sprache.

(2) Man verwendet Satz II.3.4. Annahme: Die Sprache ist rechtslinear. Sei dann $z = w \cdot c \cdot sp(w)$ ein Wort der Sprache mit $|z| > p$ (p aus Satz II.3.1). Eine Zerlegung $z = u_1 v u_2$ der im Satz geforderten Art kann aber nicht existieren; denn v darf nicht das c enthalten, aber auch nicht links oder rechts von dem c in z liegen, also: Widerspruch.

(3) $\mathcal{L}(G)$ heißt "Dycksprache" (Siehe Aufgabe II.8). Für $m \in Z_+$ ist $w_m = x_{1,m}y_{1,m}x_{2,m}y_{2,m}$, $x_{1,m} = x_{2,m} = \underline{\text{begin}}^m$, $y_{1,m} = y_{2,m} = \underline{\text{end}}^m$ aus $\mathcal{L}(G)$. Annahme: $\mathcal{L}(G)$ wird von einer linearen Grammatik G' erzeugt. Sei dann $m \geq (\text{Maximallänge der rechten Regelseiten})^{\#P(G')+2}$ und $\sigma \vdash w_m$ eine Ableitung. Dann muß bis zu der Stelle in der Ableitung, bevor $x_{1,m}y_{1,m}$ erstmals vollständig erzeugt vorliegt, eine Regel $\xi \to p\eta q$ mit $pq \neq \square$ mehrmals angewendet worden sein, also:

$$\sigma \vdash x\xi y \vdash xu\xi vy \underbrace{\vdash: \;\dots\; \vdash:}_{\text{mindestens 1 Schritt}} x_{1,m}y_{1,m}u'\eta v'vy \vdash xuwvy = w_m$$

mit $uv \neq \square$, xu Anfangsteilwort von $x_{1,m}y_{1,m}$.
Man zeigt: $xu^k wv^k y \in \mathcal{L}(G)$ für $k \in Z_+$.

Wir zeigen nun, daß $y_{2,m}$ <u>vor</u> $x_{1,m}y_{1,m}$ erzeugt wird.

<u>1. Fall</u>: $x_{2,m}y_{2,m}$ ist Endteilwort von vy. Dann ist nichts zu zeigen.

<u>2. Fall</u>: vy ist Endteilwort von $x_{2,m}y_{2,m}$. Falls v Teilwort von $x_{2,m}$ ist, ist auch nichts zu beweisen. Sei also v nicht Teilwort von $x_{2,m}$, das heißt:

$v = \underline{begin}^r\underline{end}^s,\ s > 0$

$x_{2,m}y_{2,m} = x'vy = \underline{begin}^{m-r}\underline{begin}^r\underline{end}^s\underline{end}^{m-s}$

Es ist xwy ε $\mathcal{L}$(G) und enthält x'y als Endteilwort, dann muß $m-r \leq m-s$ sein (sonst fehlen zu einigen "öffnenden" Klammern <u>begin</u> die rechts "schließenden" <u>end</u>). Also ist $0 < s \leq r$ und folglich $r > 0$. D.h., $y_{2,m}$ ist Endteilwort von vy.

Analog zeigt man, daß $x_{1,m}$ vor $x_{2,m}y_{2,m}$ erzeugt wird. Das ist nun aber ein Widerspruch.

II.6

Jede Regel $r = \xi \to u\eta v \ \varepsilon\ P(G)$ mit $u \neq \square$, $v \neq \square$ wird ersetzt durch $\xi \to u\eta^r$, $\eta^r \to \eta v$, wobei die η^r jeweils neue Variablen sind.

II.7

(1) Annahme: $\{a^{n^2} / n \geq 1\}$ ist kontextfrei: Dann gibt es nach Bar'Hillel-Perles-Shamir $q,p\ \varepsilon\ \mathbb{N}$ mit:

$n^2 > p \Rightarrow n^2 = n_1 + n_2 + n_3 + n_4 + n_5$

$(n_i\ \varepsilon\ \mathbb{N},\ n_2 + n_4 \neq 0,\ n_2 + n_3 + n_4 \leq q)$ und

$n_1 + k\cdot n_2 + n_3 + k\cdot n_4 + n_5$ ist für alle $k\ \varepsilon\ \mathbb{N}$ eine Quadratzahl.

Dies ist unmöglich.

(2) Angenommen, die Sprache ist kontextfrei, so gibt es $p,q\ \varepsilon\ \mathbb{N}$ mit:

$|a^nba^nba^n| > p \Rightarrow a^nba^nba^n = xuwvy$ mit $uv \neq \square$, $|uwv| \leq q$

und xu^kwv^ky gehört zur Sprache für alle $k\ \varepsilon\ \mathbb{N}$. Man zeigt, daß in keinem der Worte x,u,w,v,y ein b vorkommen kann. Widerspruch!

II.8

(i) Seien $x \in T$ und $w \in D_T$, so ist $\sigma \vdash w$ und daher $\sigma \vdash: \sigma x \sigma x' \sigma \vdash: x \sigma x' \sigma \vdash: x \sigma x' \vdash xwx'$ eine Ableitung für xwx', also $xwx' \subseteq D_T$.

(ii) Seien $u,v \in D_T$. Aufgrund der Form der Regeln überlegt man sich leicht, daß für u eine Ableitung der Gestalt $\sigma \vdash : \sigma x \sigma x' \sigma \vdash : u_1 \sigma \vdash : \ldots \vdash : u_k \sigma \vdash : u_k = u$ existiert, in der das ganz rechts stehende σ also erst zum Schluß durch $\square$ ersetzt wird (vgl. auch "kanonische Ableitung"). Wegen $\sigma \vdash v$ ist dann $\sigma \vdash u\sigma \vdash uv$ eine Ableitung für uv, also $D_T \subseteq D_T \cdot D_T$.

(iii) Sei $w \in D_T$. Ist $w = \square$, so ist w auch in der rechts stehenden Menge enthalten. Ist $w = xw'$, $x \in T$, so gibt es eine Ableitung für w, in welcher zuerst der Anfangsbuchstabe x von w erzeugt wird, also: $\sigma \vdash: \sigma x \sigma x' \sigma \vdash: x \sigma x' \sigma \vdash w$. Dann gibt es nach Lemma II.2.1 Worte u,v mit $xux'v = w$ und $\sigma \vdash u$, $\sigma \vdash v$, also $u,v \in D_T$.

(iv) analog zu (iii)

(v) Ist $u = \square$, so ist nichts zu beweisen. Ist $u \neq \square$, so betrachte eine Ableitung $\sigma \vdash: u_1 \vdash: \ldots \vdash: u_k = uv$, die so beschaffen ist, daß in jedem Schritt das am weitesten links stehende σ ersetzt wird (kanonische Ableitung). Dann sei i minimal mit $u_i = uu_i'$ und $u_i' \vdash v$. Dann ist $u_i' = \sigma$ und folglich $v \in D_T$.

(vi) Ergibt sich direkt aus der Form der Regeln.

II.9

Durch eine Potenzmengenkonstruktion werden Regeln mit gleicher rechter, aber verschiedener linker Seite zusammengezogen. Sei also $G = (A,P,S,T)$ kontextfrei. Dann definieren wir $G' = (A',P',S',T)$ durch:

$Z' = 2^Z$, $S' = \{\xi' \in Z' \,/\, S \cap \xi' \neq \emptyset\}$,

$P' = \{(\xi',u') \,/\, u' \in (Z' \cup T)\}$,

Dabei ist: $\xi' = \{\xi \in Z \,/\, \exists\, u \sim u'$ mit $(\xi,u) \in P\}$

und $u \sim u'$ <=> Zu jedem $\alpha' \varepsilon Z'$ in u' gibt es an der entsprechenden Stelle in u ein $\alpha \varepsilon \alpha'$.

G ist nach Konstruktion invertierbar. Zu jeder G-Ableitung f gibt es eine G'-Ableitung f' der gleichen Länge (und umgekehrt), **sodaß** Worte in f denen in f' entsprechen. Folglich ist $\mathcal{L}(G) = \mathcal{L}(G')$.

II.10

(a) $A(S) = \{t\}$
$P(S) = \{(t^n,\square), (\square,t^n)\}$

(b) $A(S) = \{a,b\}$
$P(S) = \{(ab,ba), (ba,ab)\}$

(c) $A(S) = \{x_1,\ldots,x_n,x_1^{-1},\ldots,x_n^{-1}\}$
$$P(S) = \bigcup_{i=1}^{n} \{(x_ix_i^{-1},\square), (\square,x_ix_i^{-1}), (x_i^{-1}x_i,\square), (\square,x_i^{-1}x_i)\}$$

II.11

Wir geben der Reihe nach die Regelsysteme an:

$P(G1) = \{\alpha \to \alpha\beta,\ \alpha \to a\alpha|a,\ \beta \to b\beta|b\}$

$P(G2) = \{\sigma \to \alpha\sigma b|ab,\ \alpha \to \alpha a|a\}$

$P(G3) = \{\sigma \to \alpha\sigma\beta|\alpha\beta,\ \alpha\beta \to \beta\alpha,\ \alpha \to a,\ \ \beta \to b\}$ (sE-Typ)

$P(G3') = \{\sigma \to a\beta|b\alpha,\ \alpha \to a\sigma'|\sigma'a,\ \beta \to b\sigma'|\sigma'b,\ \sigma \to \sigma|\square\}$
(kontextfrei)

II.12

G ist kontextfrei. Wir notieren die möglichen Ableitungsformen:

$$S \vdash: (A \vdash: (aG \vdash: \begin{cases} (a\times D \\ (aB\times D \end{cases}$$

Aus D lassen sich alle Worte der Menge $\{b,c\}^+\cdot\{)\}$, aus B alle Worte $\{a\}\cdot\{a\}^+$ erzeugen. Also ist aus S die Menge
$\mathcal{L}(G) = \{(\}\cdot\{a\}^+\cdot\{\times\}\cdot\{b,c\}^+\cdot\{)\} = \{(a^n\times w) \mid w \varepsilon \{b,c\}^+, n \geq 1\}$
ableitbar. $\mathcal{L}(G)$ wird von der Ch-3-Grammatik mit den Regeln $\sigma \to (\xi,\ \xi \to a\xi|a\times\eta,\ \eta \to b\eta|c\eta|b)|c)$ erzeugt.

III.1

$S(\gamma) = \{[\sigma,\beta,\underline{\sigma}], [\sigma,\beta], [\sigma,\underline{\sigma}], [\underline{\sigma},\beta], [\sigma], [\beta], [\underline{\sigma}], \emptyset\}$
$E(\gamma) = \{[\sigma,\beta,\underline{\sigma}], [\sigma,\underline{\sigma}], [\underline{\sigma},\beta], [\underline{\sigma}]\}$

δ_γ	$[\sigma,\beta,\underline{\sigma}]$	$[\sigma,\beta]$	$[\sigma,\underline{\sigma}]$	$[\underline{\sigma},\beta]$	$[\sigma]$	$[\beta]$	$[\underline{\sigma}]$	$\emptyset$
a	$[\underline{\sigma},\beta]$	$[\underline{\sigma},\beta]$	$[\beta]$	$[\underline{\sigma},\beta]$	$[\beta]$	$[\underline{\sigma},\beta]$	$\emptyset$	$\emptyset$
b	$[\beta]$	$[\beta]$	$\emptyset$	$[\beta]$	$\emptyset$	$[\beta]$	$\emptyset$	$\emptyset$

Man beachte, daß ausgehend vom Startzustand $[\sigma]$ nur die Zustände $[\beta]$, $[\underline{\sigma},\beta]$, $[\sigma]$ und $\emptyset$ erreicht werden können. Daher kann man die anderen streichen, also:

$S(\gamma) = \{\emptyset, [\sigma], [\underline{\sigma},\beta], [\beta]\}$
$E(\gamma) = \{[\beta,\underline{\sigma}]\}$
$s_o(\gamma) = [\sigma]$

δ_γ	$\emptyset$	$[\sigma]$	$[\beta]$	$[\underline{\sigma},\beta]$
a	$\emptyset$	$[\beta]$	$[\underline{\sigma},\beta]$	$[\underline{\sigma},\beta]$
b	$\emptyset$	$\emptyset$	$[\beta]$	$[\beta]$

$Z(G') = S(\gamma)$, $T(G') = I(\gamma)$, $S(G') = \{s_o(\gamma)\}$

$P(G') = \{[\sigma] \to a[\beta], [\sigma] \to b\emptyset, [\beta] \to a[\underline{\sigma},\beta], [\beta] \to b[\beta],$
$[\underline{\sigma},\beta] \to a[\underline{\sigma},\beta], [\underline{\sigma},\beta] \to b[\beta], \emptyset \to a\emptyset, \emptyset \to b\emptyset,$
$[\beta] \to a, [\underline{\sigma},\beta] \to a\}$

$\emptyset$ kann nicht ins Terminalalphabet überführt werden; daher sind die Regeln $[\sigma] \to b\emptyset$, $\emptyset \to a\emptyset$, $\emptyset \to b\emptyset$ überflüssig. Offenbar kann in P(G') unbeschadet überall $[\underline{\sigma},\beta]$ durch $[\beta]$ ersetzt werden, wodurch man zur Ausgangsgrammatik zurückgeführt wird.

III.2

b s1 § s6		x s5 L s5	x ε {a,b,c}
§ s1 a s13		§ s5 R s1	
a s1 § s2		§ s6 R s7	
§ s2 R s3		x s7 R s7	x ε {b,c}
x s3 R s3	x ε {a,b}	§ s7 L s8	
§ s3 L s4		c s8 § s9	
a s4 c s5		x s9 L s9	x ε {b,c}

§	s9	R	s1			§	s12	R	s11
a	s7	L	s10			§	s11	b	s13
x	s10	L	s10	$x \in \{a,b,c\}$		b	s8	L	s10
§	s10	R	s11			§	s8	L	s10
x	s11	§	s12	$x \in \{a,b,c\}$					

s13 ist der Endzustand, c ein zusätzliches Bandsymbol, das zur Markierung der rechts gelöschten a's dient.

III.3

(1) Sei β ein endlicher Akzeptor, der R akzeptiert. Der Kellerautomat α liest die Eingabe so lange in seinen Keller ein -dabei β simulierend-, bis β in einen Endzustand gelangt. Der gelesene Teil w der Eingabe ist dann in R. α hat nun die Wahl, entweder weiter β zu simulieren, oder zu vermuten, daß der Rest der Eingabe gerade sp(w) ist.

$k_{an}(\alpha) = \%$, $S(\alpha) = S(\beta) \cup \{s_e\}$, $F(\alpha) = \{s_e\}$, $s_{an}(\alpha) = s_{an}(\beta)$

$\delta_\alpha(x,s,k) = \{(\delta_\beta(x,s),kx)\}$ $x \in T, s \in S(\beta)\setminus E(\beta), k \in \{a,b,\%\}$

$\delta_\alpha(x,s,k) = \{(\delta_\beta(x,s),kx),(s_e,k)\}$ $s \in E(\beta)$

$\delta_\alpha(x,s_e,x) = \{(s_e,\square)\}$

$\delta_\alpha(\square,s_e,\%) = \{(s_e,\square)\}$

Es ist $Null(\alpha) = \{w \cdot sp(w) \,/\, w \in R\}$

(2) $k_{an}(\alpha) = \%$, $s_{an}(\alpha) = s0$, $F(\alpha) = \{s3\}$

δ_α: $(a,s0,\%) \to \{(s1,\%a)\}$, $(b,s0,\%) \to \{(s2,\%b)\}$
$(a,s1,a) \to \{(s1,aa)\}$, $(b,s2,b) \to \{(s2,bb)\}$
$(b,s1,a) \to \{(s0,\square)\}$, $(a,s2,b) \to \{(s0,\square)\}$
$(\square,s0,a) \to \{(s1,a)\}$, $(\square,s0,b) \to \{(s2,b)\}$
$(\square,s0,\%) \to \{(s3,\%)\}$

(3) $k_{an}(\alpha) = \%$, $s_{an}(\alpha) = s0$, $F(\alpha) = \{s1\}$

δ_α: $(a,s0,\%) \to \{(s1,\%a)\}$, $(a,s1,a) \to \{(s1,aa)\}$
$(b,s1,a) \to \{(s0,\square)\}$, $(\square,s0,a) \to \{(s1,a)\}$
$(\square,s0,\%) \to \{(s1,\%)\}$

III.4

Ob n die Zahl p teilt ($1<n<p$), wird wie folgt überprüft: $a^p \vdash a^{n-1}ca^{p-n} \vdash a^{n-1}ca^{n-1}ca^{p-2n}$ usw., bis sich schließlich entweder $a^{n-1}ca^{n-1}c\ldots a^{n-1}c$ (d.h., n teilt p) oder $a^{n-1}c\ldots a^{n-1}ca^s$ mit $s<n$ (d.h., n teilt p nicht) ergibt.

a	s1	c	s10	0	Start
a	s10	a	s10	R	
c	s10	a	s11	R	
a	s11	c	s12	R	
a	s12	a	s13	L	n := n+1 (Zeilen a s10 … % s13)
a	s13	a	s13	L	
c	s13	c	s13	L	
%	s13	%	s20	R	
%	s12	%	s_e	R	n=p, also p Primzahl, STOP
a	s20	a'	s21	R	
a	s21	a	s21	R	
c	s21	c	s22	R	
%	s22	%	s1	R	n teilt p, p keine Primzahl, STOP
a	s22	a'	s24	L	
a'	s22	a'	s23	R	
a'	s23	a'	s23	R	
a	s23	a'	s24	L	
%	s23	%	s30	L	n teilt p nicht

a'	s24	a'	s24	L	
c	s24	c	s25	L	
a	s25	a	s25	L	
a'	s25	a'	s20	R	
c	s20	c	s26	R	
a'	s26	a'	s26	R	
a	s26	c	s27	L	
%	s26	%	s30	L	n teilt p nicht
a'	s27	a	s27	L	
c	s27	c	s20	R	
x	s30	x	s30	L	x ε {a,a',c}
%	s30	%	s31	R	
a'	s31	a	s31	R	
c	s31	c	s32	R	
a'	s32	a	s32	R	Vorbereitung für n:=n+1 (Zeilen % s30 … % s33)
c	s32	a	s32	R	
%	s32	%	s33	L	
a	s33	a	s33	L	
c	s33	c	s33	L	
%	s33	%	s10	R	

III.5

Seien α ein endlicher Akzeptor, der X akzeptiert, und β ein Kellerautomat, der Y akzeptiert. Der gesuchte Kellerautomat simuliert nun abwechselnd α und β . Der Wechsel erfolgt nichtdeterministisch. Ein Wort wird genau dann akzeptiert, wenn sich nach der Abarbeitung sowohl α als auch β in einer Endkonfiguration befinden.

(Man beachte, daß diese Konstruktion nicht möglich ist, wenn X kontextfrei, α also ein Kellerautomat ist. Die evtl. unterschiedliche Bewegung der Kellerbänder von α und β könnten auf dem einen Kellerband nicht simuliert werden. Vgl. Aufgabe IV.10.)

III.6

Wir geben die Regelsysteme an:

$P(G1) = P1 \cup P2 \cup P3 \cup P4$ mit

$P1 = \{\sigma \to a\gamma\eta_a \mid b\gamma\eta_b \mid c,\ \gamma \to a\,\gamma\,\xi_a \mid b\gamma\xi_b\}$

$P2 = \{\gamma\xi_x \to \gamma\delta_x,\ \delta_x\xi_y \to \xi_y\delta_x \ /\ x,y \in \{a,b\}\}$

$P3 = \{\delta_x\eta_y \to \eta_y x \ /\ x,y \in \{a,b\}\}$

$P4 = \{\gamma\eta_y \to cy \ /\ y \in \{a,b\}\}$

Ein Wort $x_1 \dots x_n c x_1 \dots x_n$ erzeugen wir etwa so:

$\sigma \vdash_{P1} x_1 \dots x_n\ \gamma\ \xi_{x_n} \dots \xi_{x_2}\eta_{x_1}$

$\vdash_{P2} x_1 \dots x_n\ \gamma\ \delta_{x_2} \dots \delta_{x_n}\eta_{x_1}$

$\vdash_{P3} x_1 \dots x_n\ \gamma\ \eta_{x_1}\ x_2 \dots x_n$

$\vdash_{P4}: x_1 \dots x_n\ c\ x_1 \dots x_n$

G1 ist vom sE-Typ

$P(G2) = \{\sigma \to \square \mid a \mid b \mid a\sigma a \mid b\sigma b\}$; G2 ist linear.

Daß L2 nicht einseitig linear ist, beweist man mit Aufgabe III.8. (Dazu beachte man, daß die Mengen R_{ab^ka}, $k \in \mathbb{N}$ alle verschieden sind, weil $b^k a$ nur in genau einer Menge auftritt.)

III.7

(1) Annahme: A' kein Präfixkode $\Rightarrow$ $w \in A' \cap A'\cdot T^+$
$\Rightarrow w \in A \cap A\cdot T^+$ Widerspruch!

(2) Sei $w \in A1\cdot B \cap A2\cdot B \Rightarrow \exists\, u_1 \in A1,\ u_2 \in A2,\ v_1, v_2 \in B$
mit $w = u_1v_2 = u_2v_2$

Fall 1: $u_1 = u_2u'$, $u' \neq \square$ Widerspruch zu $A1 \cup A2$ Präfixkode

Fall 2: $u_2 = u_1u'$, $u' \neq \square$ Widerspruch!

Also gilt: $u_1 = u_2$, $v_1 = v_2$, d.h. $w \in (A1 \cap A2) \cdot B$.

Sei $w \in (A1 \cap A2) \cdot B \Rightarrow \exists\ u \in A1 \cap A2$, $v \in B$ mit $w = uv$.
D.h. $w \in A1 \cdot B \cap A2 \cdot B$.

(3) $(A \setminus A \cdot T^+) \cap (A \setminus A \cdot T^+) \cdot T^+ = (A \setminus A \cdot T^+) \cap (A \cdot T^+ \setminus A \cdot T^+ \cdot T^+)$
$\subseteq (A \setminus A \cdot T^+) \cap A \cdot T = \emptyset$

(4) "=>": Sei $w \in A \Rightarrow w \notin A \cdot T^+ \Rightarrow w \in A \setminus A \cdot T^+$
Sei $w \in A \setminus A \cdot T^+ \Rightarrow w \in A$. "=>" ist trivial.

(5) α erkenne A. Der nichtdeterministische endliche Akzeptor β mit $\Delta_\beta = \{(x,s,\delta_\alpha(x,s)) / x \in I(\alpha),\ s \in S(\alpha) \setminus E(\alpha)\}$ erkennt A_p.
(β arbeitet deterministisch, ist aber nicht vollständig.)

III.8

"=>": Es gibt einen endlichen Akzeptor
$\alpha = (T, S(\alpha), an(\alpha), \delta_\alpha, E(\alpha))$, der R akzeptiert. Sei $z \in T^*$.
Dann gilt:

$$R_z = \{x \in T^* \mid \delta_\alpha(x, \delta_\alpha(z, an(\alpha)) \in E(\alpha)\}$$

Da $S(\alpha)$ endlich ist, ist die Menge $\{\delta_\alpha(z, an(\alpha)) \mid z \in T^*\}$ endlich; es folgt die Behauptung.

"<=": Sei $\{R_z \mid z \in T^*\}$ endlich. Wir konstruieren einen endlichen Akzeptor α für R.

$S(\alpha) = \{R_z \mid z \in T^*\}$, $an(\alpha) = R_\square$, $E(\alpha) = \{R_z \mid z \in R\}$,

$\delta_\alpha(x, R_z) = R_{zx}$, $x \in T$. Offenbar gilt:

$$\delta_\alpha(w, an(\alpha)) \in E(\alpha) \iff w \in R.$$

III.9

Sei G eine kontextfreie Grammatik, $\xi \in Z(G) \setminus S(G)$ eine Variable, für die die Menge $A_\xi := \{w \in T(G)^* / \xi \vdash w\}$ endlich ist. Betrachte $G' = (A(G) \setminus \{\xi\}, P', S(G), T(G))$ mit

$$P' = \{(p,q) \in P(G) / |p|_{\{\xi\}} = |q|_{\{\xi\}} = 0\} \cup$$
$$\cup \{\eta \to u_1 w_1 u_2 \dots u_r w_r u_{r+1} / w_i \in A_\xi (1 \leq i \leq r),$$
$$|\eta u_1 \dots u_{r+1}|_{\{\xi\}} = 0,\ \eta \to u_1 \xi u_2 \dots u_r \xi u_{r+1} \in P(G)\}.$$

Man zeigt leicht, daß $\mathcal{L}(G') = \mathcal{L}(G)$ ist. Führt man die Konstruktion für alle $\xi \in Z(G)$ mit endlichen A_ξ durch, so erhält man die gewünschte Grammatik.

III.10

$K[x]$ ist Hauptidealring. D.h., zu einem Ideal $J \subseteq K[x]$ gibt es ein $q(x)$ mit $J = q(x)\cdot K[x] = \{p \in K[x] \ / \ q \text{ teilt } p\}$. Sei nun $q(x) = b_o+b_1x+\ldots+b_{m-1}x^{m-1}+x^m$ und die Begleitmatrix des Minimalpolynoms $q(x)$

$$B = \begin{bmatrix} 0 & 1 & 0 & \ldots & 0 \\ 0 & 0 & 1 & \ldots & 0 \\ & & \ldots & & \\ 0 & 0 & 0 & \ldots & 1 \\ -b_0 & -b_1 & -b_2 & & -b_{m-1} \end{bmatrix}$$

Dann gilt: $q(B) = 0$ und q teilt $p \iff p(B) = 0$ /GRÖ/

Zu $w = k_n\ldots k_1k_o$ sei $p_w(x) = k_o+k_1x+\ldots+k_nx^n$. Dann betrachte den endlichen Akzeptor α, definiert durch:

$I(\alpha) = K$, $S(\alpha) = \{A \ / \ A$ ist K-(m,m)-Matrix$\}$, $an(\alpha) = 0$,

$E(\alpha) = \{0\}$, $\delta_\alpha(k,S) = k\cdot E+S\cdot B$ (E ist die m.-Einheitsmatrix.)

Nun gilt: $\delta_\alpha(w,0) = p_w(B)$.

III.11

Da $\square \notin L$ ist, gibt es eine Ch-2-Grammatik vom sE-Typ $G = (A,P,\{S\},T \cup \{c\})$, die L erzeugt. Ist L endlich, ist die Behauptung trivial. Sei also L unendlich.

O.B.d.A. sei G reduziert und habe nach Aufgabe III.9 die Eigenschaft, daß für alle $\xi \in Z(G) \setminus \{S\}$ die Menge $\{w \in T^* \ / \ \xi \vdash w\}$ unendlich ist. Sei nun $W := \{\xi \in Z(G) \ /$
$w \in A^*\cdot\{c\}\cdot A^*$ mit $\xi \vdash w\}$. Betrachte $\xi \to \eta \in P$ mit $\xi \in W$.

<u>Behauptung:</u> $\eta = u\gamma v$ mit $\gamma \in W \cup \{c\}$, $u \in T^*, v \in (A \setminus (W \cup \{c\}))^*$.

<u>Beweis:</u>

Da G reduziert ist, gibt es $s,t \in A^*$ mit $S \vdash s\xi t$. Es muß nun $st \in (A \setminus (W \cup \{c\}))^*$ sein, und es muß η genau ein Symbol aus $W \cup \{c\}$ enthalten. Andernfalls ließen sich aus S Terminalworte ableiten, die nicht in $T^*\cdot\{c\}\cdot T^*$ liegen (wegen der Reduziertheit von G läßt sich ja jede Variable ξ ins Terminalalphabet überführen).

Also ist $\eta = u\gamma v$, $\gamma \in W \cup \{c\}$, $u,v \in (A \setminus \{W \cup \{c\}\})^*$.

Weiter gibt es der Reduziertheit wegen $s',t',v' \in T^*$ mit

$S \vdash s'\xi t'$, $v \vdash v'$, also $S \vdash s'u\xi v't'$. Enthielte u eine Variable, so wäre nach Voraussetzung $\{w \in T^* \ / \ u \vdash w\}$ unendlich und damit auch $\{w \ / \ wcv't' \in L\}$ im Widerspruch zur Voraussetzung. Also ist $u \in T^*$.

Wir bilden nun $G' = (A,P',\{S\},T \cup \{c\})$ mit

$$P' = \{\xi \to u\gamma \ / \ \xi \to u\gamma v \in P; \xi,\gamma \in W\} \cup \{\xi \to u \ / \ \xi \to ucv \in P\}$$

G' ist rechtslinear, da die $u \in T^*$ sind. Man überzeugt sich davon, daß G' die gewünschte Sprache erzeugt.

IV.1

Gemäß Satz IV.1.2 ist $T(\alpha) = R^5_{11} \cup R^5_{14}$. Man erhält

$$R^5_{11} = \{\square\} \cup a\cdot(ba)^*\cdot b$$

$$R^5_{14} = \{ba\} \cup ba\cdot(ba)^*\cdot ba.$$

IV.2

(1) Definiere eine Substitution τ durch $\tau(x) = t$, $x \in T$. Dann ist $\tau(L) = \{t^{|w|} \ / w \in L\}$, also kontextfrei.

(2) $L = \{a^n b^n \ / n \geq 1\}$ ist kontextfrei. Substituiert man L1 für a und L2 für b, so erhält man, daß $\bigcup (L1)^n (L2)^n$ kontextfrei ist.

IV.3

Der Kellerautomat α arbeitet wie folgt: Worte w, die nicht von der Gestalt $a^i b^j a^k$ sind, werden in naheliegender Weise erkannt. Kritisch sind allein die Worte $a^n b^n a^k$, $a^n b^k a^k$, $a^n b^n a^n$. Hierzu wird α so aufgebaut, daß er am Anfang eine Vermutung macht, nämlich entweder "orakelt", daß w mit $a^n b^n$ beginnt oder aber mit $b^n a^n$ endet. Wählt α die erste Vermutung, so prüft er die letzte Gruppe der a's gegen die Gruppe der b's. Stellt er gleiche Anzahl fest, so weist er die Eingabe zurück, sonst akzeptiert er. Analog bei der 2. Vermutung. Für Worte $a^n b^n a^n$ führt keine Vermutung zum Akzeptieren, für Worte aus $L1 \setminus L2$ jedoch immer eine.

$S(\alpha) = \{s0,s11,s12,s21,s22,s3,s4,s5\}$, $k_{an}(\alpha) = \S$, $F(\alpha) = \{s4,s5\}$

δ_α: (a,s0,§)	→ {(s11,§a),(s21,§)}	Orakel
(a,s11,a)	→ {(s11,aa)}	Vermutung $a^i b^n a^n$
(b,s11,a)	→ {(s12,□)}	a kellern
(b,s12,a)	→ {(s12,□)}	a gegen b vergleichen
(b,s12,§)	→ {(s3,§)}	b > a, Eingabe lesen
(a,s12,sa)	→ {(s4,a)}	b < a, Eingabe lesen
(a,s21,§)	→ {(s21,§)}	Vermutung $a^n b^n a^i$
(b,s21,§)	→ {(s22,§b)}	b kellern
(b,s22,b)	→ {(s22,bb)}	
(a,s22,b)	→ {(s23,□)}	a gegen b vergleichen
(a,s23,b)	→ {(s23,□)}	
(a,s23,§)	→ {(s4,§)}	b < a, Eingabe lesen
(□,s23,b)	→ {(s5,b)}	b > a, siehe +++
(b,s3,§)	→ {(s3,§)}	Leeren der Eingabe
(a,s3,§)	→ {(s4,§)}	
(a,s4,§)	→ {(s4,§)}	
(a,s4,a)	→ {(s4,a)}	

+++ Wird dieser Befehl nach vollständig abgearbeiteter Eingabe ausgeführt,so akzeptiert α im Zustand s5. Wird der Befehl vorher ausgeführt, so bleibt α im Endzustand s5 bei nicht leerer Eingabe stehen, akzeptiert also nicht.

IV.4

(1) Seien G1 und G2 lineare Grammatiken für L1 bzw. L2. Ist σ ein neues Symbol, so erzeugt G mit S(G) = {σ}, $P(G) = P(G1) \cup P(G2) \cup \{\sigma \to \alpha \;/\; \alpha \in S(G1) \cup S(G2)\}$ die Sprache L1 ∪ L2. G ist linear. (Es sei $Z(G_1) \cap Z(G_2) = \emptyset$.)

(2) Sei G eine lineare Grammatik für L. Dann erzeugt G^{sp} mit $P(G^{sp}) = \{\xi \to sp(\eta) \;/\; \xi \to \eta \in P(G)\}$ die Sprache sp(L) und ist selbst linear.

(3) Seien α ein endlicher Akzeptor mit Anfangszustand s_o und einem Endzustand s_e, der R akzeptiert, und G eine L erzeugende lineare Grammatik mit Startsymbol σ. Folgende lineare Grammatik G' erzeugt L ∩ R:

$A(G') = T(G) \cup S(\alpha)\times Z(G)\times S(\alpha)$, $S(G') = \{(s_o,\sigma,s_e)\}$,
$T(G') = T(G)$,

$P(G') = \{(p,\xi,q) \rightarrow u(\delta_\alpha (u,p),\xi',q')v \;/\; \xi \rightarrow u\xi'v \in P(G),$
$\delta_\alpha (v,q') = q\} \cup$
$\cup \{(p,\xi,q) \rightarrow w \;/\; \xi \rightarrow w \in P(G),\; \delta_\alpha(w,p) = q\}$

Bei jeder Ableitung $\xi \vdash u\xi'v$ verfolgen wir links von ξ' den Arbeitsgang von α und rechts von ξ' den Arbeitsgang von α rückwärts. Treffen sich beide korrekt in der Mitte, so liegt das abgeleitete Wort in $L \cap R$.

(4) G sei eine Grammatik für L mit Regeln der Form $\xi \rightarrow a,\ \xi \rightarrow a\alpha,\ \xi \rightarrow \alpha a$ ($a \in T(G)$; $\xi,\alpha \in Z(G)$), vgl. Aufgabe II.6. $G_a^r = (A_a^r, P_a^r, \{\sigma_a^r\}, T)$ sei eine rechtslineare Grammatik für $\tau(a)$. Dann betrachte zu $\alpha \in Z(G)$ die Grammatiken

$G_{a,\alpha}^r = (T \cup \{\eta_{a,\alpha}^r \;/\; \eta_a^r \in Z_a^r\},\ \{\xi_{a,\alpha}^r \rightarrow w\eta_{a,\alpha}^r \;/$
$\xi_a^r \rightarrow w\eta_a^r \in P_a^r\} \cup \{\xi_{a,\alpha}^r \rightarrow w\alpha \;/\; \xi_a^r \rightarrow w \in P_a^r\},\ \{\sigma_{a,\alpha}^r\},\ T).$

Analog seien G_a^l, $G_{a,\alpha}^l$ als linkslineare Grammatiken gegeben. Für $\tau(L)$ ergibt sich dann eine Grammatik mit folgendem Regelsystem:

$\bigcup_{a\in T,\alpha\in Z(G)} (P_{a,\alpha}^r \cup P_{a,\alpha}^l \cup P_a^r \cup P_a^l) \cup \{\xi \rightarrow \sigma_{a,\alpha}^r / \xi \rightarrow a\alpha \in P(G)\}$
$\cup \{\xi \rightarrow \sigma_{a,\alpha}^l \;/\; \xi \rightarrow \alpha a \in P(G)\} \cup \{\xi \rightarrow \sigma_a^r \;/\; \xi \rightarrow a \in P(G)\}.$

(5) Man sieht sofort, daß die Beweise der Sätze IV.5.1 und IV.5.3 auch für den linearen Fall gelten. (Mit 3. und 4. der Aufgabe zeigt man die Linearität der im Beweis definierten Menge der Protokolle.)

IV.5

Mit Hilfe von Aufgabe II.6 zeigt man: Eine Sprache $L = R\cdot\{c\}\cdot R$, $R \subseteq \{a,b\}^*$ ist genau dann linear, wenn R regulär ist.

Hieraus folgt sofort ein gewünschtes Beispiel:

$L1 = \{a^n b^n c \;/\; n \geq 1\}$, $L2 = \{a^m b^m \;/\; m \geq 1\}$ sind linear, aber nicht regulär. Also ist $L1\cdot L2 = \{a^n b^n c a^m b^m \;/\; n,m \geq 1\}$ nicht linear.

IV.6
Aufgrund der Arbeitsweise einer gsm sieht man, daß eine gsm-Abbildung f die Anfangsteilwortrelation erhält. D.h., ist u Anfangsstück von w (w = uv), so ist f(u) Anfangsstück von f(w). Die Abbildung sp erfüllt diese Bedingung nicht, kann also nicht von einer gsm realisiert werden.

IV.7
Es ist zu zeigen: Ist $L = \mathscr{L}(G) \varepsilon \mathscr{L}_{nexp}$ und $\tau: T(G) \to 2^{T'^*}$ eine Substitution mit $\tau(t) \varepsilon \mathscr{L}_{nexp}$ für alle $t \varepsilon T$, so ist $\tau(L) = L' \varepsilon \mathscr{L}_{nexp}$.

Beweis:
Die Konstruktion von G' mit $\mathscr{L}(G') = L'$ ist die gleiche wie in Satz IV.2.1. Man beachte nur, daß, wenn G und G_t ($t \varepsilon T$) nichtexpansiv vorausgesetzt werden, auch die konstruierte Grammatik nichtexpansiv ist.

IV.8
"$\mathscr{L} \subseteq \mathscr{L}_{nexp}$": Da die linearen Sprachen nichtexpansiv sind, folgt die Behauptung sofort mit Aufgabe IV.7.

"$\mathscr{L}_{nexp} \subseteq \mathscr{L}$": Sei $G = (A,P,\{\sigma\},T)$ eine nichtexpansive Grammatik, die o.B.d.A. reduziert ist und nur ein Startsymbol besitzt. Durch vollständige Induktion über die Mächtigkeit n von $Z := A \setminus T$ zeigen wir, daß $L := \mathscr{L}(G) \varepsilon \mathscr{L}$ ist.

"n = 1": In diesem Fall ist G linear und somit $L \varepsilon \mathscr{L}$.

"n-1 => n": Sei also $\#Z = n$ und die Behauptung richtig für alle Grammatiken mit weniger als n Hilfszeichen. Sei dann $Z \supseteq Z' := \{\xi \,/\, \xi \vdash u\sigma v; u,v \varepsilon A^*\}$. Wegen $\sigma \varepsilon Z'$ ist $Z' \neq \emptyset$. Betrachte nun $G' = (A,P',\{\sigma\},T \cup (Z \setminus Z'))$, wobei $P' = \{(p,q) \,/\, (p,q) \varepsilon P \text{ und } p \varepsilon Z'\}$ ist. Da G nichtexpansiv ist, ist auch G' nichtexpansiv.

Wir zeigen die Linearität von G'.
Annahme: G' ist nicht linear. Dann gibt es in P' eine Regel $\xi \to u\eta_1 v\eta_2 w$ mit $\eta_1,\eta_2 \varepsilon Z'$, $u,v,w \varepsilon A'^*$. Damit gilt aber:

$$\eta_1 \vdash u'\sigma v' \quad (u',v' \varepsilon A'^*)$$
$$\eta_2 \vdash u''\sigma v'' \quad (u'',v'' \varepsilon A'^*)$$

Wegen der Reduziertheit von G gibt es dann eine Ableitung $\sigma \vdash w'\xi w'' \vdash w'uu'\sigma v'vu''\sigma v''w$, d.h., G' wäre expansiv. Widerspruch!

Also ist G' linear. Wir unterscheiden zwei Fälle:

(1) $Z = Z' \Rightarrow G = G' \Rightarrow L = \mathcal{L}(G)$ linear, also aus $\mathcal{L}$.

(2) $Z \neq Z'$. Dann betrachte für jedes $\xi \in Z \setminus Z'$ die Grammatik G_ξ mit $T(G_\xi) = T(G)$, $Z(G_\xi) = Z \setminus Z'$, $S(G_\xi) = \{\xi\}$, $P(G_\xi) = P \setminus P'$ (Beachte, daß es keine Regeln $\eta_1 \to u\eta_2 v$ mit $\eta_2 \in Z'$ in $P(G_\xi)$ geben kann).
$G_\xi \in \mathcal{L}_{nexp}$, da $G \in \mathcal{L}_{nexp}$. Da $\sigma \in Z'$, hat G_ξ weniger als n Hilfszeichen, d.h. $\mathcal{L}(G_\xi) \in \mathcal{L}_{nexp}$. Dann gilt aber $L = \tau(\mathcal{L}(G'))$, wobei τ die folgende Substitution ist:

$\tau: T(G') \to 2^{T(G)}$ definiert durch

$$\tau(t) = \{t\} \text{ für } t \in T(G)$$
$$\tau(\xi) = \mathcal{L}(G_\xi) \text{ für } \xi \in Z \setminus Z' = T(G') \setminus T(G)$$

Damit ist die Behauptung bewiesen.

IV.9

(1) Eine Kontrolle des Beweises von Satz IV.3.4 zeigt, daß dieser auch für nichtexpansive Grammatiken gültig bleibt.

(2) Beachtet man Teil 1 der Aufgabe und Aufgabe IV.7, so sieht man, daß der Beweis von Satz IV.5.1 und Satz IV.5.3 auch für den Fall nichtexpansiver Grammatiken gültig bleibt.

(3) Ist $\mathcal{L}(G) = L$, so erzeugt G_{sp} mit den Regeln $P(G_{sp}) = \{p \to sp(q) \ / \ p \to q \in P(G)\}$ die Sprache sp(L). Ist G nichtexpansiv, so natürlich auch G_{sp}.

IV.10

(1) $L1 \in Ch\text{-}2$, $L2 \in Ch\text{-}3 \Rightarrow INIT(L1) \in Ch\text{-}2$, $L1/L2 \in Ch\text{-}2$

Beweis:

Wegen $INIT(L1) = L1/T^*$ genügt es, den zweiten Teil der Behauptung zu zeigen. Sei $T' = \{t' \ / \ t \in T\}$ und sei τ die durch $\tau(t) = \{t,t'\}$, $t \in T$ festgelegte Substitution. Dann betrachte $L3 := T'^* \cdot L2 \cap \tau(L1)$ und den Homomorphismus h, definiert durch $h(t) = \square$, $h(t') = t$, $t \in T$. Dann gilt $L1/L2 = h(L3)$. Substitutionssatz und Durchschnittssatz liefern die Behauptung.

(2) $L1 \in Ch\text{-}2$, $L2 \in Ch\text{-}3 \Rightarrow INIT(L2) \in Ch\text{-}2$, $L2/L1 \in Ch\text{-}2$

(3) $L1, L2 \in Ch\text{-}3 \Rightarrow L1/L2 \in Ch\text{-}3$

Beweise: analog (1)

(4) Es gibt $L1, L2 \in Ch\text{-}2$ mit $L1/L2 \notin Ch\text{-}2$.

Beweis:

$L1 := \{x_{i_1} \ldots x_{i_k} d y_{i_k} \ldots y_{i_1} \; / \; k \geq 1,\ 1 \leq i_1, \ldots, i_k \leq 3,$

$x_1 = bb,\ x_2 = aaa,\ x_3 = abc,\ y_1 = a,\ y_2 = b,\ y_3 = c\}$

$L2 := \{w \cdot d \cdot sp(w) \; / \; w \in \{a,b,c\}^*\}$.

Beide Sprachen sind kontextfrei. Man überlegt sich, daß die folgenden Worte im Quotienten L1/L2 liegen:

$L1/L2 = \{ab, a^4, b^2a^3, b^4a^2, b^6a, b^8, a^3b^7, a^6b^6, \ldots, a^{24}, \ldots\}$

Man sieht: $a^n \in L1/L2 \Leftrightarrow n = 4 \cdot 6^i,\ i \geq 0$.

Betrachte die Substitution h mit $h(a) = \{a\}$, $h(b) = \emptyset$, dann ist $L := h(L1/L2) = \{a^n \; / \; n = 4 \cdot 6^i,\ i \geq 0\}$. Wäre L1/L2 kontextfrei, so auch L nach dem Substitutionssatz. Andererseits zeigt man mit dem Satz von Bar'Hillel-Perles-Shamir, daß L nicht kontextfrei ist.

(5) $L1 \in Ch\text{-}2$, $L2 \in Ch\text{-}3 \Rightarrow [L1,L2] \in Ch\text{-}2$

(6) $L1 \in Ch\text{-}3$, $L2 \in Ch\text{-}2 \Rightarrow [L1,L2] \in Ch\text{-}2$

Beweise: Aufgabe III.5

(7) Es gibt $L1, L2 \in Ch\text{-}2$ mit $[L1,L2] \notin Ch\text{-}2$

Beweis:

$L1 = \{a^i b^i \; / \; i \geq 1\}$, $L2 = \{c^{2j} d^j \; / \; j \geq 1\}$ sind kontextfrei. Wäre $[L1,L2]$ kontextfrei, so auch $[L1,L2] \cap (ac)^+(bc)^+d^+ = \{(ac)^i(bc)^i d^i \; / \; i \geq 1\}$. Letztere Menge ist nach Satz II.3.6 aber nicht kontextfrei.

IV.11

Wir stellen die Greibach-Sprache L_o als homomorphes Bild des Durchschnitts eines Shuffle-Produkts mit einer regulären Menge dar. Sei $\tilde{T} = \{\tilde{a}, \tilde{b}\}$ ein neues Alphabet und $h: \tilde{T} \to T$ der durch

$h(\tilde{a}) = a$, $h(\tilde{b}) = b$ definierte Homomorphismus, so gilt:

$L_o = \{\square\} \cup h([T_1, D_{\tilde{T}}] \cap (T_o^* c \not{c} \tilde{T}^* c T_o^* d) \cdot (T_o^* c \tilde{T}^* c T_o^* d)^*)$

$\tilde{T}$ wird benötigt, um zu gewährleisten, daß die c's an den richtigen Trennstellen zwischen den Portionen der x_i, y_i, z_i stehen. Aufgabe III.5, Durchschnitts- und Substitutionssatz, liefern die Behauptung.

V.1

Man schöpft $\overline{L_{sp}}$ durch drei Mengen L1, L2, L3 aus.

$L1 := T^*cT^*cT^*cT^*cT1^* \cup T^*cT^*cT^* \cup T^*cT^* \cup T^*$

ist regulär und enthält alle Worte mit mehr als drei oder weniger als drei c's. Folgende lineare Grammatik mit Startsymbol s_o erzeugt die Sprache

$L2 := \{w_1cw_2cw_3cw_4 \ / \ w_i \in T^* (1 \leq i \leq 4), \ w_2 \neq sp(w_3)\}$:

$s_o \rightarrow as_o | bs_o | cs_1$

$s_1 \rightarrow s_1a | s_1b | s_2c$

$s_2 \rightarrow as_2a | as_2b | bs_2a | bs_2b | as_3b | bs_3a | cs_4a | cs_4b | as_4c | bs_4c |$

$s_3 \rightarrow s_3a | s_3b | as_3 | bs_3 | c$

$s_4 \rightarrow s_4a | s_4b | \square$

Mit s_o und s_1 werden w_1 bzw. w_4 erzeugt. Mit s_2 wird dafür gesorgt, daß an wenigstens einer Stelle in der Mitte die Spiegelbildeigenschaft zerstört wird. s_3 mit s_4 bildet den Rest der Worte w_2 und w_4.

Analog bildet man eine lineare Grammatik für

$L3 := \{w_1cw_2cw_3cw_4 \ / \ w_i \in T^* (1 \leq i \leq 4), \ w_1 \neq sp(w_4)\}$.

V.2

(a) Für die kontextfreie Sprache $L1(\underline{x},\underline{y})$ aus Satz V.2.5 gilt: $\overline{L1(\underline{x},\underline{y})}$ kontextfrei $\Longleftrightarrow L(\underline{x},\underline{y}) \cap L_{sp}$ kontextfrei. Letzteres Problem ist nicht entscheidbar (Satz V.2.6).

(b) Die Sprachen $L(\underline{x},\underline{y})$ und L_{sp} sind linear. Daher ist Satz V.2.6 anwendbar.

(c) Betrachte $L1(\underline{x},\underline{y})$ und $R = \{a,b,c\}^*$. Trivialerweise ist $L1(\underline{x},\underline{y},) \subseteq R$. Wäre "$R \subseteq L1(\underline{x},\underline{y})$" entscheidbar, so auch "$L1(\underline{x},\underline{y}) = R$" im Widerspruch zu Satz V.2.5.

(d) Es gilt: $L \subseteq R \iff L \cap \overline{R} = \emptyset$
$\overline{R}$ ist regulär. Sätze IV.3.4 und V.1.3 liefern die Entscheidbarkeit des Problems.

(e) Eine Kontrolle des Beweises von Lemma V.2.4 und die Aufgabe V.1 ergibt, daß die Sprache $L1(\underline{x},\underline{y})$ linear ist. Mit Teil (a) dieser Aufgabe folgt die Behauptung.

V.3

Wir zeigen die schärfere Aussage: Für kontextfreie Sprachen $L \subseteq T^*$ ist es generell nicht entscheidbar, ob es eine gsm α gibt mit $F_\alpha(T^*) = L$.

Zum Beweis betrachte $L1(\underline{x},\underline{y}) = \overline{L(\underline{x},\underline{y}) \cap L_{sp}}$, welche ja kontextfrei ist.

<u>Fall 1:</u> $L(\underline{x},\underline{y}) \cap L_{sp} = \emptyset$. Dann ist $L1(\underline{x},\underline{y}) = T^*$ und es gibt natürlich eine gsm mit $F_\alpha(T^*) = T^*$.

<u>Fall 2:</u> $L(\underline{x},\underline{y}) \cap L_{sp} \neq \emptyset$. Dann ist nach Lemma V.2.3 $L(\underline{x},\underline{y}) \cap L_{sp}$ sicher nicht regulär und folglich auch nicht das Komplement. Da gsm-Abbildungen die Regularität erhalten und da T^* regulär ist, kann es also keine gsm α geben mit $F_\alpha(T^*) = L1(\underline{x},\underline{y})$.

V.4

Ist G eine Chomsky-reduzierte, kontextsensitive Grammatik, so gilt: $\mathcal{L}(G) = \emptyset \iff P(G) = \emptyset$

Könnte man die Chomsky-Reduziertheit für Ch-1-Grammatiken G entscheiden, so könnte man das Leerheitsproblem wie folgt entscheiden:

Teste alle Grammatiken $G' = (A(G),P',S(G),T(G))$, $P' \in 2^{P(G)}$ auf Chomsky-Reduziertheit. Ist nur $(A(G),\emptyset,S(G),T(G))$ reduziert, so ist $\mathcal{L}(G) = \emptyset$.

V.5

(a) Sätze IV.1.3 und V.1.5

(b) In den behandelten Unentscheidbarkeitssätzen wurde stets von dem 3-elementigen Alphabet $T = \{a,b,c\}$ ausgegangen. Auf den Buchstaben c kann man jedoch verzichten, so daß die Gültigkeit der Sätze gewahrt bleibt. Man kann nämlich $\{a,b,c\}^*$ injektiv in $\{a,b\}^*$ einbetten, etwa durch den Homomorphismus $\tau(a) = bab$, $\tau(b) = ba^2b$, $\tau(c) = ba^3b$. Es ist dann z.B. $\tau(L1(\underline{x},\underline{y}))$ auch kontextfrei und die Unentscheidbarkeitsbeweise übertragen sich /GIN/.

V.6

Wir zeigen die Nichtentscheidbarkeit der Zyklenfreiheit für kontextsensitive Grammatiken, indem wir sie auf die Nichtentscheidbarkeit des Problems " $\mathcal{L}(G1) \cap \mathcal{L}(G2) = \emptyset$?" für kontextfreie Grammatiken zurückführen.

Seien also $G_i = (A_i, P_i, \{\sigma_i\}, T)$ $(i=1,2)$ kontextfrei. Zu diesen konstruieren wir äquivalente sE-Grammatiken $\overline{G}_i = (\overline{A}_i, \overline{P}_i, \{\overline{\sigma}_i\}, T)$ $(i=1,2)$, die bis auf eine Regel nur längentreue Produktionen besitzen:

$$\overline{A}_i = A_i \cup \{\overline{\sigma}_i, \overline{e}_i\},\ \overline{e}_i, \overline{\sigma}_i \notin A_i$$

$$\overline{P}_i = \{\overline{\sigma}_i \to \overline{e}_i\overline{\sigma}_i,\ \overline{\sigma}_i \to \sigma_i\} \cup \{\overline{e}_i x_i \to x_i \overline{e}_i \ /\ x_i \in A_i\} \cup$$
$$\cup \{\xi_i \overline{e}_i^{\,k} \to w_i \ /\ \xi_i \to w_i \in P_i, |w_i| = |\xi_i \overline{e}_i^{\,k}| = k+1\}$$

Offenbar gilt: $\mathcal{L}(\overline{G}_i) = \mathcal{L}(G_i)$ und $\overline{G}_i$ ist zyklenfrei $(i=1,2)$. Aus $\overline{G}_1$ und $\overline{G}_2$ gewinnen wir nun eine sE-Grammatik G, die zyklenfrei ist und bis auf Isomorphie $L1 \cap L2$ erzeugt.

$$\overline{A} = \overline{A}_1 \times \overline{A}_2,\ \overline{T} = \{(t,t) \ /\ t \in T\},\ \overline{\sigma} = (\overline{\sigma}_1, \overline{\sigma}_2),$$

$$\overline{P} = \{(\overline{\sigma}_1,\overline{\sigma}_2) \to (\overline{e}_1,\overline{e}_2)(\overline{\sigma}_1,\overline{\sigma}_2)\} \cup \{(\overline{\sigma}_1,\overline{\sigma}_2) \to (\sigma_1,\sigma_2)\} \cup$$
$$\cup \{(\overline{e}_1,v_1)(x,v_2) \to (x,v_1)(\overline{e}_1,v_2) \ /\ x \in A_1;\ v_1,v_2 \in \overline{A}_2\} \cup$$
$$\cup \{(u_1,\overline{e}_2)(u_2,x) \to (u_1,x)(u_2,\overline{e}_2) \ /\ x \in A_2;\ u_1,u_2 \in \overline{A}_1\} \cup$$

$\cup \{(\xi_1,v_1)(\overline{e}_1,v_2)\ldots(\overline{e}_1,v_n) \to (a_1,v_1)\ldots(a_n,v_n)$ /

$\xi_1\overline{e}_1{}^{n-1} \to a_1\ldots a_n \in \overline{P}_1;\ v_1,\ldots,v_n \in \overline{A}_2\} \cup$

$\cup \{(u_1,\xi_2)(u_2,\overline{e}_2)\ldots(u_n,\overline{e}_2) \to (u_1,b_1)\ldots(u_n,b_n)$ /

$\xi_2\overline{e}_2{}^{n-1} \to b_1\ldots b_n \in \overline{P}_2;\ u_1,\ldots,u_n \in \overline{A}_1\}$

Da die $\overline{G}_i$ zyklenfrei sind, trifft dies auch auf $\overline{G}$ zu. Nach Konstruktion ist $\mathcal{L}(\overline{G}) = \{(x_1,x_1)\ldots(x_n,x_n)\ /\ n \in \mathbb{Z}_+,\ x_i \in T,$ $x_1\ldots x_n \in \mathcal{L}(G_1) \cap \mathcal{L}(G_2)\}$, also isomorph zu $\mathcal{L}(G_1) \cap \mathcal{L}(G_2)$.

Aus $\overline{G}$ gewinnen wir nun die Grammatik G', die genau dann Zyklen erzeugt, wenn $\mathcal{L}(\overline{G}) \neq \emptyset$ ist:

$A' = \overline{A} \cup \overline{A} \times \{\S\} \cup \{\%,\sigma'\}$; %,§ und σ' seien neue Zeichen, σ' das Startsymbol, § eine Randmarke.

$P' = \overline{P} \cup \{\sigma' \to \S\overline{\sigma}\S\} \cup R1 \cup R2 \cup R3$

$R1 = \{\S x \to \S(e',\%)\ /\ x \in \overline{T}\}$

$R2 = \{(e',\%)x \to e'(e',\%)\ /\ x \in \overline{T}\}$

$R3 = \{(e',\%)\S \to (\sigma_1,\sigma_2)\S\}$,

wobei $e' = (\overline{e}_1,\overline{e}_2)$ ist.

<u>Behauptung:</u> G' erzeugt Zyklen $\Longleftrightarrow \mathcal{L}(\overline{G}) \neq \emptyset$

<u>Beweis:</u>

"<=": Sei $w \in \mathcal{L}(\overline{G})$ und $|w| = n$. Dann existiert ein Zyklus $\S e'^{n-1}(\sigma_1,\sigma_2)\S \underset{\overline{P}}{\vdash} \S w\S \vdash \S e'^{n-1}(\sigma_1,\sigma_2)\S$.

"=>": Sei α ein Zyklus. Dann muß eine der Regeln R1, R2 oder R3 in α auftreten, da ja $\overline{G}$ zyklenfrei ist. Nun bedingen sich die Regeln R1 und R3 im Zyklus gegenseitig; ebenso bedingt R2 die Regeln R1 und R3. Also kommt eine Regel des Typs R3 in α vor. Folglich existiert ein Zyklus

$w(e',\%)\S \vdash : w(\sigma_1,\sigma_2)\S \vdash w(e',\%)\S$. Da dann auch eine Regel des Typs R1 in α auftritt, muß ein Zyklus der Art

$\S a_1\ldots a_k\S \vdash : \S(e',\%)a_2\ldots a_k\S \vdash \S e'\ldots e'(e',\%)\S \vdash :$
$\S e'\ldots e'(\sigma_1,\sigma_2)\S \vdash \S a_1\ldots a_k\S,\ k \geqq 1$

existieren, wobei die a_i Zeichen aus $\overline{T}$ sein müssen (wegen R2). Also ist $a_1\ldots a_k \in \mathcal{L}(\overline{G})$.

V.7

(a) Sei G Chomsky-reduziert und zusammenhängend. Zu einer Ableitung f: $\sigma \vdash w$ sei $r(f) := \{r \in P \,/\, r$ wird in einem der Ableitungsschritte von f verwendet$\}$. $R := \{r(f) \,/\, f$ Ableitung in G$\}$ wird durch Mengeninklusion geordnet. Dann sind die maximalen Elemente bzgl. dieser Ordnung die Zusammenhangskomponenten $P_1,\dots,P_k$. Nach Voraussetzung ist k=1. Dann folgt aus der Reduziertheit die Existenz einer Ableitung, die alle Regeln benutzt.

Die Rückrichtung ist trivial.

(b) Enthält P(G) unwesentliche Regeln, so ist G nicht zusammenhängend. Unser Entscheidungsverfahren wird also zuerst die Chomsky-Reduziertheit überprüfen (das ist ja entscheidbar) und dann die Bedingung aus Teil (a) der Aufgabe benutzen. Sei also G reduziert und n die Anzahl der Regeln. Auf die $m \le n$ Startsymbole wenden wir diese Regeln nun an und verfolgen so schrittweise simultan alle möglichen Ableitungen. Innerhalb einer solchen Ableitung brauchen wir der Kontextfreiheit wegen nur solche Variablen ξ noch weiter abzubauen, für die noch nicht alle möglichen Regeln mit linker Seite ξ in dieser Ableitung verwendet wurden. Erfolgen diese Ersetzungen von Variablen soweit wie möglich parallel, so sind höchstens n Ableitungsschritte erforderlich, um zu entscheiden, ob eine Ableitung alle Regeln benutzt. Die Reduziertheit sichert, daß alle diese Teilableitungen ins Terminalalphabet fortgeführt werden können.

VI.1

$G = (\{a,b,S\}, \{S \to aSa \mid bSb \mid \square\},\{S\},\{a,b\})$ ist eindeutig und erzeugt die Sprache.

VI.2

Die angegebene Grammatik ist nicht eindeutig. $x_1x_1x_1'x_1'$ beispielsweise hat die folgenden wesentlich verschiedenen Ableitungen:

$\sigma \vdash : x_1\sigma x_1' \vdash : x_1x_1\sigma x_1'x_1' \vdash : x_1x_1x_1'x_1'$

$\sigma \vdash : x_1\sigma x_1' \vdash : x_1\sigma\sigma x_1' \vdash : x_1x_1\sigma x_1'\sigma x_1' \vdash : x_1x_1x_1'\sigma x_1' \vdash : x_1x_1x_1'x_1'$

Eine eindeutige Grammatik ist dagegen durch das folgende Regelsystem gegeben:

$\{\sigma \to x_i\sigma x_i'\sigma \ / \ 1 \leq i \leq n\} \cup \{\sigma \to \square\}$.

VI.3

(a) Wir zeigen die Behauptung zunächst für eine gsm $\alpha = (T,O_\alpha,S_\alpha,s_{an},\delta_\alpha,\lambda_\alpha)$, für die F_α auf L injektiv und λ_α eine Funktion λ_α: $T \times S \to O_\alpha$ ist.
Sei $G = (A,P,\{\sigma\},T)$ eine L erzeugende, eindeutige, kontextfreie Grammatik. Dann ist die Grammatik $G' = (A \cup (T \times O_\alpha), P \cup P',\{\sigma\},T \times O_\alpha)$ mit $P' = \{x \to (x,y) \ / \ x \in T,\ y \in O_\alpha\}$ eindeutig und erzeugt $L' = \{(x_1,y_1)\dots(x_k,y_k) \ / \ k \geq 0, x_1\dots x_k \in L,\ x_i \in T,\ y_i \in O_\alpha \ (1 \leq i \leq k)\}$.
$R = \{\square\} \cup \{(x_1,\lambda_\alpha(x_1,s_{an}))(x_2,\lambda_\alpha(x_2,\delta_\alpha(x_1,s_{an})))\dots (x_k,\lambda_\alpha(x_k,\delta_\alpha(x_1\dots x_{k-1},s_{an}))) \ / \ x_1\dots x_k \in T^*\}$
ist regulär, und nach Lemma VI.7.1 ist $L' \cap R$ eindeutig.
$G'' = (A',P'',\{\sigma\},T \times O_\alpha)$ sei eine eindeutige Ch-2-Grammatik zur Erzeugung von $L' \cap R$. $G''' = (A' \cup O_\alpha, P'' \cup P''',\{\sigma\},O_\alpha)$ mit $P''' = \{(x,y) \to y \ / \ x \in T,\ y \in O_\alpha\}$ erzeugt $F_\alpha(L)$. Da G'' eindeutig und α injektiv auf L ist, ist G''' eindeutig.

Sei nun $\beta = (T,O_\beta,S_\beta,s_{an},\delta_\beta,\lambda_\beta)$ eine beliebige, auf L injektive gsm. Für $q \in S_\beta$ und $x \in T$ sei $y_{q,x}$ ein neues Symbol. Dann gilt für die gsm $\gamma = (T,O_\gamma,S_\beta,s_{an},\delta_\beta,\lambda_\gamma)$ mit $O_\gamma = \{y_{q,x} \ / \ q \in S,\ x \in T\}$, $\lambda_\gamma(x,q) = y_{q,x}$ die oben bewiesene Behauptung. Also ist $F_\gamma(L)$ eindeutig.
Sei $G1 = (A1,P1,\{\sigma\},T1)$ eine eindeutige Grammatik für $F_\gamma(L)$.
Sei $P2 = \{y_{q,x} \to \lambda_\beta(x,q) \ / \ q \in S_\beta,\ x \in T\}$. Dann erzeugt $G2 = (A1 \cup O_\beta, P1 \cup P2,\{\sigma\},O_\beta)$ $F_\beta(L)$.

Wir weisen die Eindeutigkeit von G2 nach. Für den Homomorphismus f: $O_\gamma^* \to O_\beta^*$, definiert durch $f(y_{q,x}) = \lambda_\beta(x,q)$, gilt $f(F_\gamma(w)) = F_\beta(w)$, $w \in T^*$. f ist injektiv auf $F_\gamma(L)$, da β auf L injektiv ist. Betrachte nun zwei Ableitungen für $w \in F_\beta(L)$, die o.B.d.A. wie folgt aussehen:

$\sigma = u_o \vdash_{P1} : \ldots \vdash_{P1} : u_r \vdash_{P2} : \ldots \vdash_{P2} : u_m = w$

$\sigma = v_o \vdash_{P1} : \ldots \vdash_{P1} : v_s \vdash_{P2} : \ldots \vdash_{P2} : v_n = w$

Dann sind $u_r, v_s \in F_\gamma(L)$, $f(u_r) = f(v_s) = w$. Da f injektiv ist, folgt $u_r = v_s$. Seien o.B.d.A. $u_o \vdash u_r$ und $v_o \vdash v_s$ kanonische G1-Ableitungen und $u_r \vdash u_m$, $v_s \vdash v_n$ kanonische Ableitungen bzgl. P2. Da G1 eindeutig ist und $u_r = v_s$, folgt $r = s$ und $u_i = v_i$ $(1 \leq i \leq r)$. Wegen der speziellen Gestalt der Regeln aus P2 folgt auch $m = n$ und $v_i = u_i$ $(r < i \leq m)$. Also stimmen beide Ableitungen überein, d.h., $F_\beta(L)$ ist eindeutig.

(b) Wir zeigen: $w \cdot L$ eindeutig $\Rightarrow$ L eindeutig. Dies ist mit a) aber trivial, da man leicht eine auf $w \cdot L$ injektive gsm α angeben kann mit $F_\alpha(w \cdot L) = L$.

VI.4

Sei G eine L erzeugende Grammatik. Sei G' die sp(L) erzeugende Grammatik mit den Regeln $\{sp(p) \to sp(q) \ / \ p \to p \in P(G)\}$. Aus der eindeutig bestimmten kanonischen Ableitung eines Wortes $w \in L$ erhält man durch "Spiegelung" eine dann natürlich auch eindeutig bestimmte antikanonische Ableitung für sp(w). Folglich ist sp(L) eindeutig.

VI.5

Sei G eine kontextfreie Grammatik mit $\mathcal{L}(G) = L$. Wir geben eine Grammatik G' für L' und den Homomorphismus h an. Dazu sei $K := \{[_r \ / \ r \in P(G)\}$ eine Menge von öffnenden Klammern. Dann setzen wir

$A(G') = A(G) \cup K \cup \{]\}$

$P(G') = \{(p, [_r q]) \ / \ r = (p,q) \in P(G)\}$

$S(G') = S(G)$

$T(G') = T(G) \cup K \cup \{]\}$

$h: T(G')^* \to T(G)^*$ wird definiert durch

$$h(t) = \begin{cases} t & \text{falls } t \in T(G) \\ \square & \text{falls } t \in K \cup \{]\} \end{cases}$$

Dann ist aber $L = h(L')$ mit $L' := \mathcal{L}(G')$. G' ist zyklenfrei und aus Lemma VI.6.1 folgt dann die Eindeutigkeit von L'. (Die Klammern sorgen gerade dafür, daß L' eindeutig analysiert werden kann.)

VI.6

Sei $G = (A,P,\{\sigma\},T)$ eine eindeutige, L erzeugende Grammatik,und sei $\alpha = (I,T,S,s_{an},\delta,\lambda)$ eine gsm mit $I = \{x_1,\dots,x_n\}$, $S = \{q_1,\dots,q_m\}$. $T1 = \{X^{ij}_{k_{ij}} \;/\; 1 \leq i \leq m,\ 1 \leq j \leq n,\ 0 \leq k_{ij} \leq |\lambda(x_j,q_i)|\}$ sei eine Menge neuer Symbole. Betrachte die gsm $\beta = (I,T1,S,s_{an},\delta,\lambda_\beta)$ mit $\lambda_\beta(x_j,q_i) = X^{ij}_o \dots X^{ij}_{|\lambda(x_j,q_i)|}$ für alle i und j. Offensichtlich gibt es eine gsm λ mit $F_\lambda(F_\beta(w)) = w$ für alle $w \in T^*$. Der Homomorphismus τ: $T1^* \to T^*$ werde definiert durch $\tau(X^{ij}_o) = \square$, $\tau(X^{ij}_k)$ = "der k.-Buchstabe in $\lambda(x_j,q_i)$" (k>0). Dann ist $F_\alpha(w) = \tau(F_\beta(w))$, $w \in T^*$.

Sei $X_o = \{X^{ij}_o \;/\; 1 \leq i \leq m,\ 1 \leq j \leq n$, $X_x = T1 \cap \tau^{-1}(x)$ für $x \in T$.

Betrachte $G' = (A \cup T1 \cup \{\mu,\sigma'\},P \cup P',\{\sigma'\},T1)$ mit

$P' = \{\sigma' \to z\sigma' \;/\; z \in X_o\} \cup \{\sigma' \to \sigma,\ \mu \to \square\ \} \cup \{\mu \to z\mu \;/\; z \in X_o\} \cup$
$\quad \cup \{x \to y\mu \;/\; x \in T,\ y \in X_x\}$.

G' erzeugt $\tau^{-1}(L)$. Zu jeder G'-Ableitung $\sigma' \vdash w \in T1^*$ gibt es eine nicht wesentlich verschiedene der Form

$\sigma' \vdash_{P'} z_1\sigma \vdash_P z_1a_1\dots a_k \vdash_{P'} z_1u_1z_2\dots z_ku_kz_{k+1}$

mit: Alle $z_i \in X_o^*$, alle $u_i \in X_{a_i}$, $a_1\dots a_k \in L$.

Für $z_1a_1\dots a_k$ gibt es nach Konstruktion von P' und wegen der Eindeutigkeit von G nur eine einzige kanonische Ableitung. Weiter gilt (Konstruktion von P'): Aus $z_1u \vdash_{P'} w$ und $z_1v \vdash_{P'} w'$; $u,v \in T^*$, $u \neq v$, folgt $w \neq w'$. Daher ist G eindeutig.

$F_\beta(T^*)$ ist regulär, daher ist $F_\beta(T^*) \cap \tau^{-1}(L)$ eindeutig (Lemma VI.7.1). Die gsm γ ist bijektiv auf $F_\beta(T^*)$, also auch auf $\tau^{-1}(L) \cap F_\beta(T^*)$. Aus Aufgabe VI.3(a) folgt damit die Eindeutigkeit von $F_\gamma(\tau^{-1}(L) \cap F_\beta(T^*)) = F_\alpha^{-1}(L)$.

VI.7

Man gibt eine gsm α an, die die gegebene Sprache in $\{a^nb^na^m | n,m \geq 1\} \cup \{a^nb^ma^m | n,m \geq 1\}$ transformiert. Dann benutze man die Sätze VI.6.5 und VI.7.1.

VI.8

Wir zeigen: "f,g Ableitungen in G mit $Q(f) = Q(g) = \sigma$, $Z(f) = Z(g) = w \in T \Rightarrow f = g$"

<u>Beweis:</u>

Da G linear ist, gilt:

$f = (\alpha_1,...,\alpha_{n+1},\sigma,w)$, $g = (\beta_1,...,\beta_{m+1},\sigma,w)$ mit

$\alpha_i = (u_1...u_{i-1},\xi_{i-1} \to u_i\xi_i v_i, v_{i-1}...v_1)$ $\quad 1 \leq i \leq n$

$\beta_j = (x_1...x_{j-1},\eta_{j-1} \to x_j\eta_j y_j, y_{j-1}...y_1)$ $\quad 1 \leq j \leq m$

$u_i,v_i,x_j,y_j \in T^*$; $\xi_o = \eta_o = \sigma$; ξ_i, $\eta_j \in Z(G)$

$(1 \leq i \leq n,\ 1 \leq j \leq m)$.

Weiter gilt wegen (ii)

$\alpha_{n+1} = (u_1...u_n,\ \xi_n \to ¢,\ v_n...v_1)$

$\beta_{m+1} = (x_1...x_m,\ \eta_m \to ¢,\ y_m...y_1)$.

Wegen $u_1...u_n¢v_n...v_1 = x_1...x_m¢y_m...y_1$ folgt:

$u_1...u_n = x_1...x_m$, $v_n...v_1 = y_m...y_1$.

(iii) ergibt $n = m$, $u_i = x_i$, $v_i = y_i$ $(1 \leq i \leq n)$.

Aus der Invertierbarkeit folgt $\xi_i = \eta_i$ $(1 \leq i \leq n)$.

Also $f = g$.

VII.1

Grammatik G	TM-Analysator
$\xi \to xv \in P(G)$, $x \in A(G)$ $\pi_G(\xi,\eta) = 1$, $\eta \in Z(G)$ oder $\eta = \xi$	$(x,\eta) \to (\square, \eta\xi¢sp(v))$, dabei sei $¢ \notin A(G)$
$\xi \to \square \quad \in P(G)$	$(\square,\xi) \to (\square,\xi\xi¢)$
$\xi \quad \in Z(G)$	$(¢,\xi) \to (\xi,\square)$
$A \in A(G)$	$(A,A) \to (\square,\square)$
	$(\square,¢) \to (¢,\square)$

Für die Beispielgrammatik ergibt sich somit folgendes Programm:

1. (A,S) → (□,SS¢B)
2. (a,S) → (□,SA¢)
3. (a,A) → (□,AA¢)
4. (A,S) → (□,SA¢bB)
5. (A,A) → (□,AA¢bB)
6. (b,B) → (□,BB¢c)
7. (B,B) → (□,BB¢d)
8. (¢,ξ) → (ξ,□), ξ ε {S,A,B}
9. (ξ,ξ) → (□,□),ξ ε {S,A,B}
10. (y,y) → (□,□), y ε {a,b,c,d}
11. (□,¢)→ (¢,□)

VII.2

Die folgenden Überlegungen gelten sowohl für NTB als auch für STB, da beide die gleiche Struktur besitzen.

Sei nun τ ein NTB und n = #Z(G). Wir gehen von einer Konfiguration (%w,%v) von τ aus, w ε T(G)*, v ε A(G)* und zeigen durch vollständige Induktion über die Länge m von w, daß der Rechengang von τ abbricht.

<u>"m = 1":</u>

Wegen (R) gilt v ≦ 1

a) |v| < 1, d.h. v = □. Die Rechnung bricht ab, da kein Rechenschritt mehr möglich ist.

b) |v| = 1 Nun gilt entweder

(1) v=t ε T(G). Ist t ≠ w, so bricht die Rechnung sofort ab. Ist t = w, so wird eine Operation (t,t) → (□,□) ausgeführt und danach die Rechnung beendet.

(2) v = ξ ε Z(G). Aus (i) und (ii) folgt, daß nach höchstens n+1 Schritten folgende Konfiguration auftreten muß: (%w,%u) mit u ε T(G) oder |u| ≧ 2. Im ersten Fall gilt die Argumentation von b1), im zweiten Fall endet wegen (R) die Rechnung.

<u>"m => m+1":</u>

Sei also |w| = m+1, d.h. w = w't, t ε T(G). Durch analoge Schlüsse wie in der Induktionsverankerung zeigt man, daß der Rechengang endet, oder daß t gelöscht wird, und somit nach

Induktionsvoraussetzung die Rechnung endet.

Wenn man beachtet, daß nur durch die Befehle (t,t) → (□,□), t ε T(G), Zeichen auf den Kellerbändern gelöscht werden, und zwar gleichzeitig nur jeweils 1 Zeichen, kann die Analyse nicht erfolgreich sein, wenn die Länge von Keller2 größer als die von Keller1 ist; d.h., durch (R) werden nur sowieso erfolglose Analysewege abgebrochen und es gilt damit auch die zweite Behauptung.

VII.3

Nach Satz VII.4.1 ist klar, daß man nur einen dlba für die Greibach-Sprache $L_o \setminus \{\square\}$ angeben muß. Wir beschreiben diesen verbal. Die Worte aus L_o haben die Gestalt $x_1cy_1cz_1d...dx_ncy_ncz_nd$, $n \geq 1$; $x_i, z_i \in T_1^*(1 \leq i \leq n)$, $y_i \in (T \cup T')^*$, $(2 \leq i \leq n)$, $y_1..y_n \in ¢\cdot D_T$.

Man hat nun im wesentlichen nachzuprüfen, ob man aus den Blöcken, die zwischen d's eingeschlossen sind, solche Portionen y_i herausfinden kann, die die Bedingung $y_1..y_n \in ¢\cdot D_T$, $y_2..y_n \in (T \cup T')^*$ erfüllen. Der k-te dieser Blöcke hat die Form $x_{k1}cx_{k2}c..cx_{ki}c..cx_{kl}$ mit $x_{ki} \in (T1 \setminus \{c\})^*$ und $x_{kj} = y_k$ für ein j. Der Automat überprüft der Reihe nach die n Blöcke und markiert im ersten Block alle die x_{1i}, die mit ¢ beginnen, aber kein weiteres Zeichen ¢ enthalten; in den anderen Blöcken werden die x_{ki} markiert, welche kein ¢ enthalten. Das geht deterministisch. Nun ist nachzuprüfen, ob es eine Kombination $x_{1i_1}...x_{ni_n} \in ¢\cdot D_T$ gibt. Dazu sei das Band in drei Spuren aufgeteilt, die untere die Eingabe enthaltend, die mittlere zur Bildung von solchen Kombinationen und die obere zum Zählen dienend (das Bandalphabet des Automaten ist also das kartesische Produkt der "Spuralphabete"). Die obere Spur braucht man, um systematisch (also deterministisch) alle Kombinationen erproben zu können. Hat man eine Kombination in $¢\cdot D_T$ gefunden, wird akzeptiert, gibt es keine solche, wird abgelehnt.

VII.4
Wir geben eine Grammatik für die Dyck-Sprache $D_{\{a,b\}} \setminus \{\square\}$ an, die in Greibach-Normalform ist. Die Konstruktion des Analysators dürfte dann klar sein.

$G = (\{a,b,S,B\},P,\{S\},\{a,b\})$ mit
$P = \{S \to aBS, S \to aB, S \to aSBS, S \to aSB, B \to b\}$.

VII.5
Für jede kontextfreie Sprache L gilt $L \setminus \{\square\} = h_L^{-1}(L_o \setminus \{\square\})$ mit einem geeigneten Homomorphismus h_L.
Homomorphismen sind gsm-berechenbar, inverse Homomorphismen folglich inverse gsm-Abbildungen. Wäre nun L_o eindeutig, so auch $L_o \setminus \{\square\}$ und nach Aufgabe VI.6 auch $L \setminus \{\square\}$. Es gibt aber inhärent mehrdeutige kontextfreie Sprachen. Widerspruch!

VII.6
Sei L eine formale Spache, $G = (A,P,S,T)$ eine L erzeugende Grammatik und $\tilde{T}$ ein zu T gleichmächtiges disjunktes Alphabet. Zu einer Ableitung eines Wortes $w \in L$ betrachten wir eine erweiterte kanonische Darstellung der Form

$\tilde{u}_n\widetilde{Z(r_n)}\tilde{v}_n(u_n \times r_n \times v_n)o\ldots o(u_1 \times r_1 \times v_1) \in (A \cup \tilde{T} \cup P \cup \{\times,o,(,)\})^*$
mit $w = x_n Z(r_n) y_n$

Man gibt leicht einen linear beschränkten Automaten an, der die Menge L_a all dieser Darstellungen von Ableitungen akzeptiert. Folglich ist L_a kontextsensitiv.

Der Homomorphismus
$h: (A \cup \tilde{T} \cup P \cup \{\times,o,(,)\})^* \to T^*$ sei definiert durch
$h(x) = \square$ für $x \in A \cup P \cup \{\times,o,(,)\}$ und $h(\tilde{t}) = t$ für $\tilde{t} \in \tilde{T}$.
Dann gilt $h(L_a) = L$.

LITERATURVERZEICHNIS

/AHU/ AHO A.-ULLMAN J. The theory of parsing, translation and compiling I,II
Prentice-Hall, Englewood Cliffs, 1972

/CHO/ CHOMSKY N.
1. On certain formal properties of grammars
Information and Control 2, 137-167, 1959
2. On phrase structure grammars
ibd. 393-395, 1959

/DAV/ DAVIS M. Computability and Unsolvability
Mc Graw-Hill, New York, 1958

/EIL/ EILENBERG S. Automata, languages and machines vol. A
Academic Press, New-York-London, 1974

/GIN/ GINSBURG S.
1. The mathematical theory of contextfree languages
Mc Graw-Hill, New York, 1966
2. An introduction to mathematical machine theory
Addison-Wesley, Reading Mass.-London, 1962
3. Algebraic and automata-theoretic properties of formal languages
North-Holland Publ. Comp., Amsterdam-Oxford, 1975

/GRE/ GREIBACH S. The hardest contextfree language
SIAM J. Computing 2, 304-310, 1973

/GRI/ GRIES D. Compiler construction for digital computers
John Wiley & Sons, New York, 1971

/GRL/ GROSS M. - LENTIN A. Notion sur les grammaires formelles
Gauthier-Villars, Paris, 1970

/GRÖ/ GRÖBNER W. Matrizenrechnung
BI-Hochschultaschenbücher Band 103/103a, Mannheim, 1966

/GRP/ GRIFFITHS T.U. - PETRICK S.R. On the relative efficiencies of contextfree grammar recognizers
Comm. ACM 8, 289-299, 1965

/HER/ HERMES H. Aufzählbarkeit, Berechenbarkeit, Entscheidbarkeit
Springer, Berlin, 1961

/HOC/ HOTZ G. - CLAUS V. Automatentheorie und formale Sprachen, III: Formale Sprachen
BI-Hochschulskripten Band 823a*, Mannheim, 1972

/HOU/ HOPCROFT J. - ULLMAN J. Formal languages and their relation to automata
Addison-Wesley, Reading Mass.-London, 1969

/HOW/ HOTZ G. - WALTER H. Automatentheorie und formale Sprachen, I: Turingmaschinen und rekursive Funktionen
BI-Hochschulskripten Band 821/822a, Mannheim, 1968

/KAI/ KAIN R. Automata theory: machines and languages
Mc Graw-Hill, New York, 1972

/KLE/ KLEENE S.C. Introduction to metamathematics
North-Holland Publ. Comp., Amsterdam-Oxford, 1952

/KUR/ KURODA S.Y. Classes of languages and linear-bounded automata
Information and Control 7, 207-223, 1964

/MAU/ MAURER H.

1. Theoretische Grundlagen der Programmiersprachen
BI-Hochschultaschenbücher Band 404/404a*, Mannheim, 1969
2. Datenstrukturen und Programmierverfahren
Teubner Studienbücher Informatik, Stuttgart, 1974

/POS/ POST E.C. Formal reductions of the general combinatorial decision problem
Amer. Journal of Mathematics 65, 197-215, 1943

/ROG/ ROGERS H. The theory of recursive functions and effective computability
Mc Graw-Hill, New York, 1967

/SAL/ SALOMAA A. Formal languages
Academic Press, New York, 1973

/YOU/ YOUNGER D.H. Parsing of contextfree languages in time n^3
Information and Control 10, 189-208, 1967

SYMBOLE UND BEZEICHNUNGEN

$\cup$	Vereinigung	$\cap$	Durchschnitt
$\subseteq$	Inklusion	ε	Element von
$\setminus$	Mengendifferenz	$\overline{X}$	Mengenkomplement
$\emptyset$	leere Menge	#	Mächtigkeit
2^X	Potenzmenge von X	$\exists$	es existiert
$\forall$	für alle	=>	Implikation
&	logisches <u>und</u>	|	exklusives oder, S.4,12
$\mathbb{N}$	natürliche Zahlen	$\mathbb{Z}_+$	nichtneg. ganze Zahlen
[0:p-1]	{0,1,...,p-1}	o.B.d.A.	ohne Beschränkung der Allgemeinheit

Die folgenden Buchstaben werden meistens in der angegebenen Bedeutung benutzt:

σ	Startsymbol	L	Sprache
α	Automat	τ	Substitution, Turingmaschine
G	Grammatik	A	Alphabet
P	Regelsystem	S	Startsymbolmenge, Zustandsmenge
T	Terminalalphabet		
O	Ausgabealphabet	I	Eingabealphabet
Δ	Zustandsüberführungsrelation	δ	Zustandsüberführungsfunktion
§	Band-leer-Symbol	%	Randmarke

STICHWORTVERZEICHNIS

F

G

H

I

K

L

M

Z